Android 应用测试指南

[阿根廷] Diego Torres Milano 著
李江 译 51Testing软件测试网 审校

人 民 邮 电 出 版 社
北 京

图书在版编目（CIP）数据

Android 应用测试指南 / (阿根廷) 米兰诺
(Milano,D.T.) 著 ; 李江译. -- 北京 : 人民邮电出版
社, 2016.4
ISBN 978-7-115-41708-4

Ⅰ. ①A… Ⅱ. ①米… ②李… Ⅲ. ①移动终端－应用
程序－程序设计 Ⅳ. ①TN929.53

中国版本图书馆CIP数据核字(2016)第044681号

内 容 提 要

《Android 应用测试指南》是一本移动测试实用工具书。本书针对当前流行的技术、框架和工程质量改进工具进行了介绍，一步一步清晰地指导大家如何去写应用程序的测试用例，利用各种测试手段来保证 Android 项目质量。

本书首先介绍了 TTD（Android 测试驱动开发）。TTD 是软件开发过程中一个敏捷模式，能让你在早期发现应用中的 Bug。书中给出了一些典型的样例工程来示范测试，包括最简单的单元测试和最复杂的性能测试。另外，本书以诊断的方式来详细描述 Android 测试中较广泛、较流行的应用技术。对于梦想在 Android 测试领域启航的程序员和测试人员来说这无疑是一本非常珍贵、有用的参考书。

本书适合测试人员、测试开发人员、测试经理、移动开发人员阅读，也适合大专院校相关专业师生的学习用书和培训学校的教材。

◆ 著　　　　[阿根廷] Diego Torres Milano
译　　　　李 江
审　　校　51Testing 软件测试网
责任编辑　张 涛
责任印制　张佳莹　焦志炜

◆ 人民邮电出版社出版发行　　北京市丰台区成寿寺路 11 号
邮编　100164　　电子邮件　315@ptpress.com.cn
网址　http://www.ptpress.com.cn
三河市海波印务有限公司印刷

◆ 开本：800×1000　1/16
印张：16.5
字数：308 千字　　　　2016 年 4 月第 1 版
印数：1-2 500 册　　　　2016 年 4 月河北第 1 次印刷
著作权合同登记号　图字：01-2014-7802 号

定价：49.00 元

读者服务热线：(010) 81055410　印装质量热线：(010) 81055316
反盗版热线：(010) 81055315

版权声明

本书译本审稿委员会名单

王　威（具有多年软件开发经验和软件测试工作经验，对产品测试的方法和管理流程有深刻认识，51Testing 软件测试培训高级讲师）

王　琰（具有丰富的通信终端产品的测试及管理工作经验，51Testing 软件测试培训高级讲师）

朴春龙（Mercury 认证 CPC，自动化测试专家，51Testing 软件测试培训高级讲师）

周　峰（信息产业部认证系统分析员，51Testing 软件测试培训高级讲师）

周春江（具有多年通信协议和通信终端设备的测试工作经验，51Testing 软件测试培训高级讲师）

商　莉（多年从事软件开发、软件测试及质量保证方面的管理工作，51Testing 软件测试培训高级讲师）

宋光照（具有深厚的开源软件测试实践经验，擅长嵌入式测试，51Testing 软件测试培训高级讲师）

许爱国（获得项目管理 PMP 认证及软件质量专业技术职业资格认证，CSTQB 注册讲师）

陆怡颐（具有多年 IT 研发领域工作经验，擅长架构设计，在多家公司实施敏捷开发的推广工作，有丰富的敏捷开发实践经验，51Testing 软件测试培训高级讲师）

其他成员：张晓晓　严代丽

关于作者

2007 年年底，自从 Android 平台问世以来，Diego Torres Milano 便开始研究 Android 平台技术、探索 Android 平台发展的可行性，主攻交互测试、单元测试、验收测试以及测试驱动开发的模式等领域。

在研究期间，他在个人博客上发表了大量相关的文章，同时还出席一些会议，以及担任讲师，如 2008 年阿姆斯特丹的移动开发者训练营，2009 年日本东京的 Linux 研讨会，2009 年 Droidcon London 会议（欧洲最大的 Android 开发者大会）等。他被欧洲很多大学邀请去授课，讲授 Android 训练课程等。

在此之前，Diego Torres Milano 是多个开源项目的创始人兼开发人，主要作品有：CULT Universal Linux Thin 项目以及非常成功的 PXES Universal Linux Thin 客户端项目。PXES 项目后来被 2X 软件使用。它是基于 Linux 操作系统，特意为全世界成百上千的 Thin 客户研发的。2005 年这个项目拥有的最高点击率是 3500 万，最高下载量是 40 万。这个项目在两方面产生了重大影响：一方面，由于安全和效率有很大改进，欧洲大公司决定改用 PXES；另一方面，南美、非洲、亚洲一些机构、学院、学校决定使用 PXES，因为 PXES 需要的硬件资源少，它对计算机供给、回收利用的意义非凡。

其他的开源项目还有：Autoglade（自动化生成 GUI 程序的工具）、Gnome-tla（其目标是基于自由软件，为 UNIX 及类 UNIX 系统构造一个功能完善、操作简单以及界面友好的桌面环境。它是 GNU 计划的正式桌面）、JGlade（Glade 是 GTK+图形用户界面产生器）。另外，他还在 Linux 各种版本发布上投入了很多精力，如 RedHat（小红帽）、Fedora、Ubuntu。

Diego Torres Milano 出席过很多技术大会，如 Linux World（国际大型专业技术会议）、LinuxTag（欧洲最大的 Free Software 盛会）、guadec es（欧洲年度 GNOME 用户和开发人员会议）等。

他从事开源软件开发、为国际公司提供咨询服务已超过 15 年。

关于审稿人

Paul Bourdeaux，他是一名资深软件工程师，Sundog 的开发团队主管。他有强大的传统软件工程师背景，曾发表多篇关于移动市场营销和软件工程的论文。Paul 在 Sundog 里是移动市场营销专家，而且他个人在移动软件工程和云计算工程上有很大的热情。

Tomas Malmsten，从事软件开发已有 10 多年。在此期间，他的工作内容涉及很多技术领域和商业领域。他专注于 Java 体系，他工作的所有项目，从大型企业系统到移动应用的开发，都是 Java 体系。

Tomas 是一个充满激情的软件工程师。他在做项目时，在各个方面都追求极致，从客户服务和交流到最后交付的工程，都一丝不苟，追求完美。

Gabor Paller 在 1992 年获得硕士学位，1996 年获得博士学位。Paller 博士在 1998 年进入 Nokia 公司工作，在研发中心担任开发工程师。他对无线协议开发、移动设备管理、移动 Java 和中间件非常感兴趣，也参与了标准化和联合研究项目活动。在离开 Nokia 之后，他在安里拉公司研究固定移动融合技术。2010 年，加入爱立信研究感应电动机。Gabor Paller 创办了一个非常受欢迎的博客叫“我的 Android 生涯”，评审过很多 Android 的书籍。

Abhinav Tyagi 是一个从 Pune 信息技术学院毕业的学生，具有 CDAC 研究生学历，主攻先进计算机。他在孟买 Antarix 网络担任软件工程师期间，开发过几个 Android 应用。现在他为 Nokia 工作，职位是电信协议研发工程师。

作者寄语

首先，我想感谢我的家人：Laura、Augusto 以及 Octavio，感谢他们对我工作的体谅和对我的耐心。为了完成工作目标，我牺牲了很多陪伴家人的时间。

其次，我非常感谢我的朋友 Caludio Palonsky，他是 IN3 集成信息系统的合作奠基人。我和他一起开创了众多 Linux 服务版本，为南美公司提供服务支持。我们一起体验这个长达 15 年之久的精彩旅程。他经常教育我要表现得像一位咨询师，少一点黑客气质（但是我做不到，嘿嘿）。另外，特别感谢 Riscton 的 Peter Delia，因为他的点拨，我开始在 2008 年，在全欧洲提供 Android 培训。那个时候，大家都希望在移动领域能够有一个主流的开源平台，而 Android 实现了这个市场需求，让大家的美梦成真了。

最后，我想感谢所有帮我评审的工作人员以及 Packt 出版社的工作人员。他们给了我很多意见及建议，修正了早期初稿的不足，在他们的帮助下，才有了今天的成果。

前言

众所周知，无论架构师在 Android 程序架构设计阶段花多少时间，不管程序员们在编程的时候有多仔细，总是不可避免犯错误，留下 Bug。本书会指出那些常见并且容易规避的错误，尽可能帮助大家少犯一些常见的错误，从而提高您的开发效率和质量。本书汇集了作者大量的移动开发领域的项目经验、丰富的移动测试知识和实战经验。本书的主要内容如下：

第 1 章　测试入门。本章介绍不同类型的测试方法，以及这些测试方法在普通的软件工程和 Android 项目工程中的不同用法。

第 2 章　基于 Android 项目的测试。本章涵盖了如何在 Android 平台上进行测试、单元测试，Junit 在 Android 项目测试中的使用方法、如何新建测试用例工程、如何执行 Android 的自动化测试用例。

第 3 章　本章更加深入地探索如何在 SDK 中建立测试用例，包括：使用断言，使用 TouchUtil 工具，测试接口，Mock 对象，使用模拟器，以及测试用例类的层次 UML 图。

第 4 章　TDD，测试驱动开发。本章介绍测试驱动开发的原则。从介绍普遍的 TDD 原则、概念到讲述和 Android 平台密切相关的技术，这章会给大家展示很多源代码实例。

第 5 章　Android 测试环境。本章介绍如何在不同的环境条件下执行测试用例。从创建 Android 虚拟机开始，通过设置不同条件的配置来变换测试用例执行的环境。最后，介绍了如何使用 monkey 来模拟用户操作。

第 6 章　BDD，行为驱动开发。本章介绍了行为驱动开发的相关概念。比如：最常用来表达测试的单词以及软件开发工程中的一些商业活动行为。

第 7 章　测试方案。本章列举了前面几章谈及的方法技术可以应用的常见环境场合，并以“食谱”的形式展示给大家。采用“食谱”的形式主要是方便读者选择性地学习、使用。“食谱”内容包括：Android 单元测试、行为、应用、数据库、ContentProvider 基类、本地和远程服务、UI（界面测试）、异常、分析器、内存泄漏。

第 8 章　持续集成。本章介绍了软件工程中的敏捷模式。软件在迭代中持续不断地变化，需要通过集成和不断地测试来保证质量。持续集成的方式能够减少花费的时间、改进质量、提高效率。

第 9 章　性能测试。本章节介绍了一系列与 Android 性能测试相关的基准配置和报表配置，以及 Caliper 的使用方法。

第 10 章　可选的测试策略。本章为读者提供了一些可选择的测试方案，包括：由源码编译 Android 程序、Emma 测试覆盖率、Robotium 自动化、基于 host 测试以及 Robolectric。

在读此书之前，读者需要准备什么

首先，您要有一定的 Android 项目开发经验，因为本书不会对 Android 开发的基础知识进行讲述。学习本书的读者应该具备 Android 应用程序开发经验，或者至少已经熟悉 Android 开发知识。如果读者跟随本书中的测试样例，从几个 API 的 Demo 开始，然后逐步进入到更复杂、更深入的相关话题中，这样对您的帮助会更大。

为了能够用上各个章节的样例，读者需要做一些准备工作：安装一些软件、工具以及各章描述的特殊插件。所有样例都是基于以下版本：

- Ubuntu 10.04.2 LTS (lucid) 64 位，完整版；
- Java SE 1.6.0.24；
- Andriod SDK 工具，版本是 11；
- Andriod SDK 平台工具，版本是 4；
- SDK 平台 Andriod 2.3.1 API 9 版本是 2；
- Andriod 兼容包，版本是 2；
- Eclipse IDE，Java 版本 Helios Severic 发布版 1（3.6.1）；
- Andriod 开发工具，版本是 10.0.1.V201103111512-110841；
- Dalvik Debug 监控服务，版本是 10.0.1.V201103111512-110841；
- Apache Ant 版本 1.8.0，2010.4.9 编译；
- Git 版本 1.7.0.4；
- 子版本 1.6.6（r40053）2011.5 月编译。

本书对象

如果你是一名 Android 开发者，正打算给你的应用做测试或者想优化你的开发过程，那么这本书正适合您，而且您无需测试经验。

惯例

在本书中，你会发现不同的信息采用了不同样式的文本。这里列出了本书的样式并作出了解释。

代码片段一般会这样写："我们一般采用 adb shell 命令来唤起 am 命令。"

一段代码样式设置如下：

```
@VeryImportantTest
Public void testOtherStuff(){
   Fail("Not implemented yet");
}
```

对于代码中需要引起读者特别注意、重点强调的内容，本书在文中会加粗表示。

```
public class MyFirstProjectTests extends TestCase{
   public MyFirstProjectTests{
     this("MyFirstProjectTests");
                 }
}
```

命令行的输入样式如下：

```
$ adb shell am instrument -w -e class com.example.aatg.myfirstproject.
test.MyFirstProjectTests com.example.aatg.myfirstproject.test/android
.test.InstrumentationTestRunner
```

所有的命令行输出样式如下：

```
08-10 00:26:11.820:ERROR/AndriodRuntime(510):FATAL EXCEPTION:main
08-10:00:26:11.820:ERROR/AndriodRuntime(510):java.lang.IllegalAccessError:Class ref in
pre-verified class resolved to unexpected implementation.
```

新名词或者重要的语句会加粗。屏幕上看到的单词、菜单栏、对话框中看到的单词通常会以这样的样式展示，比如："选择测试的项目，然后单击 Run As|Run Configurations"。

重要的笔记或者提醒将会以这种方式展示在框里。

提示将会用这种方式展示在框里

用户反馈

欢迎广大读者反馈您对本书的意见，您的反馈将有利于我们以后完善本书的内容。

编辑联系邮箱：zhangtao@ptpress.com.cn。

作者

目　录

第1章 测试入门

本章介绍了不同类型的测试方法，它们在软件开发项目工程中的基本用法以及在Android项目中特殊用法。

关于“Android”和“开放手机联盟”，很多书中都有谈及，我们就不累述。本书涉及更高级的主题，我们希望在您阅读本书之前，最好有Android程序开发经验。不过，我们会先回顾一下测试的基本概念、技术、框架以及Android平台上的测试工具。

1.1 简史

Android平台是在2007年末引进的。那时候，基于Android平台测试的技术很少，而且我们中一些人习惯于边开发边测试，将测试作为开发流程中紧密耦合的一部分，因此，是时候开发一些框架和工具来支持这种测试方式了。

那时候，Android平台用JUnit提供了一些不够成熟的功能支持单元测试，但是，支持力度不够并且帮助文档很少。

在我编写自己的库和工具的过程中，发现了Phil Smith的Positron库。他的库是开源的，非常适用于Android测试。于是，我在他的杰作基础上进行补充，新增功能、弥补不足。他们的库中不包含某些自动化测试的东西，所以，我新起了一个项目与之互补，项目命名为Electron。Positron和Electron两个项目，当然不是像真正的正反粒子那样互斥，相反，它们像正反粒子那样蕴含着大能量，能产生大量的光波。

后来，2008年初，Electron项目参加第一届Android开发挑战赛。虽然在一些类目中，Electron的分数不错，但是在框架类项目比赛中毫无立足之地。那个时候，Eclipse上已经可以执行单元测试了。但是，并不是在真机上执行测试，而是在本地开发机上的JVM虚拟机上。

Google也提供了执行应用程序的模拟器代码，通过Instrumention类实现了这一功能。当你打开模拟器运行程序时，Instrumention类会在你应用程序之前初始化，可以通过Instrument来模拟各种系统交互，执行程序。我们通过AndriodManifest.xml文件来设置模拟器。

在Android发展演变早期，我开始在博客里写一些文章来弥补这块测试的空白。本书就是将这些工作的演变和完成过程，用一种有序、容易理解的方式写下来，让你接触那些Android测试中的问题。

1.2 软件 Bug

无论你多努力，代码设计花费多少时间，编程时候有多小心，你的程序中都会有 Bug，这是不可避免的。

Bug 和软件开发是息息相关的。硬件工程中，用 Bug 这个单词来描述瑕疵、问题、错误已经有几十年了，甚至比计算机出现得还早。尽管如此，关于 Bug 这个单词的故事是由哈佛大学的 Mark II 计算机操作员创造的，1878 年，在爱迪生给蒂瓦达的信中可以看到这个单词的早期应用。

“我所有的发明都如此。第一步是直觉，随之是头脑风暴，然后困难都浮现出来。这些困难一点点被解决，然后 Bug 出现了，这些 Bug 就是所谓的小错误和困难。Bug 出现后，需要投入几个月的精力去密切观察、学习，最终达到商业上的成功，否则，必然失败。”

Bug 是如何严重影响你的项目的呢

众所周知，Bug 会从很多方面对你的项目工程造成影响，越早发现并修复越好。无论你是为了优化用户体验， 开发一个简单的 Android 程序；还是为设备操作员新建一个 Android 客户版本，Bug 都在延迟你的交付时间，燃烧你的金钱。

在所有的软件研发模式中，“测试驱动开发”是软件开发流程中最敏捷的方式。它驱使你在开发过程中更早地发现、面对 Bug，你也很可能预先解决更多的问题。

此外，比起那些在最后才进行测试的团队，利用这种测试驱动开发模式的研发团队，生产效率更高。如果你在移动行业参与软件开发，有理由相信赶时间的情况下，“测试驱动开发”这种方案不合适。因为，通常这种方式解决的问题都很可能是已经规避了的，这点很有趣。

2002 年美国国家研究所的一项研究调查表明，每年软件 Bug 造成的损失 595 亿美元，如果软件测试执行得更好的话，超过三分之一的损失是可以避免的。

然而，请别误解以上所说的。软件开发没有特效药，是什么让你高效，让你的项目易于管理？是你有条理地利用这些方法和技术，掌控你的项目。

1.3 为什么要测试、测什么、如何测、何时测试

大家都清楚早期发现 Bug 会节约一大笔项目资源、减少软件维护费用。这就是为开发项目写测试用例的最好理由，不久你就会发现效率提高了。

另外，写测试用例的过程中，迫使你对需求了解更透彻，对要解决的问题了解更深入全面。如果你不了解被测对象，是不可能写好测试用例的。同样，写好测试用例可以清晰了解旧程序和第三方代码，让你能力倍增，更加有信心升级（旧程序、第三方代码）代码。

测试覆盖率越高，发现隐藏 Bug 的概率就越高。通过覆盖率分析，发现测试用例没有覆盖到的地方，就应该新增测试用例。

测试覆盖技术需要 Android 平台构造一个特殊的监控器来收集监测数据，但是不能发布，因为它会影响性能，从而严重影响应用的表现。

为了弥补这个空白，请访问 EMMA。它是一个开源工具，用于测量和报告 Java 代码测试覆盖率，可以衡量类的覆盖率。它的报告有几个维度：

- 类覆盖率；
- 方法覆盖率；
- 行覆盖率；
- 基础块覆盖率。

覆盖率报告同样可以设置成不同的格式。从某种程度上说，EMMA 是基于 Andoid 框架的，所以，可以建一个带 EMMA 模拟器版本的 Android 系统。

我们将在第 10 章分析 EMMA 在 Android 系统上的用法，带大家完成一次完整的覆盖率测试，采用非传统的测试策略。

图 1.1 展示了在装了兼容的 plugin 后，经过 EMMA 覆盖率分析后，用 Eclipse 编辑器打开并分析的文件，绿色（运行后可看到，全书同）的代码行表示该行已经覆盖到了。

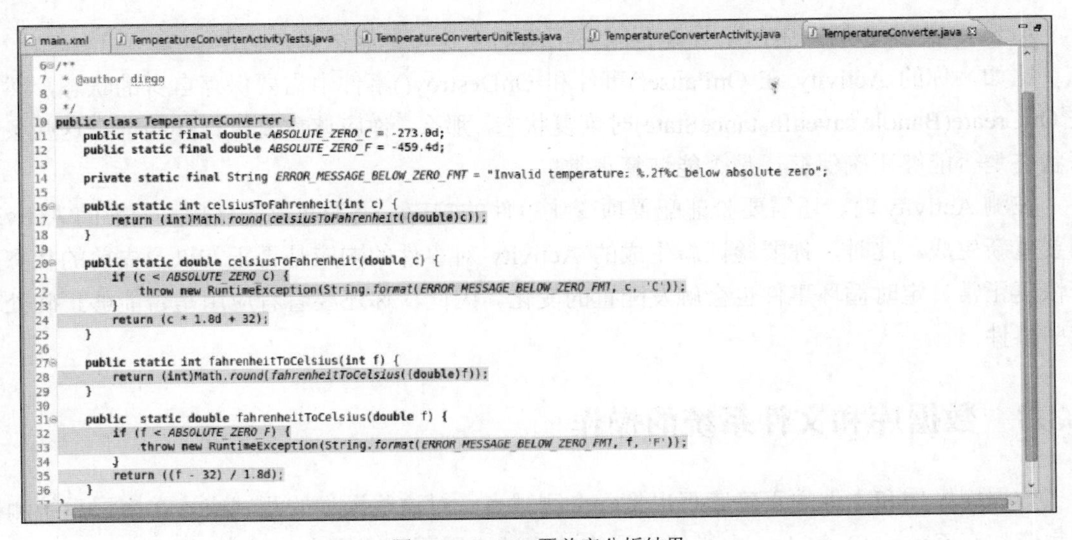

图 1.1 EMMA 覆盖率分析结果

不幸的是，这个插件不支持 Android 测试，因此，你只能用它来做 Junit 单元测试，而且你只能通过 HTML 来看 Android 覆盖率分析报告。

测试应该有自动化，每当你更改或者新增代码时，你就可以运行一部分或者全量测试用例来确保之前的逻辑是对的，以及新代码逻辑也是符合测试预期的。这就是我们说的持续集成，第 8 章我们将介绍。它依赖于自动化测试和自动化构建过程。

如果你没用到自动化测试，那实际上不可能把持续集成作为开发过程的一部分，而且很难保证代码变更情况下，不破坏现有代码逻辑。

1.3.1 测试的内容是什么呢

一个 Android 应用，测试点是什么呢？严格地说，代码的每一行都应该经过测试。不过，根据不同的测试标准，你可以采用只需要覆盖到重要的路径分支或者一部分重要内容的方法。通常，有一些不可能被打破而产生 Bug 的地方就没有必要测试。比如：getter 方法和 setter 方法测起来就没啥意思。这就好比编译器早就有自己的测试工程，而你也不可能在自己的代码中来测试编译器一样。

除了程序功能属于测试要点之外，Android 应用还有一些特殊的地方需要考虑。我们将在下面几节进行描述。

1.3.2 Activity 生命周期中的事件

Activity 对生命周期中的事件是否能够正确响应是一个测试点。

比如，你的 Activity 在 OnPause()事件和 OnDestroy()事件中需要保存自身的状态，然后在 OnCreate(Bandle savedInstanceState)时恢复状态。那么，你应该重复执行并验证在这些条件下状态是否能够正确保存、是否能恢复正常。

在测 Activity 时，还需要验证配置项变化事件的响应。因为配置变化后，当前的 Activity 需要重新生成。此时，你要验证新生成的 Activity 对事件的响应是否正常以及先前的状态是否恢复正常。定时循环事件也会触发配置的变化。因此，你还要看看应用是否能够正确处理这些事件。

1.3.3 数据库和文件系统的操作

数据库操作和文件的正确读写也是一个测试点。对这些操作的测试应该在底层系统测试中完成，在 ContentProviders 中进行高层次的测试，需要跟应用本身隔离开。

要对这些部件进行独立的测试，Android 提供了 Mock 对象的工具，在 andriod.test.mock 包中。

1.3.4 设备的物理特征

在你发布应用程序之前，要确保它能在不同的设备上正常运行。至少你能把握大概的情况并想好对策。

在设备的物理特性中，有以下几个测试点：

- 网络容量；
- 屏幕分辨率；
- 屏幕厚度；
- 屏幕尺寸；
- 传感器；
- 键盘和其他输入设备；
- GPS；
- 扩容。

由于有上述几个方面需要测试，虚拟器尤为重要。因为虚拟器可以让你通过简单配置达到上述条件的硬件特性。但是，如之前提到的，到最后的测试阶段，还是要用真机来操作，模拟真实用户的使用过程来测试。

1.4 测试的种类

在开发过程中，任何时间段都可以参与测试，这取决于采用何种测试方案。但是，我们推荐测试工作在项目开发早期就介入，甚至可以在完整需求出来之后、刚开始开发的时候就开始做准备。

基于被测对象的不同，有好几种不同的测试方法。但是无论采用哪种测试方法，测试用例都包含执行条件和执行结果，执行结果返回 True 或者 False 来表示用例是否正确。

1.4.1 单元测试

单元测试，指的是程序员在开发阶段写的测试用例。这种测试用例需要将被测对象独立隔离起来，也就是 Mock 掉外部关联对象。单元测试用例应用是可以重复执行的。这也是为什么我们常把单元测试和 Mock 对象关联在一起。因为你要通过 Mock 对象来模拟外部交互从而达到隔离被测对象的目的。当然，这样的用例可以重复执行任何次数。例如，假设你要从数据库中删除某些数据，但是下一次执行这个用例时这些数据还需要用，因此，不希望这些数据真正被删除，这时候 Mock 数据库的返回，假装数据已经删除成功了。

JUnit 是约定俗成的标准单元测试框架。它是一个简单、开源的自动化单元测试框架，由 ErichGamma 和 KentBeck 两位作者创建。

Android 要用 JUnit 3。这个版本没有注释，而是通过内部自查来感知测试用例的。一个典型的 JUnit 测试用例写法如框 1.1 中所示的代码，其中测试方法用**高亮度**显示。

框 1.1　JUnit 测试代码样例

```
/**
 * Android Application Testing Guide
 */
package com.example.aatg.test;
import JUnit.framework.TestCase;
/**
 * @author diego
 */
public class MyUnitTests extends TestCase {
   private int mFixture;
   /**
 * @param name test name
 */
    public MyUnitTests(String name) {
       super(name);
    }
    /* (non-Javadoc)
 * @see JUnit.framework.TestCase#setUp()
 */
    protected void setUp() throws Exception {
       super.setUp();
       mFixture = 1234;
    }
    /* (non-Javadoc)
 * @see JUnit.framework.TestCase#tearDown()
 */
    protected void tearDown() throws Exception {
       super.tearDown();
    }
    /**
 * Preconditions
 */
    public void testPreconditions() {
    }
    /**
```

```
     * Test method
     */
        public void testSomething() {
            fail("Not implemented yet");
        }
    }
```

如果你是从其他地方购买的书，可以访问 http://www.PacktPub.com/support 来注册用户，然后我们将源代码文件直接发 E-mail 给您。

我们将在下一节详细阐述测试用例的每个细节。

1. 测试套件

测试套件是个为人熟知的名词，它表示执行用例的标准流程模式。每个测试用例都用同一套标准流程。因此，它也是测试用例设计的基础。

通常情况下，按照 Android 的约定，它由一系列成员变量构成。通常以 m 开头，如：mActivity。但是，它也有一些扩展数据，作为数据库和文件系统操作的特殊入口。

2. setUp 方法

这个方法是用来初始化测试套件用的。

通过重载这个方法，你可以新建对象，初始化元素。在每个测试用例执行之前，这个 SetUp 方法都会执行一次。

3. tearDown 方法

tearDown 方法是在测试套件中最后执行的函数。

在测试用例执行过程中，会初始化一些对象，这些对象可以在 tearDown 函数中进行销毁。因为 tearDown 函数是每个测试用例最后必须执行的，是销毁对象的最佳阶段。

比如：你可以在 tearDown 中释放掉数据库连接以及网络连接。

JUnit 设计的流程是这样的：首先，将整个库的用例都编译完；然后，在第二阶段再执行测试用例。因此，在测试执行过程中，执行器对所有用例都有强依赖。也就是说，对于那些用例很多、耗时很长的用例来说，在所有用例完成之前，是不会对变量、对象进行回收的。这点在 Android 测试中特别重要，因为在某些设备上测试失败的原因不是因为固有的逻辑问题，而是因为用例执行太多导致资源不足了。

因此，在 Android 应用中，你若测试使用了额外的、有限的资源，比如 Services 服务或者 ContentProvides，那么，你应该注意要及时释放掉。在 tearDown 方法中，严格遵守将对象设置成 null 的规则，以便及时回收，避免一直占用资源，一直到所有用例运行完才释放。

4. 测试前期条件

通常，前置条件没法按照正常流程来测，因为常规的测试用例次序是随机的。因此，通常会写一个 testPrecondition 用例来专门测前置条件。虽然没法保证测试用例以一个特别指定的顺序进行，但是，将所有测前置条件的用例放在指定的地方是一个好的习惯，可以提高用例的可读性。

5. 实际测试

所有公有类型、返回值为 void 并且以 test 开头的函数都会被当作测试用例。JUnit 3 不采用标注来标识测试用例，而采用函数名，这点与 JUnit 4 相反。在 Android 测试框架中，标注有@SmallTest、@MediumTest、@LargeTest，但是这些注释不会将一个函数标识为测试函数，他们是将测试用例分组的注释。通过分组，你可以选择性地执行某个组下面的所有用例。

实际测试的第一条规则，用描述性名字来命名测试用例，或者以测试条件命名。

比如 testValues()、testConversionError()、testConversionToString()，这种命名方式是靠谱的。

测试时，要注意不仅仅是走正常的用例，异常和错误的测试用例也要覆盖到。在特定条件下执行用例后，要注意检查周边影响以及函数返回值是否跟预期一致。JUnit 提供了一系列的断言 assert*函数，它们将预期和真实结果作对比，不一致的时候抛出异常。这样，测试执行器将会处理这些异常，并在最终的结果中展现出来。

断言方法有很多，可以接受不同类型的参数，包括：

- assertEquals();
- assertFalse();
- asssertNotNull();
- assertNotSame();
- assertNull();
- assertSame();
- assertTrue();
- fail()。

除了 Junit 提供的以上断言方法，Andriod 扩展了两个特别的断言类：

- MoreAsserts；
- ViewAsserts。

6. Mock 对象

Mock 对象是指不调用真实的对象，而是调用模拟对象，获得指定结果，以达到将测试单元隔离的目的。

通常，使用这种方法是为了保证被测对象能够正常调用，并且，就像上面提到的，将被测对象跟周边环境隔离开。这样一来，测试用例就可以不受外部影响了，可以独立执行，并且可以重复执行。

Android 测试框架支持 Mock 多个对象，这点对编写测试用例十分有用。当然，这些编译测试用例需要依赖一些东西。

Andriod 测试框架提供的几个 Mock 类如下：

- MockApplication；
- MockContentProvider；
- MockContentResolver；
- MockContext；
- MockCursor；
- MockDialogInterface；
- MockPackageManager；
- MockResources。

几乎平台上所有与你交互的部件都可以由以上几个类来生成。但是，它们并非真正执行，而是在每个方法产生 UnsupportedOperationException 的地方打桩，这样一来，你就可以创建你真正的 Mock 的对象，实现 Mock 的内容了。

7. UI 测试

最后，你在测 UI 部件的时候，需要考虑一些特殊因素。众所周知，在 Android 应用中只有主线程才允许更改界面交互。只有带有@UIThreadTest 标记的函数才会在主线程执行，因此用来测界面的用例需要这个标记。另一方面，如果你想在 UI 线程中执行一部分测试用例，可以使用 Activity.runOnUiThread 方法，这个方法提供了可执行的测试操作。

TouchUtils 是一个帮助类，提供了 UI 测试的常用帮助，指引你调用一般的事件方法，将事件传递到界面上，比如：

- Click 点击；
- drag 拖曳；
- long click 长点击；
- scroll 滚动；
- tap 拍；
- ouch 触摸。

通过上述方法，你可以在测试用例中真实地远程控制您的应用程序。

8. Eclipse 和其他 IDE 支持

Eclipse 完全支持 JUnit，而 AndroidADT 插件方便你测试 Android 工程。更有甚者，你无需使用 IDE 也可以执行测试用例和分析测试结果。

Eclipse 也有个优势：在 Eclipse 里执行测试用例，执行不正确的时候，可以通过 debug 的方式，同时调试用例和代码。

在图 1.2 所示中，我们可以看到 Eclipse 执行了 18 个测试用例，花了 20.008 秒的时间，没发现问题，0 失败。测试用例的名称以及执行过程都有展示。如果有一个失败了，错误跟踪会显示相关的信息。

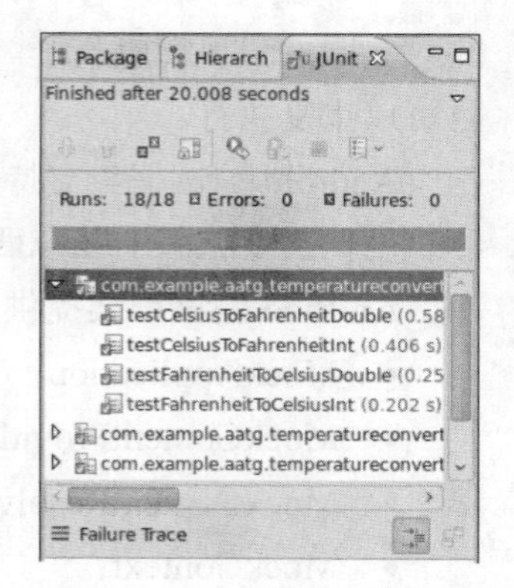

图 1.2 JUnit 执行结果在 Eclipse 中的展示

其他 IDE，像 IntelliJ 和 Netbeans 虽然集成 Android 开发的插件，但是并没有官方支持。

如果你现在没有在 IDE 中开发，你可以用 ant 来执行测试用例（如果你不熟悉这个 ant 工具请访问 http://ant.apache.org）。通过 Android 命令行，用 create test-project 命令来启动，这个命令的帮助文字如框 1.2 所示。

框 1.2 命令帮助信息

```
$ android --help create test-project
Usage:
android [global options] create test-project [action options]
Global options:
-v --verbose Verbose mode: errors, warnings and informational messages
are printed.
-h --help Help on a specific command.
-s --silent Silent mode: only errors are printed out.
Action "create test-project":
Creates a new Android project for a test package.
Options:
-p --path The new project's directory [required]
-m --main Path to directory of the app under test, relative to the
test project directory [required]
-n --name Project name
```

1.4.2 集成测试

集成测试目的是用来测试模块与模块之间的交互情况。一般情况下，模块先会经过独立的单元测试，然后再组装在一起集成测试。

通常，Android 应用上的活动需要跟操作系统进行交互。它们通过 ActivityManager 来控制活动的生命周期，访问资源、文件系统和数据库。

其他组件，譬如 Services（服务组件）和 ContentProviders（共享数据）也是同样的原理。它们也需要跟系统的其他部分进行交互来完成相应的功能。

在所有的测试用例中，Android 测试框架提供了特殊的测试用例，以便测试上述组件。

1.4.3 功能或者验收测试

在敏捷开发项目中，功能测试或者说验收测试一般是由业务方和测试人员来编写。这些用例通常是以业务场景的表达方式来给大家展现的。这里会有高层次的测试用例，用来测试一个用户需求或者特性的正确性和完整性。虽然这些测试用例是由客户、业务分析员、测试人员和开发人员协商制定的理想结果，但客户（产品的拥有者）是这些测试用例的首要负责人。

在这方面，有一些框架和工具可以帮助你，最著名的 FitNesse，如图 1.3 所示，一句话，他们让你在 Android 开发阶段，轻松集成测试。另外还可以创建测试用例并且验证结果。

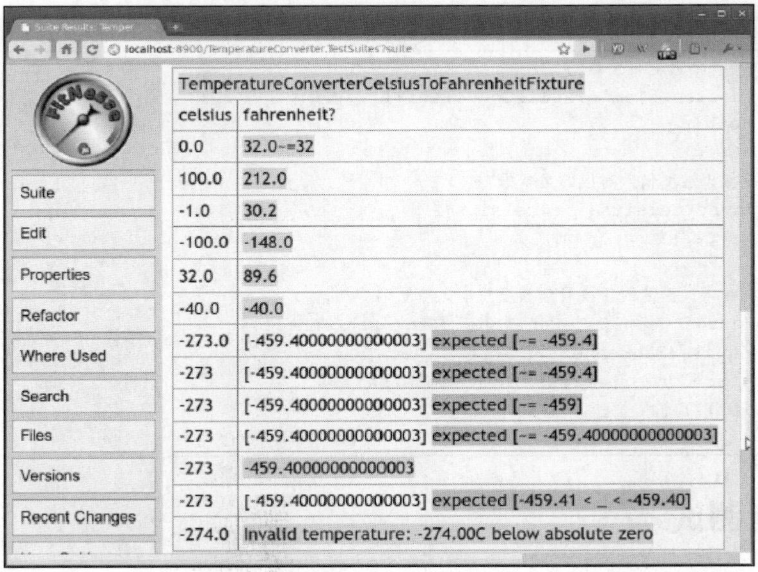

图 1.3 FitNess 集成测试结果图

最近，“行为驱动开发”BDD 的新型模式风靡起来，简单说来，可以理解成“测试驱动开发”TDD 的革新。“行为驱动开发”的目的在于在业务和技术人员之间建立起统一的术语以便增加相互之间的沟通理解。

“行为驱动开发”可以理解为基于活动的框架，有以下 3 个原则：

- 业务与技术要以相同的方式来描述系统；
- 任何系统都要有确认的、可以衡量的业务价值；
- 从最开始的分析、设计以及计划，都需要有明确的产出。

有了以上几个原则，业务人员通常都会参与测试用例的场景设计，并站在业务的角度，利用一些工具实现，比如 jbehave。在下面的例子中，测试用例用类似于编程语言的方式表达出场景。

测试用例场景描述

我们举个非常简单的例子来描述将场景转换成代码的方法。

场景如框 1.3 中所述。

框 1.3　场景描述

```
假设我有一个温度转换器，
当我输入 100 摄氏度时，
我得到的结果是 212 华氏温度。
```

这个场景翻译成代码如框 1.4 中所示。

框 1.4　对应框 1.3 翻译出来的伪代码

```
@Given("我有一个温度转换器")
public void createTemperatureConverter(){
    // do nothing
}
@When("我将摄氏温度输入对应的文本框")
public void setCelsius(int celsius){
    mCelsius=Celsius;
}
@Then("我将在华氏温度的字段看到相应的华氏温度")
public void testCelsiusToFahrenheir(int fahrenheit){
    assertEquals(Fahrenheit,
    TemperatureConverter.celsiusToFahrenheit
    (mCelsius));
}
```

1.4.4　性能测试

性能测试，是用重复的方式来探测部件中某些特点的性能。如果说，应用的某些地方对性能提升有要求，那么最好的衡量优化效果的办法，就是拿优化之前和优化之后给出的性能报告做对比。

众所周知，一次考虑不周到的优化带来的后果总是弊大于利的，因此，为了避免优化后不仅没达到效果，反而把之前的功能影响到了，最好对应用的整体性能有个清晰的了解，明确升级之后对应用的影响。

Android 2.2 里面的 Dalvik JIT 编译器改变了一些 Android 开发中常使用的优化方案。迄今，在 Android 开发中，每一个性能优化升级都推荐有性能测试保证。

1.4.5 系统测试

系统测试是将部件组合起来作为一个整体来测试，检查部件之间的交互情况，软件和硬件都会涉及。通常，系统测试包括以下额外的测试类，比如：

- 界面 GUI 测试；
- 冒烟测试；
- 性能测试；
- 安装测试。

1.5 Android 测试框架

Android 提供了一个高级的测试框架，这个框架是 JUnit 的一个扩展，在标准 JUnit 的基础上插入了方便执行上述测试的插件。有的情况下，我们需要再装一些工具，而且集成这些工具大多情况下都很简单和直接。

Android 测试环境的关键特性包括以下这些：

- Android 在 JUnit 框架基础上扩展了访问系统对象的方法；
- 通过模拟器框架可以测试应用和控制器；
- 提供了常用的、不同版本的系统对象的模拟器；
- 提供了执行单个用例、用例集的工具，无须模拟器；
- 提供测试用例、工程的管理工具，在 ADT 的 Eclipse 插件中，用命令行来控制。

1.5.1 模拟器

模拟器框架是测试框架的基础。模拟器控制被测的应用，并且允许插入桩来模拟应用的某些部件的执行。比如，你可以在应用启动之前创建模拟的 Context，应用程序将会用模拟的 Context 来执行。

所有的应用程序跟周边环境的交互都可以通过上述方式来控制。你可以将应用程序封闭到一个十分严谨单一的条件下来得到预期的结果，强行设置某些方法的输出或者模拟 ContentProvider 中的常量、数据库、甚至文件系统的内容。

一个标准的 Android 工程都会有相应的测试工程，这个测试通常以 Test 开头。在 Test 工程中，AndriodManifest.xml 中定义了使用的机器。

举个例子描述，假设你的工程配置文件如框 1.5 所示。

框 1.5 主工程的 AndriodManifest.xml 配置文件

```
<?xml version="1.0" encoding="utf-8"?>
<manifest xmlns:android="http://schemas.android.com/apk/res/android"
package="com.example.aatg.sample"
android:versionCode="1"
android:versionName="1.0">
<application android:icon="@drawable/icon"
android:label="@string/app_name">
<activity android:name=".SampleActivity"
android:label="@string/app_name">
<intent-filter>
<action android:name="android.intent.action.MAIN" />
<category android:name=
"android.intent.category.LAUNCHER" />
</intent-filter>
</activity>
</application>
<uses-sdk android:minSdkVersion="7" />
</manifest>
```

在这个项目里，相关的测试工程配置文件 AndriodManifest.xml 如框 1.6 所示。

框 1.6 测试工程的 AndriodManifest.xml 配置文件

```
<?xml version="1.0" encoding="utf-8"?>
<manifest xmlns:android="http://schemas.android.com/apk/res/android"
package="com.example.aatg.sample.test"
android:versionCode="1" android:versionName="1.0">
<application android:icon="@drawable/icon"
android:label="@string/app_name">
<uses-library android:name="android.test.runner" />
</application>
<uses-sdk android:minSdkVersion="7" />
<instrumentation
android:targetPackage="com.example.aatg.sample"
android:name="android.test.InstrumentationTestRunner"
android:label="Sample Tests" />
<uses-permission android:name="
android.permission.INJECT_EVENTS" />
</manifest>
```

这里的模拟器包作为主项目包，带着.test 后缀。

定义模拟器的时候，会指定目标包和测试执行器，在这个情况下，默认的客户端执行器是 android.test.InstrumentationTestRunner。

另外，被测应用和测试工程一样，都是 apk 安装的 Android 程序。它们都在同一个进程中，因此，能访问相同的功能特性。

当你执行一个测试应用程序的时候，行为管理器（http://developer.andriod.com/intl/de/

reference/andriod/app/ActivityManager.html）利用模拟器框架来启动和控制测试执行器，然后测试执行器反过来利用模拟器工具来关闭主程序运行的实例，启动测试进程，最后，在同一个进程中启动主程序。这种方式使得各种各样的测试应用可以直接在主应用中工作。

1.5.2 测试对象

在项目开发过程中，你的测试用例必须在不同的设备上执行。从操作简单、方便，到响应速度等方面考虑，都要求最后必须在具体设备上测试，并且是在所有类型的设备上测试。

当然，有的测试用例会在本地 JVM 虚拟机上执行，有的用例在开发机上执行，有的在 Dalvik 或者活动虚拟机上执行，具体情况取决于测试用例的特点。

上述执行用例的方式都有各自的优缺点，幸运的是，你可以自由决定如何来执行你的用例。

仿真器是一个非常棒的执行平台，可能是最强大的，因为它可以让你修改测试过程中所有的参数、配置以及各种执行环境。测试最根本的目的是让你的程序能够正确处理所有场景，因此，最好在程序发布之前发现所有的问题。

性能测试需要使用真机，因为模拟仿真设备多少跟真机会有不同的地方。只有用真机才能体会到用户的真实感受。渲染、滚屏、投掷以及其他场景都需要发布之前用真机测试一次。

1.6 小结

我们复习了软件测试中的主要概念以及 Android 测试中的特殊点。这些知识为我们开启探索软件测试的优点提供了必备条件。

本章主要讲述了以下内容。

- 我们回顾了早期 Android 测试以及当前可选的测试框架。
- 我们简短分析了测试背后的 4 个 W：为什么测试（Why），测什么（What），如何测（How），何时测（When）。在如何测试上，我们后面会进行更加深入分析，假设你有固定参数输入，那么你将如何进行探索性测试呢？
- 我们列举了项目中你需要的不同的、最通用的测试方法，描述了测试工具箱中的一些工具，并且用一个例子详细介绍了 JUnit 单元测试如何做，方便大家理解。

我们还从 Android 测试的角度分析了这些技术，提到了用模拟器来执行测试用例的方法。下面几章，我们将开始用实例来分析上面提到的技术、框架、工具使用的细节。

第 2 章　Android 软件测试

既然我们已经了解了测试的基本概念及其重要性，那么现在是时候付诸于实践了。

在本章，我们将要讲述：

- 在 Android 平台上测试；
- 单元测试和 Junit 用法；
- 创建一个 Android 测试工程；
- 测试执行。

我们会创建一个简单的 Android 主程序和与之对应的测试工程项目。主工程基本上是一个空项目，因为我们将重点看测试部分。以我个人经验，建议没有任何 Android 测试经验的同学好好学习下本章。如果你有过 Android 工程的经验，并且用过相关的测试技术，那么你完全可以以浏览的方式读读本章，复习一下概念即可。

实践证明，测试最好在独立的、没有干扰的环境中执行，当然，这不是强制措施。Android 的 ADP 插件支持这个功能，但也做不到完全隔离。前段时间，我曾经发表过一篇文章，文章描述了人工获得两个相关工程的方法——主工程和测试工程。文章中并没有数据证明隔离测试的优势，但是，我们可以发现。

- 测试代码可以很容易地从生产环境构件中剥离出来，因为它不在主项目中，因此不会被包含在 APK 结果中。
- 通过在开发工具中设置模拟器来执行测试用例，变得更加简单。
- 当测试工程和开发工程分开之后，对于大项目来说，部署编译包花费的时间更少了。
- 在同一个项目中，对代码利用率的要求更高了。

2.1　Junit

前面一章我们已经对 Junit 进行了简单介绍，因此这里就不再累述。值得一提的是，Android 测试项目的默认测试框架是 Junit。Eclipse，AndroidADT 插件以及 Ant 都支持 Junit 框架，所以你不用担心自己没有使用 IDE 开发而不能使用 Junit。

你可以自由选择测试框架。

后面大多数的实例都是基于 Eclipse 的，因为 Eclipse 也是最常用的工具。那么，我们不废话了，打开 Eclipse 一起开始学习。

2.2 创建一个 Android 主项目

我们先创建一个新的 Android 项目。在 Eclipse 里面单击菜单栏 File–new–Project–Andriod–Andriod Project。

然后，给组件命名如下，我们取个特殊点儿的名称，信息如表 2.1 所示。

表 2.1 项目信息

项目名称：My First Project
构建目标：Andriod 2.3.1
应用名称：My First Project
包名：com.example.aatg.myfirstproject
创建活动：MyFirstProjectActivity
最小 SDK 版本：9

当你输入完这些值时，会出现下面的对话框，如图 2.1 所示。

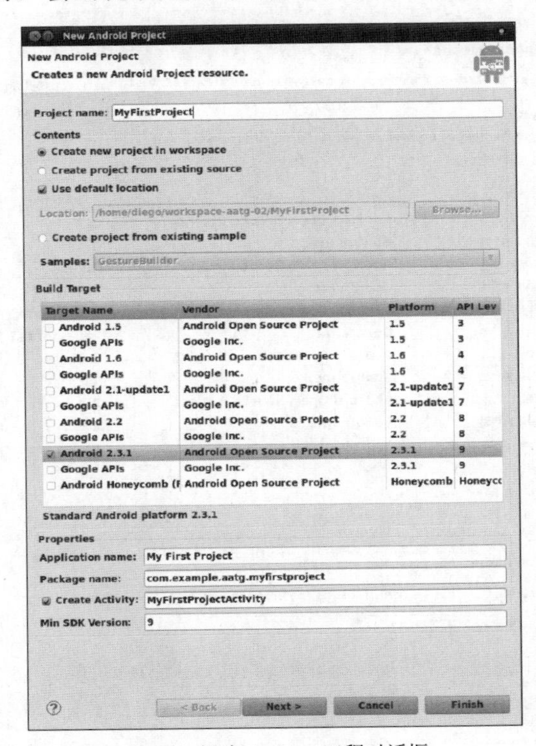

图 2.1 新建 Andriod 工程对话框

2.3 创建一个 Android 测试项目

单击图 2.1 中 Next 按钮，会进入创建 Android 测试项目的对话框界面。注意这里将会有一些值是继承主项目的，设置值或者是跟主项目对应。

另外一种为 Android 项目新建测试工程的方法是：选中主项目，然后单击 Android Tools | Create Test Project 。打开之后“测试目标”选中被测主项目，然后其他的值会自动设置好。

图 2.2 展示了创建一个 Android 测试项目需要输入的一些参数值。当所有的值都填写完毕后，我们就可以单击 Finish 完成。

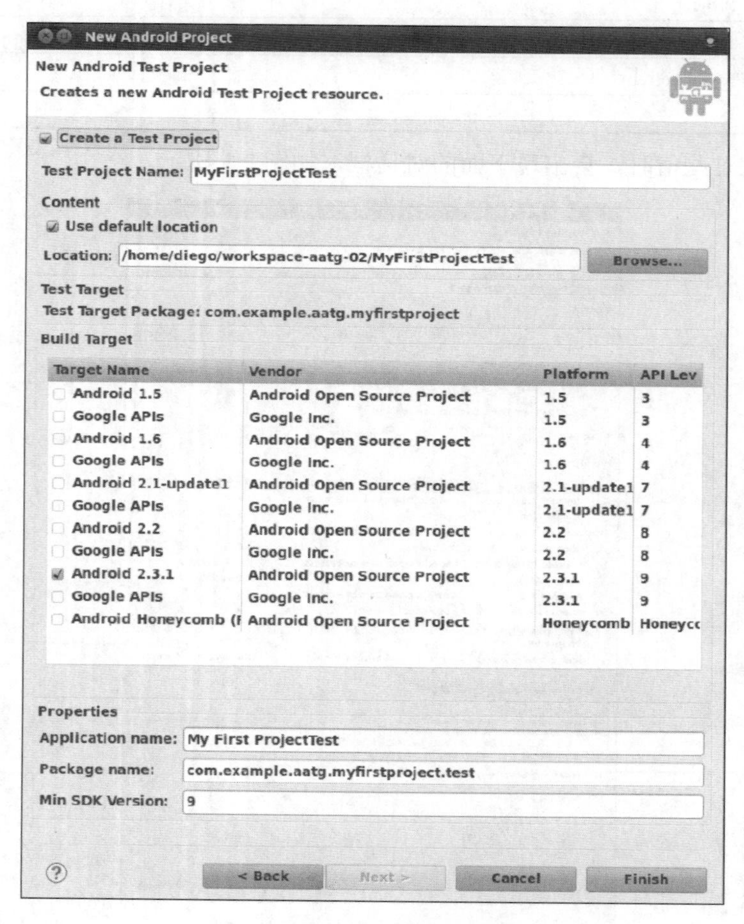

图 2.2 新建 Android 工程过程图

2.4 包浏览器

创建完前面提到的两个项目之后，我们打开包浏览器（Package explorer），就会看到像图 2.3 一样的界面。我们注意到这里存在两个相关的项目，每个项目都有自己独立的组件和项目属性。

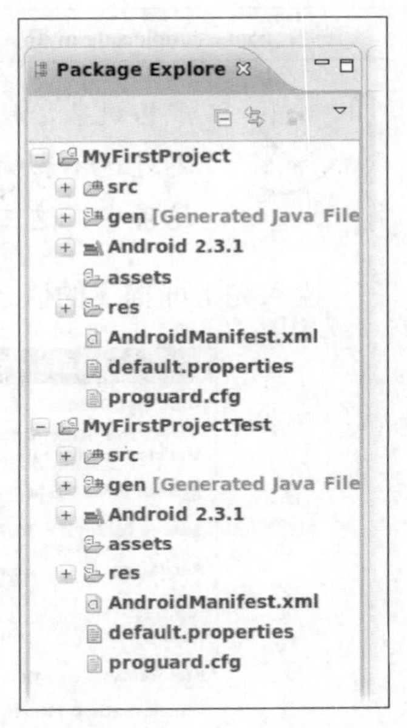

图 2.3 项目的包浏览视图

如果你已经准备好了这些基本工作，现在开始添加一些测试用例了。

当然，现在还没什么需要测试的。不过，既然我们已经有了"测试驱动开发原则"的知识基础，那么，我们就先添加虚拟测试用例，提前熟悉下相关技术吧。

测试用例最好添加在 MyFirstProjectTest 中的 src 文件夹中。当然，这不是强制性的，只是大家通常都这样放，算是实践得出的最佳位置吧。测试包最好跟被测包的目录结构保持一致，方便后续的用例维护。

现在，我们还没有专注在测试用例的编写上，还只是了解了一些概念和测试文件的摆放位置。

2.5 创建一个测试用例

如上所述，我们将在 Test 项目中的 src 目录下面添加测试用例。

我们特意利用 Junit 测试来创建一个单元测试用例。Eclipse 提供了操作向导来帮助大家（File | New | Junit Test Case）。

我们打算选择主工程下面的活动 Activity 作为被测对象，尽管这个例子跟 Activity 实际内容无关。

创建测试用例时，我们有以下的值需要设置，如表 2.2 所示。

表 2.2 新建用例填写的表格

Junit 版本：Junit3
源代码文件夹：MyFirstProjectTest/src
包名：com.example.aatg.myfirstproject.test
工程名：MyFirstProjectTests

续表

父类：junit.framework.TestCase
你想要创建什么桩函数？setup()，teardown()，constructor()
被测类：com.example.aatg.myfirstproject.MyFirstProjectActivity

严格说来，我们这里面有 setUp ( )、tearDown ( ) 和 constructor ( ) 选项，不过这不影响我们这里的例子，因为它比较基础、简单。但是，在实际的场景中，这三个函数都是需要的。

输入完上面描述的值之后，我们的 Junit 测试用例创建界面如图 2.4 所示。

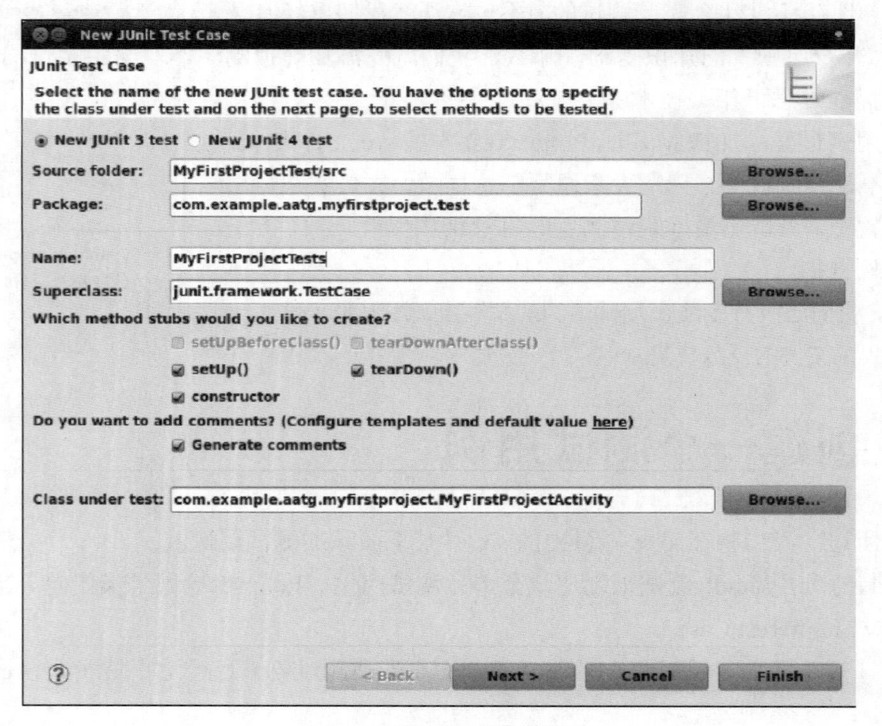

图 2.4　新建 Junit 用例过程图

最基本的测试框架已经准备好了；剩下的工作就是添加一些虚拟的测试用例来确认流程是通畅的以及所有功能的执行都与预期一致。

Eclipse 同样提供了插入桩的测试方法。单击 Next 会弹出下面的对话框，这里你可以选择需要插入桩的被测函数，如图 2.5 所示。

虽然说通过插入桩的方式十分方便测试，也很有用。但是你需要考虑，测试应该用行为来驱动而不是通过调用方法来驱动，毕竟行为驱动更加真实，更加符合实际。

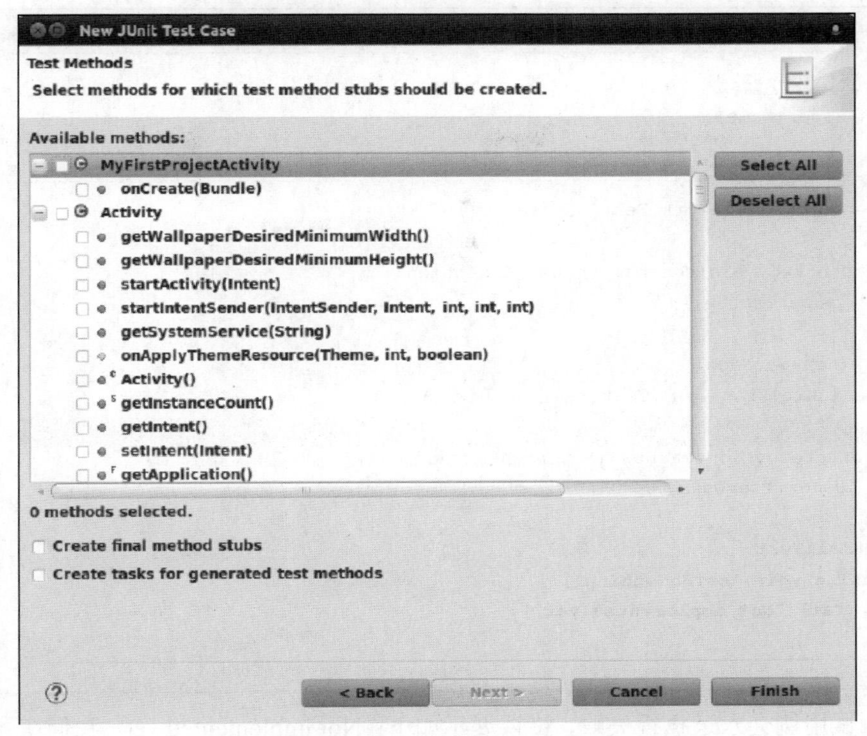

图 2.5 新建用例选择插入的方法函数

现在我们有了测试用例模板，下一步就是根据需求来完成测试用例。打开最新创建的用例，添加一个测试函数 testSomething ()。最好的做法是，在类的最后添加用例。

写的用例代码如框 2.1 所示。

框 2.1 testSometing 源代码

```
/**
*
*/
package com.example.aatg.myfirstproject.test;
import android.test.suitebuilder.annotation.SmallTest;
import junit.framework.TestCase;
/**
* @author diego
*
*/
public class MyFirstProjectTests extends TestCase {
    public MyFirstProjectTests() {
        this("MyFirstProjectTests");
    }
    /**
```

```
 * @param name
 */
   public MyFirstProjectTests(String name) {
      super(name);
   }
   /* (non-Javadoc)
 * @see junit.framework.TestCase#setUp()
 */
    protected void setUp() throws Exception {
       super.setUp();
   }
   /* (non-Javadoc)
 * @see junit.framework.TestCase#tearDown()
 */
   protected void tearDown() throws Exception {
      super.tearDown();
    }
    @SmallTest
   public void testSomething() {
      fail("Not implemented yet");
   }
}
```

这个测试用例会永远执行失败，错误展示如下：Not implemented yet。我们在测试用例中使用了 junit.framework.Assert 类的 fail 函数来使得这个测试用例失败，并且显示上述给出的错误信息。

通过命令行，用 am instrumentation 命令来执行具体的测试用例，需要一个不带入参的构造函数，这点在后面会解释到。

2.5.1 特殊的方法

下面的表 2.3 中列出并描述了我们测试用例类中用到的特殊方法。

表 2.3 测试用例中的特殊方法

方　法	描　述
setup	启动方法，设置初始化属性。比如，网络连接或者创建一个目标对象方便测试。这个方法在测试执行之前会被调用 在这个例子中，我们只是调用了父类中的方法 详情看第 1 章，测试入门

续表

方　法	描　述
tearDown	关闭某些属性。比如，关闭网络连接。这个方法在测试执行完毕后被调用 在这个例子中，我们只是调用了父类的方法 详情参考第 1 章，测试入门
testSomething	测试方法样本。我们通过 Junit3 的反射机制，用 test 来标注测试函数，这样就可以被框架检测到并作为测试用例来执行了。 测试方法的函数名应该很清晰可以辨认出要测什么属性

2.5.2 测试注释

仔细看看上面测试类中的函数定义，你会发现我们是用@MediumTest 注释来标注测试函数的。这种注释用来给测试用例分组，然后可以单独执行同一个组的测试用例。

还有一些同样类型的其他注释，如表 2.4 所示。

表 2.4　标注的含义

注　释	描　述
@smallTest	注释该测试用例为“小集合”测试用例，它将会在“小集合”用例一起执行
@MediumTest	注释该测试用例为“中型集合”测试用例，它将会在“中型集合”用例一起执行
@LargeTest	注释该测试用例为“大集合”测试用例，它将会在“大集合”用例一起执行
@smoke	注释该测试用例为“冒烟”测试用例，它将会在“冒烟”用例一起执行。在 andriod.test.suitebuilder.smokeTestSuiteBuilder 编辑器中，所有的测试执行都会执行该注释下的测试用例
@FlakyTest	在 InstrumentationTestCase 类的方法写上这个注释。一旦测试用例执行失败，这个注释下的函数将会重复执行。重复执行的最大次数可以设置，默认值是 1。有时候随着时间的变化、环境的影响，一些测试用例执行会偶然失败，这时候这种方式就有用了 比如，假设你要将你的最大重复执行次数设置为 4，那么你可以标注为： @FlakyTest（tolerance=4）

@UIThreadTest	在 InstrumentationTestCase 类中的测试方法下，测试方法将在主线程中执行，又叫 UI 线程
	假设你想修改 UI 或者在同一个测试用例中利用一些技术进入设备，这时候设备方法可能调用不了。在这种情况下，你可以求助于 Activity.runOnUIThread 方法使得你可以创建 Runnable 并且在 UI 线程中运行你的用例
	`mActivity.runOnUIThread(new Runnable(){`
	`    public void run(){`
	`       // do somethings`
	`}`
	`});`

续表

注　释	描　述
@Suppress	这个注释会把你的测试用例从一个测试集合中排出出去 这个注释可以在任何类中使用，即便是没有测试集合的类、或者只含有一个测试函数，或者只含一个测试集合的类，都可以将相应函数设置这个注释，排出在外

现在我们的测试用例也准备好了，下一步就是要执行测试用例了。

2.6 测试执行

执行测试用例的方法有很多种，我们这里一个个地分析。

另外，我们在前面的章节中提到的注释，可以让测试用例按照组或者种类执行，这种方式要按实际需求来执行。

2.6.1 在 Eclipse 里执行所有的测试用例

如果你采用了 Elicpse 作为开发环境，从 Eclipse 中执行测试用例可能是最简便的方式了。这种方式会执行包中所有的用例。

选择测试工程，然后单击 Run As -> Andriod Junit Test。

如果没有找到合适的设备或者模拟器，那么会自动启动一个。然后，测试用例开始执行，最后执行的结果会在 Eclipse 中的 DDMS 中展示出来。这个窗口需要手工打开，如图 2.6 所示。

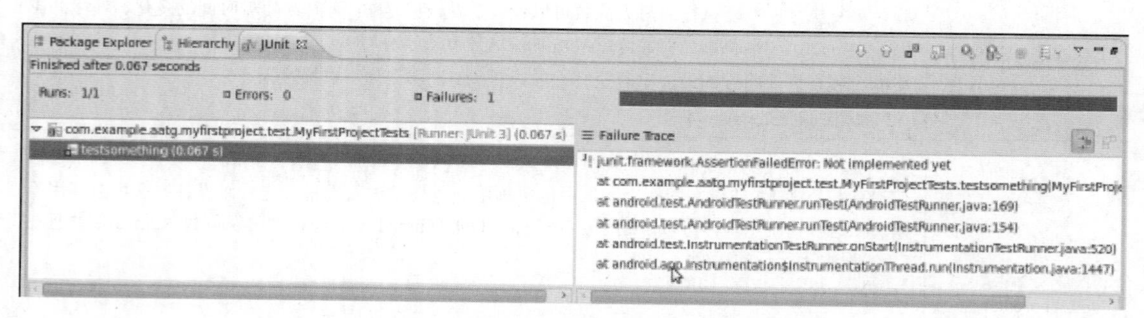

图 2.6　Eclipse 中 DDMS 展示测试用例的执行结果

从 Eclipse DDMS 窗口的 LogCat 视图中，你可以看到更加详尽的执行过程信息和结果，如图 2.7 所示。

```
03-29 22:40:28 I 276 TestRunn started: testSomething(com.example.android.myfirstproject.test.MyFirstProjectTests)
03-29 22:40:28 I 276 TestRunn failed: testSomething(com.example.android.myfirstproject.test.MyFirstProjectTests)
03-29 22:40:28 I 276 TestRunn ----- begin exception -----
03-29 22:40:28 I 276 TestRunn junit.framework.AssertionFailedError: Not implemented yet
03-29 22:40:28 I 276 TestRunn      at junit.framework.Assert.fail(Assert.java:47)
03-29 22:40:28 I 276 TestRunn      at com.example.android.myfirstproject.test.MyFirstProjectTests.testSomething(MyFirstProjectTests.java:22)
03-29 22:40:28 I 276 TestRunn      at java.lang.reflect.Method.invokeNative(Native Method)
03-29 22:40:28 I 276 TestRunn      at java.lang.reflect.Method.invoke(Method.java:521)
03-29 22:40:28 I 276 TestRunn      at junit.framework.TestCase.runTest(TestCase.java:154)
03-29 22:40:28 I 276 TestRunn      at junit.framework.TestCase.runBare(TestCase.java:127)
03-29 22:40:28 I 276 TestRunn      at junit.framework.TestResult$1.protect(TestResult.java:106)
03-29 22:40:28 I 276 TestRunn      at junit.framework.TestResult.runProtected(TestResult.java:124)
03-29 22:40:28 I 276 TestRunn      at junit.framework.TestResult.run(TestResult.java:109)
03-29 22:40:28 I 276 TestRunn      at junit.framework.TestCase.run(TestCase.java:118)
03-29 22:40:28 I 276 TestRunn      at android.test.AndroidTestRunner.runTest(AndroidTestRunner.java:169)
03-29 22:40:28 I 276 TestRunn      at android.test.AndroidTestRunner.runTest(AndroidTestRunner.java:154)
03-29 22:40:28 I 276 TestRunn      at android.test.InstrumentationTestRunner.onStart(InstrumentationTestRunner.java:430)
03-29 22:40:28 I 276 TestRunn      at android.app.Instrumentation$InstrumentationThread.run(Instrumentation.java:1447)
03-29 22:40:28 I 276 TestRunn ----- end exception -----
03-29 22:40:28 I 276 TestRunn finished: testSomething(com.example.android.myfirstproject.test.MyFirstProjectTests)
```

图 2.7 DDMS 中的 logCat 视图

2.6.2 执行单个测试用例

你可以选择执行单个测试用例，在测试过程中经常会遇到这种需求。选择测试工程，然后单击 执行 1——执行设置选项。

然后，创建一个新的测试配置，配置如表 2.5 所示。

表 2.5 测试配置

执行单个测试用例	检 查 配 置
项目名称	MyFirstProjectTest
测试类	Com.example.aatg.myfirstproject.test.MyFirstProjectTests

当你像往常一样执行测试用例的时候，只有这个用例会被执行。这种情况下，我们只执行了一个用例，执行后的结果跟之前发的截屏类似。

在 Eclipse 编辑器中，还有另一种快捷方式可以执行单个用例。选中你的函数名，然后按 Shift+Alt+XT 组合键，或者右键，然后选择 Run as-Junit Test。

2.6.3 在模拟器里执行用例

模拟器默认的系统里面安装了开发工具，提供一些手动工具和设置。在这些工具中，我们可以找到一个特别长的列表，如图 2.8 所示。

图 2.8 工具列表

现在我们研究下设备，因为需要利用设备来执行测试用例。上述的应用列表展示了 AndriodManifest.xml 中 instrumentation 标签下定义的所有包。默认情况下，会展示默认设备的配置，也就是 andriod.test.InstrumentationTestRunner 里面的默认配置。在这个文件里，如果有两个以上的包配置，那么识别到底用哪套配置就成问题了。为了解决这个问题，你可以手工添加一个选项，在设备标签下，如图 2.9 所示。

一旦设置成功，设备配置列表将会重新展示，我们的包将会在新标签下面显示，在执行之前，选择好就可以了，如图 2.10 所示。

如果测试用例按照这种方式执行，那么你就可以通过 LogCat 来看执行结果。

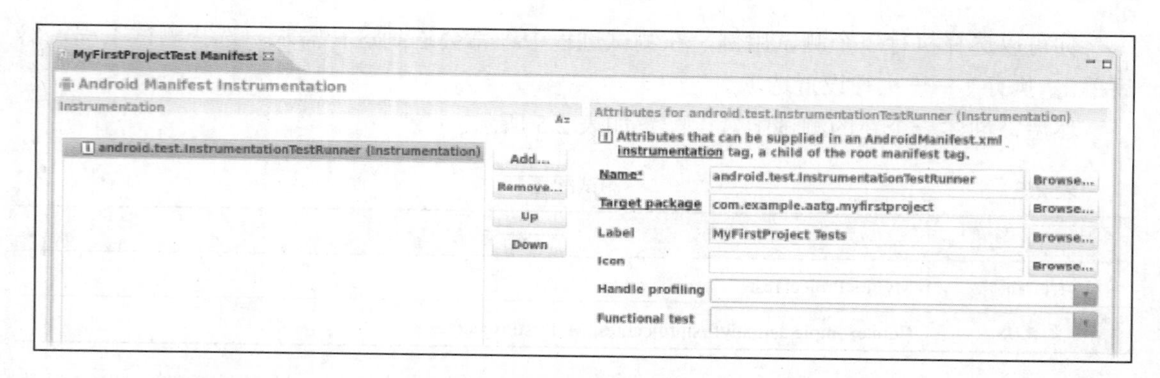

图 2.9 在设备标签下添加选项

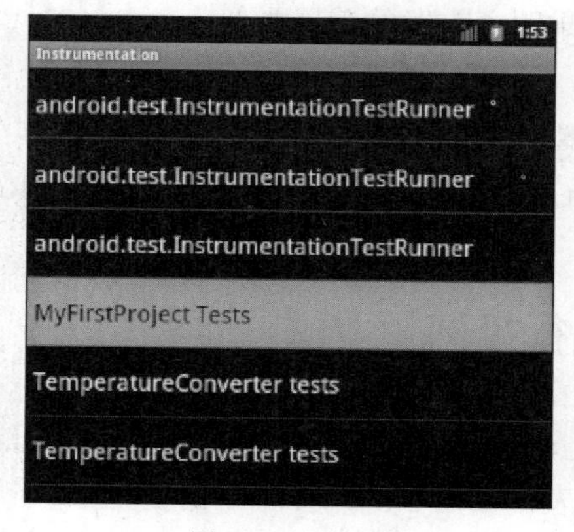

图 2.10 新标签

你可以看到，如果你不设置可选标签，那所有设备都会在默认的标签 andriod.test.InstrumentationTestRunner 下面展示出来，这点之前也提到过。

2.6.4 用命令行来执行测试用例

最后，我们还可以从命令行来执行测试用例。如果你想自动化或者用脚本来控制测试，命令行很有用。

我们用 am instrument 命令来执行测试用例（严格地说是 am 命令和 instrument 子命令），这个命令能够唤起设备、指定包名，还有其他功能选项。

你可能在想，am 是什么？am 是 Activity Manager 的缩写，它是 Android 系统内部的一个主要部件。在系统启动的时候，系统服务将会唤起这个行为管理器。行为管理器负责管理所有的行为以及行为的生命周期。另外，我们可以看到，它要负责行为设备的控制。

am instrument 命令行的一般用法如框 2.2 中所示。

框 2.2 am instrument 命令用法

```
am instrument [flags] <COMPONENT>
-r: print raw results (otherwise decode REPORT_KEY_STREAMRESULT)
-e <NAME> <VALUE>: set argument <NAME> to <VALUE>
-p <FILE>: write profiling data to <FILE>
-w: wait for instrumentation to finish before returning
```

下面的表 2.6 中总结了最常用的选项。

表 2.6 am 命令常用选项

选项	描述
-r	打印原始结果。用于手机最原始性能数据
-e<名字><值>	通过名字设置参数，我们将简单示范下这个功能。这是一个可选的配置项，让我们设置<名称、值>
-p<文件名>	将需要存档的数据，保存到外部文件中
-w	等待设备结束后退出。通常在命令行中使用，虽然不是一定要这样写，但是在手工执行时，如果不这样写，执行完用例后看不到测试结果

要触发 am 命令，我们使用 adb shell 命令或者你打开模拟器，你可以直接在 shell 命令窗口执行 am 命令。

2.6.5 执行所有测试用例

除了性能测试用例，下面的命令行将会执行所有的测试用例，如框 2.3 所示。

框 2.3 测试用例执行结果

```
diego@bruce:\~$ adb shell am instrument -w com.example.aatg.
myfirstproject.test/android.test.InstrumentationTestRunner

com.example.aatg.myfirstproject.test.MyFirstProjectTests:
Failure in testSomething:
junit.framework.AssertionFailedError: Not implemented yet
    at com.example.aatg.myfirstproject.test.MyFirstProjectTests.testSomethi
ng(MyFirstProjectTests.java:22)
    at java.lang.reflect.Method.invokeNative(Native Method)
    at android.test.AndroidTestRunner.runTest(AndroidTestRunner.java:169)
    at android.test.AndroidTestRunner.runTest(AndroidTestRunner.java:154)
    at android.test.InstrumentationTestRunner.onStart(InstrumentationTestRu
nner.java:430)
    at android.app.Instrumentation$InstrumentationThread.
run(Instrumentation.java:1447)

Test results for InstrumentationTestRunner=.F
Time: 0.2

FAILURES!!!
Tests run: 1, Failures: 1, Errors: 0
```

2.6.6 执行一个特殊测试用例文件中的所有用例

为了执行某个具体的测试文件中所有测试用例，你可以用下面的命令，如框 2.4 中所示。

框 2.4 Shell 命令：执行特殊用例文件的所有用例

```
diego@bruce:\~$ adb shell am instrument -w -e class com.example.aatg.
myfirstproject.test.MyFirstProjectTests com.example.aatg.myfirstproject.
test/android.test.InstrumentationTestRunner
```

2.6.7 通过用例名称来执行用例

另外，我们可以选择具体哪个测试用例要在命令行下执行，如框 2.5 中所示。

框 2.5 Shell 命令：执行单个用例

```
diego@bruce:\~$ adb shell am instrument -w -e class com.example.aatg.
myfirstproject.test.MyFirstProjectTests\#testSomething com.example.aatg.
myfirstproject.test/android.test.InstrumentationTestRunner
```

这种方式只能执行不带参数的构造函数的测试文件，这就是我们需要在命令行上加测试方法名的原因。

2.6.8 按用例分类来执行用例

我们前面提到了，测试用例可以被分为不同的种类，利用注释（测试注释）来标明它属于哪个种类。在执行命令的时候，可以通过下面的选项来指定执行某个种类下所有测试用例，选项详情如表 2.7 所示。

表 2.7 用例执行方式选项

-e unit true	执行所有单元测试用例。有的测试用例并不是在 InstrumentationTestCase 中（并且也不是性能测试用例）
-e func true	执行所有功能测试用例。所有的测试用例都是从 InstrumentationTestCase 中来的
-e perf true	包括性能测试
-e size { small | medium | large }	执行小型、中型或者大型测试用例，具体执行哪些，要看测试用例上标注的类型
-e annotation <标注名>	执行所有带有这个“标注名”的测试用例。这个选项不包括尺寸选项

在我们举的例子中，将测试用例 testSomething()标记为@SmallTest。这个测试用例就属于 Small 这类了。因此，在按照测试集合规模的大小来执行用例时，这个用例将和所有标记为 SmallTest 的用例一起执行。

框 2.6 所示的命令行将会执行所有带@SmallTest 标记的测试用例。

框 2.6 执行带 SmallTest 标记的命令

```
diego@bruce:\~$ adb shell am instrument -w -e size small com.example.
aatg.myfirstproject.test/android.test.InstrumentationTestRunner
```

2.6.9 创建个性化标签

为了满足客户有另外的需求，比如说，有更大的测试集合需要标记，现有的尺寸标识不了。大家可以创建一个自己的个性标签，然后按命令行的方式具体定义。

比如，我想把一些非常重要的测试用例放在一起，于是我们可以创建一个叫做@VeryImportantTest 的标签，如框 2.7 中所示。

框 2.7 新建 VeryImportantTest 标签

```
package com.example.aatg.myfirstproject.test;
/**
* Annotation for very important tests.
*
* @author diego
*
```

```
*/
public @interface VeryImportantTest {
}
```

接下来，我们将创建另一个测试用例，并标记为@VeryImportantTest，如框 2.8 所示。

框 2.8 新建测试用例，打新标签

```
@VeryImportantTest
public void testOtherStuff() {
fail("Not implemented yet");
}
```

因此，像我们上面提到的，我们可以在 am instrument 命令行中执行带有这个标签的测试用例如框 2.9 所示。

框 2.9 am instrument 命令执行新标签下的用例

```
diego@bruce:\~$ adb shell am instrument -w -e annotation VeryImportantTest \
com.example.aatg.myfirstproject.test/android.test.
InstrumentationTestRunner
```

2.6.10 执行性能测试

我们将在第 9 章“性能测试”中复习一下性能测试的细节，这里我们会介绍下 am instrument 命令中的一些选择项。

你需要在命令行中添加下面的选项，才能将性能测试用例添加在执行中，如表 2.8 所示。

表 2.8 性能测试用例命令选项

-e perf true	包括性能测试。

2.6.11 空载测试

有时候你只是想知道测试用例是否能够跑起来，而不是真正想做测试。这时候你可以将下面的选项加到你的命令行中，如表 2.9 中所示。

表 2.9 显示测试用例命令选项

-e log true	显示将要执行的测试用例，而不是真正执行。

这种方式在你写脚本或者编译的时候很有用。

2.7 调试用例

当然，大家应该想到的是，你的测试用例代码也可能有问题。于是，通常都要调试用例，并且在 LogCat 中打印日志信息以便调试。还有一种更复杂的办法，就是启动调试工具来调试，有两种方式。

第一种方式更简单：利用 Eclipse 的便利性，不需要去记复杂的命令行选项。在最新版的 AndroidADT 插件中，有选项 Debug As | Andriod Junit Test。然后，你可以在测试用例中设置断点调试代码。

设置断点的方式就是在编译器中选中你要暂停的那行，然后利用菜单选项"执行|切换行"断点。这样你就可以轻松地将你测试代码切换成调试模式，等待调试器连接上就可以了。不用担心，这个特别简单。在你想要调试的测试用例中添加下面这小段代码。加在哪里并没有关系，因为调试器总是停留在你设置断点的地方。这种情况下，我们决定在构造器中添加 Debug.waitForDebugger( )，如框 2.10 所示。

框 2.10 测试用例中添加 debug 代码

```
public class MyFirstProjectTests extends TestCase {
    private static final boolean DEBUG = true;
    public MyFirstProjectTests(String name) {
        super(name);
        if ( DEBUG ) {
            Debug.waitForDebugger();
        }
    }
```

当你像往常一样执行测试用例，单击 Run As | Andriod Junit Test，你可能看到这样一个窗口，要求你转换视图，如图 2.11 所示。

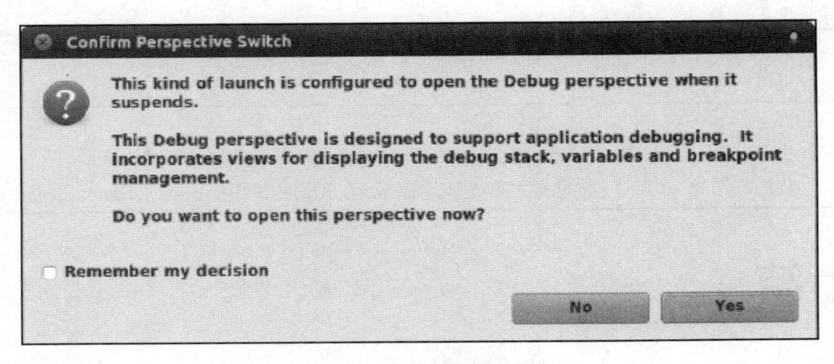

图 2.11 视图转换提示框

一旦切换之后，你将会看到一个标准的调试界面和会话。另外，如果你不能或者不想改变你测试的代码，那么可以设置断点之后，在 am instrument 命令后加上下面的项目，如表 2.10 中描述。

表 2.10 打开 debug 选项

-e debug true	打开调试器

当你开始测试执行的时候，测试执行器会等待调试器连接上来。调试用例的命令行如框 2.11 所示。

框 2.11 连接调试器命令

```
$ adb shell am instrument -w -e debug true com.example.aatg.
myfirstproject.test/android.test.InstrumentationTestRunner
```

等待调试进入到你断点这行时，你会看到下面这行，如框 2.12 所示。

框 2.12 debug 断点行时，看到的日志

```
com.example.aatg.myfirstproject.test.MyFirstProjectTests:
```

当调试器连接上之后，这行才会消失，调试会话框才会出来。

2.8 其他命令行选择

之前已经提到了，am instrument 命令中接收输入<名称，值>的键值对，含义如表 2.11 中所示。

表 2.11 am instrument 命令的其他选项

名　称	值
Package	包名的全称或者测试应用中的多个包名 多个包名用逗号隔开
Class	测试用例中待执行的测试用例类的全称 可以包含测试方法名称，方法和类名用#隔开
Coverage	True 执行 Emma 覆盖率，执行结果会写到一个特殊指定的输出文件中 我们将在第 10 章 可选的测试策略中详细谈到在我们测试用例中添加 Emma 覆盖率的技术

2.9 小结

我们复习了 Android 测试背后的主要技术和工具。

本章覆盖的内容如下。

- 给 Android 样本工程创建相应的 Android 测试工程，作为第一个测试工程。
- 创建相应测试工程的最佳方式，虽然你可能觉得没必要，但是事实证明如此。
- 新建一个简单的测试类来测试工程中的行为。我们没有添加有用的测试用例，而是添加了一些例子来确认测试框架是可行的。
- 我们还从 Eclipse 中执行了样例测试用例，从命令行也尝试了下，从而理解多种执行用例的方式。在这过程中，我们提到了行为管理器和 am 命令行的典型使用方式。
- 分析了最常用的命令行以及它们的选项。
- 创建了客户标签来给我们测试用例分类，从而演示了下标签注释的用途。
- 执行测试用例并解释结果，让我们理解我们的应用程序的执行情况。

下一章，我们将要分析前面提到的技术、框架和工具。将会更加详细地阐述它们的用途，并举例说明。

第 3 章　用 Android SDK 构建模块

现在我们知道如何创建一个测试工程以及如何执行测试用例。接下来，我们要开始稍微深入一点，让大家学会如何构建测试用例所需要用到的模块。

因此，在第 3 章，我们会覆盖以下内容：

- 常用的断言；
- 查看断言；
- 其他断言类型；
- 用于测试用户接口的 TouchUtil；
- Mock 对象；
- 设备；
- 测试用例类的架构层次；
- 利用外部的 lib。

我们将分析上述内容，并且通过一些实例来解释它们的用法。本章中的所有例子都是特意从原始的 Android 工程中抠出来的，目的就是为了让你能够专注于当前的话题，完整的例子可以在后面下载到。当下，我们的精力要放在关注重点而不是整体上。

除了展示实例，我们还会跟大家讲解创建测试用例中经常要用到的一些方法，相信会帮到大家。

3.1　工程演示

本章节我们创建了非常简单的应用，用来举例说明测试用例的写法。本章的源代码可以从 http://www.packtpub.com/support 中下载。

图 3.1 展示了执行中的应用。

图 3.1 应用截图

3.2 深度断言

断言是利用一些方法来检查条件是否相同，如果不相同就抛出异常，从而中止测试。Junit API 中包含 Assert 类，就是断言类，这个类是所有测试用例的基类。基于它改写的方法，适用于各种条件判断，在写用例的时候很有用。这些方法被测试用例继承下来之后，可以用来检查各种条件并且改写成能够接受各种类型的参数。这些方法按照检查的条件的不同，可以分为很多类，比如：

- assertEquals 检查是否相等；
- assertFalse 检查是否为 false；
- assertNotNull 检查是否不为 null；
- assertNotSame 检查是否不相同；
- assertNull 检查是否为 null；
- assertSame 检查是否一样；
- assertTrue 检查是否为 True；
- fail 直接抛出 fail 的异常。

通过方法名称我们很容易判断条件。可能大家需要注意一下 assertEquals()内 assertSame()两个函数的不同点。前者在两个对象的值相同时返回 True，用的是 equals 方法。而后者是判断两个对象是否是同一个。当然在某些情况下，两个函数返回的值是一样的，那就是当参数中的对象没有实例化的时候。

当其中一个断言失败时，将会抛出 AssertionFailedException 异常。

有时候，在研发过程中，你可能需要添加一些之前没有执行过的测试用例。但是，你又想先定一个测试方法，后面再去填写测试用例，打算做个记号。我们在第一章，测试入门中讲过，我们可以添加一些测试桩。这些测试用例用 fail 方法，这样每次执行都是失败的，然后用个性化错误信息来提醒测试人员，如框 3.1 中的代码所示。

框 3.1 编写自己的错误提示

```
public void testNotImplementedYet() {
    fail("Not implemented yet");
```

Fail 还有另一个用法值得介绍给大家。当你想测试，又不想被异常中断的时候，可以在代码周围加上 try-catch 块，强制将 fail 的异常消化掉，不让抛出。如框 3.2 中的测试代码：

框 3.2 测试代码

```
public void testShouldThrowException() {
    try {
        MyFirstProjectActivity.methodThatShouldThrowException();
        fail("Exception was not thrown");
    } catch ( Exception ex ) {// do nothing
    }
```

3.3 个性化异常信息

谈到个性化异常信息，众所周知，所有的 assert 方法都有一个重写的版本，这个版本带有个性化信息，是 String 类型的。当断言失败的时候，测试执行器将会打印出个性化信息，如果没有个性化信息就打印出默认的信息。这个个性化信息十分有用，因为在测试用例失败的时候，你可以通过打印的个性化信息很容易定位到错误，我们强烈推荐使用带个性化信息的断言版本。

下面是用这种断言的真实例子，如框 3.3 中的代码。

框 3.3 断言举例

```
public void testMax() {
    final int a = 1;
    final int b = 2;
    final int expected = b;
    final int actual = Math.max(a, b);
    assertEquals("Expection " + expected + " but was " + actual,
    expected, actual);
```

我们如何让用例更好地组织起来，让看的人更加容易理解，在这个例子中也有体现。就是变量名上，期望值用 expected 表示，真实值用 actual 表示，这种方式很容易理解。

3.4 静态输入

基本的断言方法都是从断言基类中继承下来的，不过还是有一些特殊的断言引入了特殊的包。为了增强测试代码的可读性，有一种方式就是在对应的类中动态导入断言方法，如框3.4中例子。

框 3.4　类中动态导入断言方法

```
public void testAlignment() {
    final int margin = 0;
    ...
    android.test.ViewAsserts.assertRightAligned(
    mMessage, mCapitalize, margin);
}
```

我们可以简化上述代码，在框3.5的代码中，添加了静态导入。

框 3.5　添加静态导入

```
import static android.test.ViewAsserts.assertRightAligned;
public void testAlignment() {
    final int margin = 0;
    assertRightAligned(mMessage, mCapitalize, margin);
}
```

Eclipse 通常不会自动处理这些静态输入，因此，如果你想得到内容帮助，在你输入完前面几个单词的时候，按Ctrl+SPACE，会出来一些提示，你可以将你的类加到收藏列表中。还有一种方法，就是单击 Window | Preferences | Java | Editor | Content | Assist | Favorites | New Type。然后输入，andriod.test.ViewAsserts，再添加新类型：andriod.test.MoreAsserts，弄完之后，如图3.2所示。

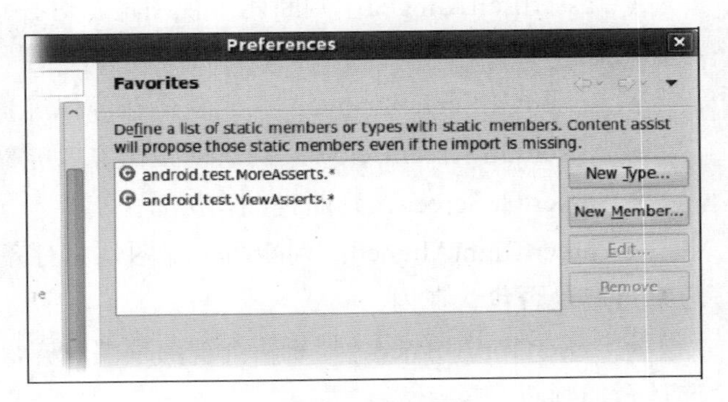

图 3.2　添加新类型

3.5 视图断言

之前提到了，断言函数可以接受很多类型的参数。但是他们只能处理简单的条件和对象。

比如，我们有一个 assertEquals（shor expected,short actual）函数来判断 short 类型的值，assertEquals（int expected,int actual）来判断 int 类型的值，assertEquals（object expected,object actual）来判断任意对象的值等。

然而，通常在测试 Android 的用户交互时，你会遇到一些复杂的函数，主要是跟视图相关的。在这方面，Android 提供了一个有很多复杂断言的类，在 andriod.test.ViewAsserts 里面（详情请看 http://developer.andriod.com/reference/andriod/test/ViewAsserts.html），这些断言可以用来判断视图是否符合预期，以及屏幕上的相对位置的关系。

这些方法函数都被重载过，提供了不同的参数条件。在这些断言中，我们可以看到。

- assertBaselineAligned：判断两个视图基准是否对齐成一条线，也就是说它们的坐标在 y 轴上是一致的。
- assertBottomAligned：判断两个视图底部对齐，也就是说底部边缘 y 坐标相同。
- assertGroupContains：判断特殊的组有且仅有一个特殊的孩子。
- assertGroupIntegrity：判断特殊的组的完整性。包含的孩子数目应该大于等于零，并且每个孩子都不为空。
- assertGroupNotContains：判断特殊的组不包含特定的孩子。
- assertHashScrrenCoordinates：判断一个视图在虚拟屏幕上的 x 坐标和 y 坐标是特殊的值。
- assertHorizontalCenterAligned：判断测试视图跟相关的视图是水平中间对齐的。
- assertLeftAlinged：判断两个视图是左对齐，也就是左边的线 x 坐标相同。还提供边界的对比。
- assertOffScreenAbove：判断视图在虚拟屏幕上方。
- assertOffScreenBelow：判断视图在虚拟屏幕下方。
- assertOnScreen：判断视图在屏幕上。
- assertRightAligned：判断两个视图是右对齐的，也就是说右边的那个线 x 坐标相同。边缘可选是否包含在内。
- assertTopAligned：判断两个视图顶端对齐，也就是说顶上的边缘 y 坐标相同。边缘可选是否加判断。
- assertVerticalCenterAligned：判断测试的视图跟对比的视图是否是垂直中间对齐的。

下面的例子展示了如何利用 ViewAsserts 来判断用户交互界面，如框 3.6 中代码所示。

框 3.6　利用 ViewAsserts 来判断用户交互界面

```
public void testUserInterfaceLayout() {
    final int margin = 0;
    final View origin = mActivity.getWindow().getDecorView();
```

```
        assertOnScreen(origin, mMessage);
        assertOnScreen(origin, mCapitalize);
        assertRightAligned(mMessage, mCapitalize, margin);
    }
```

这个 assertOnScreen 函数利用 origin 来寻找需要的视图。在这个用例中，我们利用最高层窗口装饰视图。如果说由于某些原因，你不需要那么高层次或者这个函数不适合你的测试用例，你可以使用低层次一些的根视图；比如说 View.getRootView()，在我们的例子中，就可以换成 mMessage.getRootView()。

3.6 更多的断言

如果前面提到的断言不足以满足你的测试需求，Android 框架里面还有另一个类可能可以覆盖其他场景。这个类叫做 MoreAsserts（http://developer.andriod.com/reference/andriod/test/MoreAsserts.html）。

为了迎合不同的场景条件，这里重载了很多方法。这些断言有。

- assertAssignableFrom：判断一个对象是属于某个类型的。
- assertContainsRegex：判断特殊的 String 字符串满足某个期望的正则表达式。如果传入的信息不匹配，将会失败。
- assertContainsInAnyOrder：判断一个 Iterable 中包含准确的期望的元素，但是顺序无所谓。
- assertContainsInOrder：判断一个 Iterable 中包含准确的期望的元素，并且顺序相同。
- assertEmpty：判断一个 Iterable 为空。
- assertEquals：对于某些 Collections 对象来说，Junits 断言中没有这个函数。
- assertMarchesRegex：String 类型的字符串跟特定的正则表达式是匹配的，一旦不配，就失败并且打印出特定的错误信息。
- assertNotContainsRegex：判断一个特定的正则表达式跟字符串的子串匹配不上，如果匹配上了，就返回失败，并给出失败信息。
- assertNotEmpty：判定有一些 Collectionts 在 Junit 断言中不为空。
- assertNotMatchesRegex：判定特定的正则表达式跟字符串匹配不上，如果匹配上，返回失败。
- checkEqualsAndHashCodeMethods：偶尔用来测试 equals()和 hashCode()这两个函数的结果。用来测试 equals()对比两个对象的结果是否符合预期。

框 3.7 中的这个测试用例通过界面上的按钮来触发主函数，然后，用例检查主函数执行过程中抛出的错误信息。

框 3.7 测试用例

```
@UiThreadTest
public void testNoErrorInCapitalization() {
    final String msg = "this is a sample";
    mMessage.setText(msg);
    mCapitalize.performClick();
    final String actual = mMessage.getText().toString();
    final String notExpectedRegexp = "(?i:ERROR)";
    assertNotContainsRegex("Capitalization found error:",
    notExpectedRegexp, actual);
}
```

注意，由于这是一个修改用户交互行为的测试用例，所以我们必须用@UiThreadTest 来注释，否则，用例将无法从另一个线程来修改 UI 界面，而是收到框 3.8 中的异常信息：

框 3.8 用例执行结果输出

```
03-02 23:06:05.826: INFO/TestRunner(610): ----- begin exception -----
03-02 23:06:05.862: INFO/TestRunner(610): android.view.ViewRoot$CalledFromW
rongThreadException: Only the original thread that created a view hierarchy can
touch its views.
03-02 23:06:05.862: INFO/TestRunner(610): at android.view.ViewRoot.
checkThread(ViewRoot.java:2932)
[...]
03-02 23:06:05.862: INFO/TestRunner(610): at android.app.Instrumentation$Instr
umentationThread.run(Instrumentation.java:1447)
03-02 23:06:05.892: INFO/TestRunner(610): ----- end exception -----
```

如果你对正则表达式不熟悉，花点时间看看 http://developer.andriod.com/reference/java/util/regex/package-summary.html，值得学习学习。

在上面这个特殊的用例中，我们在结果中找到单词“ERROR”，设置 i 就是为了大小写不敏感。也就是说，如果程序中的主函数工作异常，返回了错误信息，那么我们将会通过断言错误信息检测到这个异常。

3.7 TouchUtil 类

有时，你在测试界面的时候，经常要模拟不同方式的触摸指令。这些触摸指令可以从不同的角度分类，andriod.test.TouchUtils 这个类是使用最方便、简单的。测试用例继承 InstrumentationTestCase 这个类，可以反复使用 andriod.test.TouchUtils 中的方法来产生不同的触摸指令。

被测界面的人机交互，可以通过定制化的函数来实现。TouchUtils 提供了注入事件的框架，利用正确的 UI 对象或者主线程，因此这方面不需要再额外费功夫去处理，你不需要再使用@UIThreadTest 来注释你的测试代码了。

提到的这些方法会支持以下几方面：

- 单击一个视图然后释放掉；
- 轻轻触摸一个视图，也就是触摸下然后马上放开；
- 长按一个视图；
- 拖拉屏幕；
- 拖拉视图。

框 3.9 中的测试用例展示了 TouchUtils 的典型用法。

框 3.9 测试用例

```
public void testListScrolling() {
    mListView.scrollTo(0, 0);
    TouchUtils.dragQuarterScreenUp(this, mActivity);
    TouchUtils.dragQuarterScreenUp(this, mActivity);
    TouchUtils.dragQuarterScreenUp(this, mActivity);
    TouchUtils.dragQuarterScreenUp(this, mActivity);
    TouchUtils.tapView(this, mListView);
    final int expectedItemPosition = 6;
    final int actualItemPosition =
    mListView.getFirstVisiblePosition();
    assertEquals("Wrong position",
    expectedItemPosition, actualItemPosition);
    final String expected = "Anguilla";
    final String actual = mListView.getAdapter().
    getItem(expectedItemPosition).toString();
    assertEquals("Wrong content", actual, expected);
}
```

这个用例中做了以下几件事。

（1）最开始在已知场景下重置了列表的位置。

（2）滚动列表几次。

（3）检查第一个可见的位置，判断列表是否滚动正常。

（4）检查内容元素来确认结果正确。

即便是最复杂的界面也可以用这种方式来测，它可以让你测试各种操作，各种影响用户体验的操作，以及校验操作之后的结果。

3.8 Mock 对象

在第 1 章，测试入门中，我们提过 Android 测试框架中的 Mock 对象的测试方法，这种方法是经过测试人员评估之后，采用伪造真实返回结果的方式，以便达到我们的测试用例不受外界环境的干扰的目的。

下一章节，我们将讨论测试驱动开发TDD，如果我们是测试驱动开发的方式做项目，那么我们可能会对Mock对象产生怀疑，更倾向于使用真实的环境进行测试。Martin Fowler在他伟大著作Mocks Aren't Stubs（Mock并非打桩）中把这两种风格的人称为TTD传统型和TTD Mock型。这本书的电子版本可以在线看，地址是http://www.martinfowler.com/articles/mocksArentStubs.html。

撇开这些讨论，我们在这里介绍Mock对象在构建块时有用的地方，因为有时候在测试中Mock对象也是很有用的，甚至是不可避免的。

AndroidSDK在包andriod.test.mock中提供了一些类来帮助大家满足这方面的需求。

- MockApplication：实现了Application类的Mock。所有方法都没有实际功能而是直接抛出UnsupportedOperationException异常。
- MockContentProvider：实现了ContentProvider类的Mock。所有的方法都没有实际功能，会抛出UnsupportedOperationException异常。
- MockContentResolver：实现了ContentResolver类的Mock，这个类将测试代码跟实际的内容系统隔离开。所有的方法都是没有实际功能的，会抛出UnsupportedOperationException异常。
- MockContext：一个Context类的Mock类。这个类可以用来注入其他依赖。所有的函数都是没有功能的，抛出UnsupportedOperationException异常。
- MockCursor：Mock的Cursor类，将测试代码跟实际的Cursor实现分开。所有的函数都是没有功能的，抛出UnsupportedOperationException异常。
- MockDialogInterface：Mock了DialogInterface类。所有的方法都是没有功能的，抛出UnsupportedOperationException异常。
- MockPackageManager：实现了PackageManager类MOCK。所有的方法都是没有功能的，抛出UnsupportedOperationException异常。
- MockResources：Mock了Resource类。所有的方法都是没有功能的，抛出UnsupportedOperationException异常。

正如前面提到的，所有的这些类中的函数都是没有实际功能，一旦使用都抛出UnsupportedOperationException异常。因此，你不希望用例抛出这种异常信息，那么应该在这些基础类中添加所需要的功能。

3.8.1 MockContext概览

MockContext类实现的所有方法都是没有具体功能的，默认都是抛出UnsupportedOperation

Exception 异常。因此，如果你忘记实现测试用例中用到的 Mock 方法时，就会抛出异常，这样你可以很快发现这个问题。

这个 MOCK 类可以用来往被测类中注入桩、监控等。通过扩展这个类，你可以更好地控制测试。扩展这个类，重写相应方法，可以提供更加贴切的行为函数。

后面我们要揭晓 AndroidSDK 提供的一些预编译 Mock 的 Contexts，这种类在一些用例中十分有用。

3.8.2 IsolatedContext 类

在测试过程中，你会发现有的测试需要跟 Activity 类隔离，防止跟其他组件交互。然而，有的用例只是希望 Activity 跟系统进行部分的正确交互，不希望完全隔离。完全隔离，使得它无法跟其他组件交互。

对于这些场景，AndroidSDK 提供了 andriod.test.IsolatedContext 这个类，这是一个用来 mock Context，防止跟大多数底层系统进行交互，但是还是可以满足跟其他包或者部件交互的需求，比如，Services 或者 ContectProviders 进行交互。

3.8.3 选择文件和数据库操作

对于有些场景，我们要用到文件，需要选择文件的地址以及进行数据库操作。比如，如果我们正在真机上进行应用测试，或许不希望影响测试中的文件。这种场景可以利用另一个有优势的类，这个类就是 andriod.test.RenamingDelegatingContext，而不是 andriod.test.mock。

这个类让我们改变对文件和数据库的操作，文件和数据库的索引在构造函数中指定。所有的其他操作都由上下文代理处理。当然，你必须在构造函数中具体指出由谁来代理。

假设我们的被测 Activity 是以某种方式处理了一些文件。这时候，我们可以引入特殊的上下文文件或者一个设备来驱动我们的测试用例，而不是用真实的文件，这样我们就可以控制这些上下文了。在这种场景下，我们创建了一个 RenamingDelegatingContext，并且指定索引；把索引添加到需要替代的文件名上，然后我们的 Activity 就会使用这个替代品。比如，如果我们的 Activity 想访问 birthdays.txt 文件，然后我们提供指向 test 索引的代理 RenamingDelegatingContext，那么测试的时候这个 Activity 就会访问 testbirthdays.txt。

3.8.4 MockContentResolver 类

这个 MockContentResolover 类实现的所有函数都是没有实际功能的，如果直接使用，会抛出 UnsupportedOperationException 异常。这个类的目的就是将测试用例和真实的内容隔离开。

我们敢说你的应用肯定不止在一个行为中用到 ContectProvider。你可以为 ContectProvider 这个函数创建单元测试用例，当测试用例的个数大于一个时，命名为 ProviderTestCase2。我们简单看一下，在某些场景下，ProviderTestCase2 按照之前的方式执行了一个 RenamingDelegating Context。但是当我们尝试用 ContextProvider 来写行为的功能测试或者集成测试时，你会发现测试用例类型不明显，很难区分。最明显的选择就是 ActivitiInstrumentationTestCase2，如果你的功能测试主要是模拟用户的操作体验，你需要 sendKeys（）或者相关操作函数，这些函数都是稳定可以用来测试的。

你遇到的第一个问题就是要测数据库或者用你的 ContextProvider 来用数据库装备，不清楚在测试的哪部分来注入 MockContectResolver。而且没有地方注入 MockContext。

这个问题会在第 7 章，“测试策略”中进行更加详细、深入的解答。

3.9 测试用例基类

TestCase 在 Junit 框架中是所有其他测试用例的基类。它实现了一些基础方法，这些方法我们在先前的样例中分析过。

TestCase 还实现了 junit.frmaewokr.Test 里的接口。

下面是 TestCase 类和 Test 接口的 UML 如图 3.3 所示。

测试用例可以直接继承 TestCase 或者它的子类。这里除了之前解释的函数之外，还有其他函数。

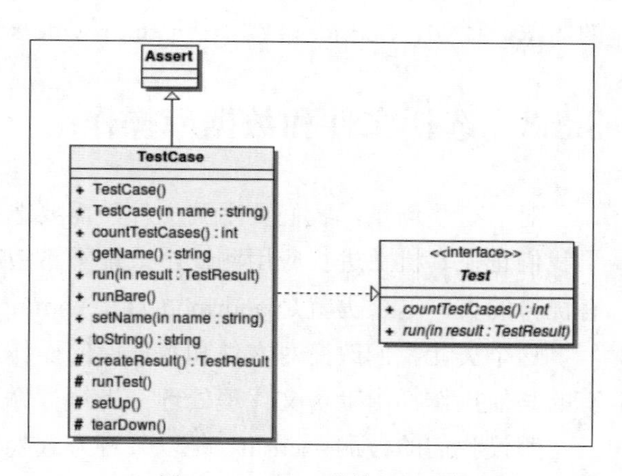

图 3.3 TestCase 类的 UML 图

3.9.1 不带参数的构造函数

所有的测试用例类都需要有一个默认的构造函数，因为有时候，测试执行器只会唤起这个默认的构造函数。这个构造函数还会用来做序列化。根据文档描述，这个方法的目的是为了让大部分人去调用 setName（String name）函数。

一个最常用的方式就是，在构造函数中，使用默认的固定的测试用例名字。然后通过给出的名字来唤起对应的构造函数，如框 3.10 中的构造函数。

框 3.10　构造函数

```
public class MyTestCase extends TestCase {
    public MyTestCase() {
        this("MyTestCase Default Name");
    }
    public MyTestCase(String name) {
        super(name);
    }
```

3.9.2　带名字的构造函数

这种构造函数会给出一个参数，作为测试用例的名字。这个名字会出现在测试报告中，所以，如果对你在测试报告中辨认失败的用例是非常有帮助的。

setName()方法

很多类继承了 TestCase 并且不提供带名字的构造函数。在这种情况下，唯一的设置用例名称的途径就是调用 setName（String name）方法。

3.10　AndriodTestCase 基类

这个类可以作为 Android 测试用例的基类。下面这个 UML 图描述了 AndriodTestCase 和相关类之间的关系图。

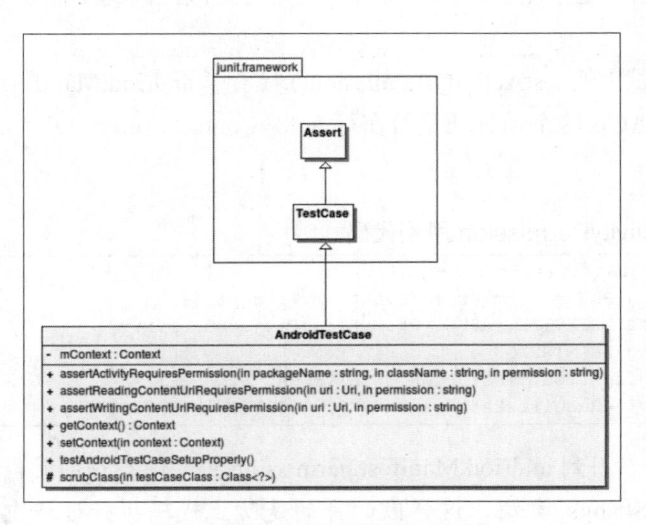

图 3.4　Android 测试用例 UML 类图

当你想访问类似文件系统中的资源、数据库或者文件这种行为上下文的时候，使用这个类。上下文可以很方便地作为一个字段保存在一个类中，命名为 mContext，在后面的测试中可以根据需要使用。我们通过调用 getContext()这个函数来得到上下文对象。

基于这个类来测试可以用 Context.startActivity（）来启动一个以上的 Activity。有很多 AndroidSDK 的测试用例都继承扩展了这个基类。

- ApplicationTestCase<T extends Application>。
- ProviderTestCase2<T extends ContentProvider>。
- ServiceTestCase<T extends Service>。

assertActivityRequiresPermission()方法

这个方法的声明如框 3.11 中所示。

框 3.11　assertActivityRequiresPermission 方法声明

```
public void assertActivityRequiresPermission (String packageName,
String className, String permission)
```

描述

这个判断的方法是检查某个特定的行为是通过特殊的批准后发起的。它带有 3 个参数。

- 包名：String 类型的包名，发起行为所属的包。
- 类名：发起的行为所属于的类名，String 类型。
- 通行证：通过这个 String 类型的字符串，可以查到通行证。
- 这个 Activity 对象被唤起之后，期望抛出 SecurityException 异常，报错信息描述说需要的通行证丢失。因为这个测试用例没有对行为进行修改，因此不需要 Instrumentation。

举例:

框 3.12 中的测试用例 testActivityPermission(),检查了 andriod.Manifest.permission.WRITE_EXTERNAL_STORAGE 这个通行证是否在行为 MyContactsActivity 中，这个通行证需要写入外部存储器。

框 3.12　testActivityPermission 用例代码

```
public void testActivityPermission() {
    final String PKG = "com.example.aatg.myfirstproject";
    final String ACTIVITY = PKG + ".MyFirstProjectActivity";
    final String PERMISSION =
    android.Manifest.permission.WRITE_EXTERNAL_STORAGE;
    assertActivityRequiresPermission(PKG, ACTIVITY, PERMISSION);
```

记住，在用到 andriod.Manifest.permission 中的通行证的时候，是常量类型，不是 Strings 类型，这样做的目的是防止代码执行过程中把这个等级给改了。

assertReadingContectUriRequiresPermission()方法

这个方法的声明如框 3.13 中所示：

框 3.13 assertReadingContentUriRequiresPermission 方法声明

```
public void assertReadingContentUriRequiresPermission (
Uri uri, String permission)
```

描述

这个判定方法从一个特殊的 URI 中检查参数中传入的通行证，它带有两个参数。

- Uri：这个 URI 需要通行证才能访问。
- Permission：通过这个 String 类型的字符串，可以查到通行证。

如果能产生 SecurityException，并且异常中包含所需要的通行证信息，这个方法就证明生效了。

举例

框 3.14 中的测试用例试图读取合同，然后核实是否会产生 SecurityException 异常：

框 3.14 testReadingContacts 代码

```
public void testReadingContacts() {
    final Uri URI = ContactsContract.AUTHORITY_URI;
    final String PERMISSION =
    android.Manifest.permission.READ_CONTACTS;
    assertReadingContentUriRequiresPermission(URI, PERMISSION);
```

assertWritingContectUriRequiresPermission()方法

这个方法的声明如框 3.15 所示。

框 3.15 assertWritingContentUriRequiresPermission 声明

```
public void assertWritingContentUriRequiresPermission(
Uri uri, String permission)
```

描述

这个判断方法检查插入到特定的 URI 中需要的通行证，它带有两个参数。

- Uri：这个 URI 需要通行证才能访问。
- Permission：这个 String 类型的字符串可以查询通行证。

如果能产生 SecurityException，并且异常中包含所需要的通行证信息，这个方法就证明生效了。

举例

框 3.16 中测试用例试图写入合同，并且核实能够抛出 SecurityException。

框 3.16 testWritingContacts 方法代码

```
public void testWritingContacts() {
    final Uri URI = ContactsContract.AUTHORITY_URI;
    final String PERMISSION =
    android.Manifest.permission.WRITE_CONTACTS;
    assertWritingContentUriRequiresPermission(URI, PERMISSION);
}
```

3.11 设备

系统会在所有应用程序代码执行之前实例化设备，让设备可以监控系统和程序之间的所有交互。

和其他Android应用组件一样，设备的实现是在AndriodManifest.xml中的一个<instrumentation>标签下面进行描述设定的。比如，你打开我们测试中的 AndriodManifest.xml 看里面的代码，你会发现框 3.17 中的片断。

框 3.17 测试工程中 XML 关于设备的配置

```
<instrumentation
android:targetPackage="com.example.aatg.myfirstproject"
android:name="android.test.InstrumentationTestRunner"
android:label="MyFirstProject Tests"/>
```

这是 Instrumentation 的声明。

这个 targetPackage 属性定义了要测试包名，测试执行它的名字，以及测试时候列出的设备的标签。

请注意之前提到的，这个声明属于测试工程而不是被测工程。

3.12 ActivityMonitor 内联类

之前提到了，Instrumentation 这个类是用来监控被测系统和应用程序之间、系统跟行为之间的交互。内联类 Instrumentation.ActivityMonitor 可以监控到一个程序中的单个行为。

举例

我们假设在 Activity 行为中有一个 TextField 字段，这个字段包含了 URL，这个 URL 有自己的超链接，如框 3.18 中配置所示。

框 3.18 XML 中关于 TextField 的配置

```
<TextView android:layout_width="fill_parent"
android:layout_height="wrap_content"
android:text="@string/home"
```

```
android:layout_gravity="center" android:gravity="center"
android:autoLink="web" android:id="@+id/link" />
```

如果我们想要证实，当超链接被单击之后的行为是唤起了正确的浏览器，我们可以创建框 3.19 中所示的测试用例。

框 3.19　测试用例

```
public void testFollowLink() {
    final Instrumentation inst = getInstrumentation();
    IntentFilter intentFilter = new IntentFilter(
    Intent.ACTION_VIEW);
    intentFilter.addDataScheme("http");
    intentFilter.addCategory(Intent.CATEGORY_BROWSABLE);
    ActivityMonitor monitor = inst.addMonitor(
    intentFilter, null, false);
    assertEquals(0, monitor.getHits());
    TouchUtils.clickView(this, mLink);
    monitor.waitForActivityWithTimeout(5000);
    assertEquals(1, monitor.getHits());
    inst.removeMonitor(monitor);
}
```

这里，我们做了这么几件事情。

（1）获得了设备对象。

（2）基于 IntentFilter 添加一个监控。

（3）等待行为唤起。

（4）证明监控中的点击增加了。

（5）删除监控。

利用监控，我们可以测试系统和其他行为的更加复杂的交互。这是创建交互测试的强有力的工具。

3.13 InstrumentationTestCase 类

这个 InstrumentationTestCase 是各种可以访问 Instrumentation 类的测试用例的直接或者间接父类。这里列出了它最重要的直接或者间接的子类。

- ActivityTestCase。
- ProviderTestCase2<T extends ContentProvider>。
- SingleLaunchActivityTestCase<T extends Activity>。
- SyncBaseInstrumentation。
- ActivityInstrumentationTestCase2<T extends Activity>。

- ActivityUnitTestCase<T extends Activity>。

下面是 InstrumentationTestCase 和相关类的 UML 类图，如图 3.5 所示。

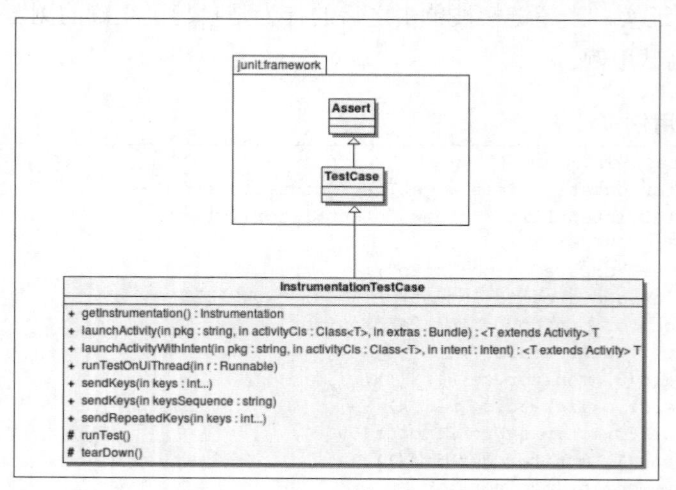

图 3.5　InstrumentationTestCase 相关类的 UML 图

InstrumentationTestCase 是在 andriod.test 包中，没有显示在上图中，这个类是扩展了 junit.framework.TestCase，而 junit.framework.TestCase 是扩展了 junit.framework.Assert。

launchActivity 和 launchActivityWithIntent 方法。

这个工具方法是用来在测试用例中唤起 Activity 对象的。如果第二个参数中的 Intent 没有指定，那么将会使用默认的 Intent，定义如框 3.20 中所示。

框 3.20　launchActivity 方法

```
public final T launchActivity(
String pkg, Class<T> activityCls, Bundle extras)
```

如果你需要一个指定的 Intent，那么你可以在框 3.21 中的代码来添加一个 intent 参数。

框 3.21　launchActivityWithIntent 方法

```
public final T launchActivityWithIntent(
String pkg, Class<T> activityCls, Intent intent)
```

sendKeys 和 sendRepeatedKeys 方法

当你要测试 UI 界面行为时，你会需要通过键盘或者 DPAD 按钮来输入字符，选择快捷或者在不同的组件中切换等交互动作。

这里可以看到 sendKeys 函数和 sendRepearedKeys 函数不同之处。

这里 sendKeys 的版本接收 int 型输入。他们在 KeyEvent 类中定义了常量，通过 sendKeys 可以获得。

比如，你可以用框 3.22 中的方式使用 sendKeys。

框 3.22 sendKeys 使用方法

```
public void testSendKeyInts() {
    try {
        runTestOnUiThread(new Runnable() {
            public void run() {
                mMessage.requestFocus();
            }
        });
    } catch (Throwable e) {
        fail("Couldn't set focus");
    }
    sendKeys(KeyEvent.KEYCODE_H,
    KeyEvent.KEYCODE_E,
    KeyEvent.KEYCODE_E,
    KeyEvent.KEYCODE_E,
    KeyEvent.KEYCODE_Y,
    KeyEvent.KEYCODE_ALT_LEFT,
    KeyEvent.KEYCODE_1,
    KeyEvent.KEYCODE_DPAD_DOWN,
    KeyEvent.KEYCODE_ENTER);
    final String expected = "HEEEY!";
    final String actual = mMessage.getText().toString();
    assertEquals(expected, actual);
}
```

这里，我们发送 H、E 和 Y 字母，感叹号，然后单击 Enter 键，利用他们代表的 int 型数字来测试行为。

还有一种方法，我们不考虑键盘上的索引，而是把想要的字母组合成一个字符串，然后用空格将他们隔开，空格会被忽略。如框 3.23 中代码所示。

框 3.23

```
public void testSendKeyString() {
    try {
        runTestOnUiThread(new Runnable() {
            public void run() {
                mMessage.requestFocus();
            }
        });
    } catch (Throwable e) {
        fail("Couldn't set focus");
    }
    sendKeys("H 3*E Y ALT_LEFT 1 DPAD_DOWN ENTER");
    final String expected = "HEEEY!";
    final String actual = mMessage.getText().toString();
    assertEquals(expected, actual);
}
```

这里，除了用 String 之外，其他都是完全相同的。注意：通过键盘输入 String 字符串可以用*来表示重复几次字母。比如，我们用 3*E 来表示“EEE”，就是重复 3 次。

如果测试中需要发送重复的字符，还有另一种特别的方法，如框 3.24 中代码所示。

框 3.24

```
public void testSendRepeatedKeys() {
    try {
        runTestOnUiThread(new Runnable() {
            public void run() {
                mMessage.requestFocus();
            }
        });
    } catch (Throwable e) {
        fail("Couldn't set focus");
    }
    sendRepeatedKeys(1, KeyEvent.KEYCODE_H,
    3, KeyEvent.KEYCODE_E,
    1, KeyEvent.KEYCODE_Y,
    1, KeyEvent.KEYCODE_ALT_LEFT,
    1, KeyEvent.KEYCODE_1,
    1, KeyEvent.KEYCODE_DPAD_DOWN,
    1, KeyEvent.KEYCODE_ENTER);
    final String expected = "HEEEY!";
    final String actual = mMessage.getText().toString();
    assertEquals(expected, actual);
}
```

这是完全相同的测试用例，只是换了一种写法。输入重复的字母是由它前面的数字决定的。

runTestOnUiThread *帮助方法*

runTestOnUiThread 方法是用来帮助测试用例的一部分代码在 UI 线程中执行。另外，就像之前我们讨论的，我们还可以用@UiThreadTest 标记来让测试用例在 UI 线程中执行。

但是，有时候我们只需要将一部分代码在 UI 线程中执行，因为其他代码不适合在这个线程中执行，或者已经使用了其他帮助方法，像 TouchUtils 方法，执行在另一个线程中。最常用的方式就是发送字符之前换个焦点，这样发送的字符就可以被传送到正确的对象视图 View 中，如框 3.25 中代码所示。

框 3.25

```
public void testCapitalizationSendingKeys() {
    final String keysSequence = "T E S T SPACE M E";
    runTestOnUiThread(new Runnable()
            {public void run() {
            mMessage.requestFocus();
        }
```

```
    });
    mInstrumentation.waitForIdleSync();
    sendKeys(keysSequence);
    TouchUtils.clickView(this, mCapitalize);
    final String expected = "test me".toUpperCase();
    final String actual = mMessage.getText().toString();
    assertEquals(expected, actual);
}
```

我们需要等待应用程序资源空闲，然后聚焦 mMessage EditText 编辑框，先用 Instrumentation.warForIdleSync()，然后发送字符串。最后，利用 TouchUtils.clickView()，我们最后利用按钮事件来检查编辑框中变化了的内容是否正确。

3.14 ActivityTestCase 类

这个类中包含了其他测试用例用到的访问设备的常用代码。如果你想在测试代码中执行某个动作并且现有的方式不能满足你的要求，那你可以用这个类。

如果不是这种情况，你会发现下面的选项很符合你的需求。

- ActivityInstrumentationTestCase2<T extends Activity>。
- ActivityUnitTestCase<T extends Activity>。

ActivityTestCase 和它相关类的 UML 图如图 3.6 所示。

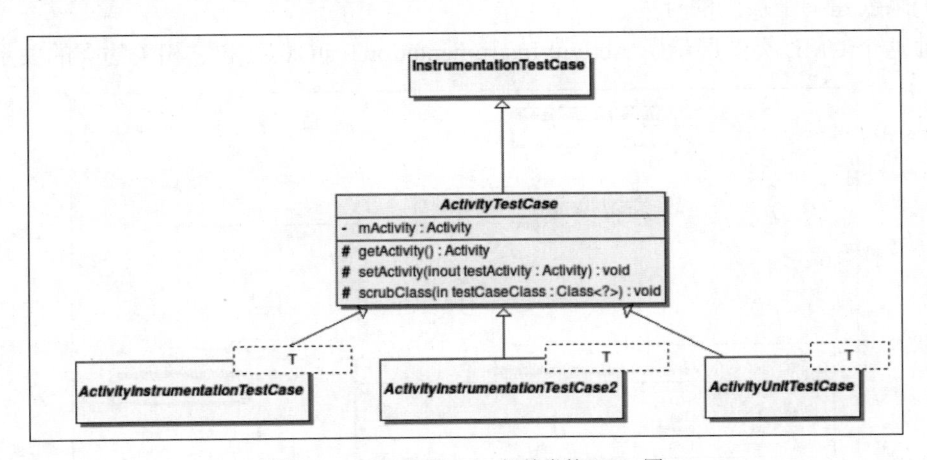

图 3.6 ActivityTestCase 相关类的 UML 图

这个虚类 andriod.testActivityTestCase 扩展了 andriod.test.InstrumentationTestCase，并且可以作为其他测试用例的基类，比如 andriod.test.ActivityInstrumentationTestCase，andriod.test.ActivityInstrumentationTestCase2，以及 andriod.test.ActivityUnitTestCase。

android.test.ActivityInstrumentationTestCase 是一个已经过时的类。Android1.5 版本中就不推荐使用，更高的版本建议不要使用。

3.15 scrubClass 方法

框 3.26 中代码是 ActivityTestCase 类中的一个保护方法。

框 3.26 scrubClass 方法

```
protected void scrubClass (Class<?> testCaseClass)
```

这个函数在很多测试用例中是由 tearDown()函数唤起的，以便清理类中的变量，这些变量作为非静态内部类被初始化，用例结束时可能还保留着他们的引用。

这么做是为了防止测试用例很多情况的下内存泄漏。

如果说这些变量有访问，那么会抛出 IllegalAccessException 异常。

3.16 ActivityInstrumentationTestCase2 类

这个类可能是你在写 Android 测试用例中最常用到的类了。它为功能测试提供了一个 Acitivity。这个类可以访问设备对象，可以用系统结构，通过调用 InstrumentationTestCase.lauch Activity()来创建一个被测的行为。

下面这个 UML 类图展示了 ActivityInstrumentationTestCase2 和它相关的类的关系。

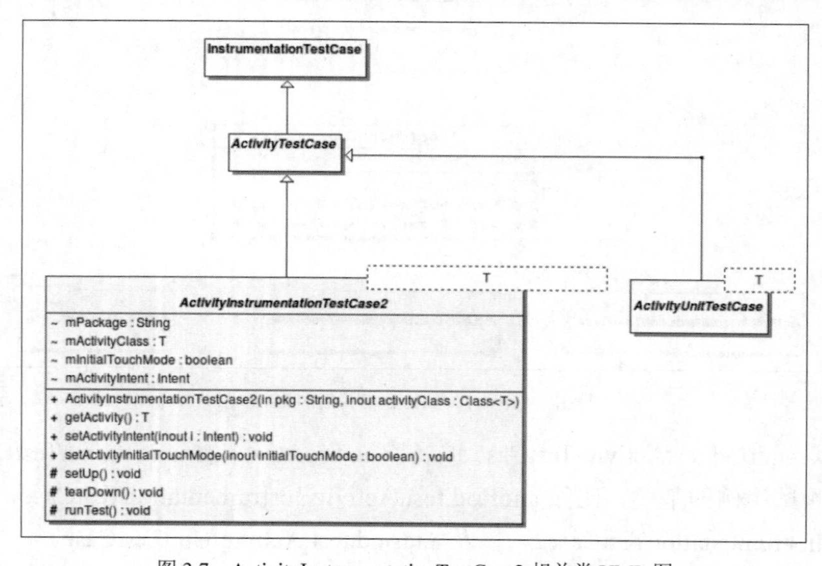

图 3.7 ActivityInstrumentationTestCase2 相关类 UML 图

这个 andriod.test.ActivityInstrmentationTestCase2 类扩展了 andriod.test.ActivityTestCase。这个图也说明了 ActivityUnitTestCase 也扩展了 ActivityTestCase。类模板 T 表示 Activity 类型的类。

创建了 Activity 之后，就可以操作和监控了。

如果你需要提供一个客户 Intent 对象来启动行为 Activity，那么在调用 getActivity()之前，你可能需要用 setActivityIntent（Intent intent）注入一个 Intent 对象。

这个功能测试用例通过事件注入来模拟用户的行为来测试交互，这种方式是非常有用的。

构造函数

这个类中有一个公有的、类似的构造函数。这个构造函数就是框 3.27 中定义的。

框 3.27 构造函数

```
ActivityInstrumentationTestCase2(Class<T> activityClass)
```

这个函数会初始化一个 Activity 的类，跟模板参数类是同一个类型的 Activity。

Setup 方法

就像我们在第一章测试入门中提到的，Setup 方法是初始化测试用例变量以及固定的部件的最佳选择。

框 3.28 的测试用例给大家展示了一些方法，这些方法你会发现在你测试用例中会重复出现：

框 3.28

```
protected void setUp() throws Exception {
    super.setUp();
    // this must be called before getActivity()
    // disabling touch mode allows for sending key events
    setActivityInitialTouchMode(false);
    mActivity = getActivity();
    mInstrumentation = getInstrumentation();
    mLink = (TextView) mActivity.findViewById(
    com.example.aatg.myfirstproject.R.id.link);
    mMessage = (EditText) mActivity.findViewById(
    com.example.aatg.myfirstproject.R.id.message);
    mCapitalize = (Button) mActivity.findViewById(com.example.
    aatg.myfirstproject.R.id.capitalize);
}
```

我们会做以下几件事情。

（1）调用父类。这是 Junit 模式，这个模式是为了保障操作的正确执行。

（2）关闭触摸模式。在 getActivity（）函数调用之前，也就是 Activity 创建之前需要做的就是关闭触摸模式。它将被测行为的最初的触摸模式设置为关闭。触摸模式是一个功能型的 Android 概念。

（3）用 getActivity()启动行为。

（4）获得设备。我们可以访问设备，因为 ActivityInstrumentationTestCase2 扩展了 InstrumentationTestCase。

（5）获得视图和设置字段。在操作这些的时候，注意对于 R 这个类是要用目标包的，而不是测试包的。

tearDown 方法

通常，这个方法会清理 setUp 函数中初始化了的变量。

在框 3.29 的这个例子中，我们只会调用父类的方法。

框 3.29

```
protected void tearDown() throws Exception {
    super.tearDown();
}
```

testPreconditions 方法

这个方法用来检查一些条件的初始化情况，确保我们的测试用例可以正确进行下去。

不看这个方法名的话，你不会想到这个方法是在其他测试用例之前执行的。但是，把所有前期检查测试都放在这个名字下面，是一个很好的方式。

这里有一个 testPrecondition 的例子，如框 3.30 所示。

框 3.30　testPrecondition 用例

```
public void testPreconditions() {
    assertNotNull(mActivity);
    assertNotNull(mInstrumentation);
    assertNotNull(mLink);
    assertNotNull(mMessage);
    assertNotNull(mCapitalize);
}
```

我们只会检查非空的值，但是在这个场景下，我们还可以确认利用特殊的 ID 号找到测试图，可以确认他们的类型是否正确，否则，在 setUp 中，他们可能会被用到或者附值。

3.17 ProviderTestCase2<T>类

这个测试用例是用来测试 ContentProvider 类的。下面这图是 ProviderTestCase2 和相关类的 UML 图，如图 3.8 所示。

这个 andriod.test.ProviderTestCase2 类也扩展了 AndriodTestCase。模板参数 T 代表了被测对象 ContentProvider。这个测试用例的执行用了一个 IsolatedContext 和一个 MockContentResolver 来 mock 对象，就是我们在第 2 章提到的。

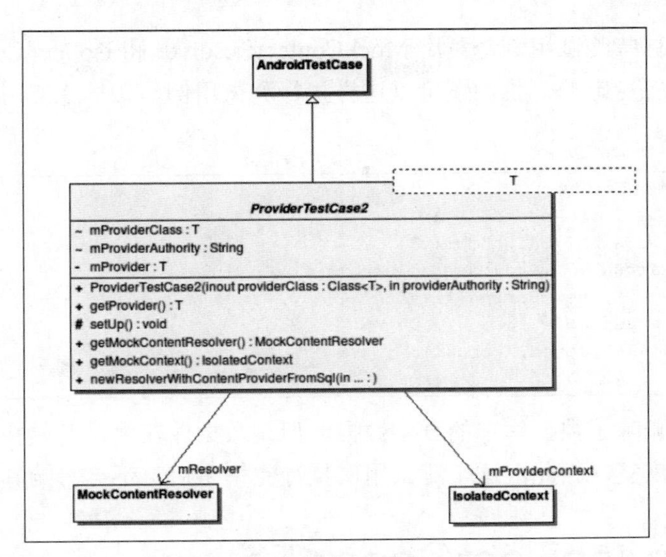

图 3.8 ProviderTestCase2 和相关类的 UML 图

构造函数

这个类中只有一个公有的、无返回值的构造函数，如框 3.31 所示。

框 3.31 ProviderTestCase2 构造函数

```
ProviderTestCase2(Class<T> providerClass, String providerAuthority)
```

这个函数会被 ContectProvider 类的实例对象所调用，而 ContentProvider 也会作为一个参数传入。第二个参数是提供商的权限，通常在 ContentProvider 类中被定义为常量 AUTHORITY。

举例

框 3.32 中的代码是一个典型的 ContentProvider 测试用例。

框 3.32 ContentProvider 的测试用例

```
public void testQuery() {
    Uri uri = Uri.withAppendedPath(
    MyProvider.CONTENT_URI, "dummy");
    final Cursor c = mProvider.query(uri, null, null, null, null);
    final int expected = 2;
    final int actual = c.getCount();
    assertEquals(expected, actual);
}
```

在这个测试用例中，我们期望查询返回值是二维指针。这里只是个例子——判断返回值的个数。

通常在 setUp 方法中，我们会获得 provider 的引用，在这个例子中，我们通过 GetProvider() 函数可以得到 mProvider。

值得注意的是这些测试用例是利用 MockContentResolver 和 IsolatedContext，因此，数据库中真实的值并没有受影响，我们还可以这样执行测试用例，如框 3.33 中代码所示。

框 3.33

```
public void testDelete() {
    Uri uri = Uri.withAppendedPath(
    MyProvider.CONTENT_URI, "dummy");
    final int actual = mProvider.delete(
    uri, "_id = ?", new String[] { "1" });
    final int expected = 1;
    assertEquals(expected, actual);
}
```

这些测试用例删除了数据库中的真实数据，但是数据库在测试开始执行之前就保存了备份，执行之后进行恢复，因此，这个测试用例执行完毕之后，不会影响其他测试用例。

3.18 ServiceTestCase<T>

这个测试用例是用来测试服务的。

这个类 ServiceTestCase< T >，扩展了 AndriodTestCase，具体情况可以看 UML 图 3.9。

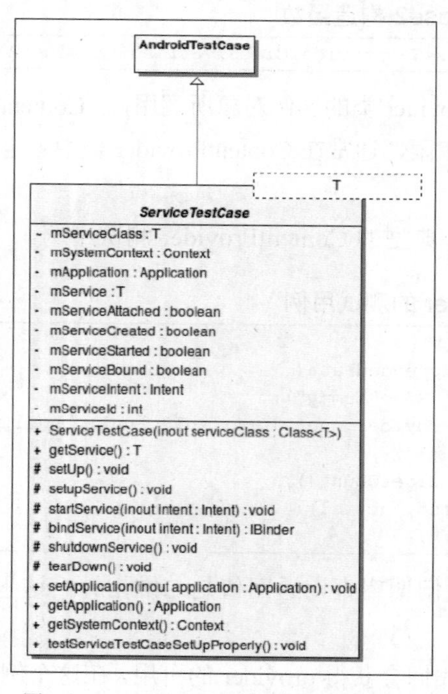

图 3.9 ServiceTestCase 相关类的 UML 图

这个类中还包含了用来控制服务的生命周期的函数，比如：setupService，startService，bindService 和 shutDownService。

构造函数

这个类包含一个公有的，无返回值的构造函数。如框 3.34 中代码所示。

框 3.34 构造函数

```
ServiceTestCase(Class<T> serviceClass)
```

调用这个函数需要传入类型相同的 Service 类。

3.19 TestSuiteBuilder.FailedToCreateTests 类

TestSuiteBuilder.FailedToCreateTests 是一个特殊的测试用例，用来在 build（）阶段标记失败。也就是说，如果在测试集合创建阶段，一旦发现错误，你就会获得一个像这样的异常抛出，这种异常一般是用来表示构造测试用例的阶段就失败了，结果如框 3.35 中所示。

框 3.35 结果信息

```
exception like this one indicating the failure to construct the test suite:
01-02 06:31:26.656: INFO/TestRunner(4569): java.lang.RuntimeException:
Exception during suite construction
01-02 06:31:26.656: INFO/TestRunner(4569): at android.test.
suitebuilder.TestSuiteBuilder$FailedToCreateTests.testSuiteConstructionFa
iled(TestSuiteBuilder.java:239)
01-02 06:31:26.656: INFO/TestRunner(4569): at java.lang.reflect.
Method.invokeNative(Native Method)
[...]
01-02 06:31:26.656: INFO/TestRunner(4569): at android.test.
InstrumentationTestRunner.onStart(InstrumentationTestRunner.java:520)
01-02 06:31:26.656: INFO/TestRunner(4569): at android.app.Instrumenta
tion$InstrumentationThread.run(Instrumentation.java:1447)
```

3.20 在测试工程中引入外部包

你的主工程可能需要外部资源包。让我们假设一下，在一个行为中，我们从一个类中创建了对象，这个对象是在外部包中。就拿我们来举例，假设库里有一个叫做 libdummy-0.0.1-snapshot.jar 包，用到的类是 Dummy。这个 Dummy 类没有做任何事情，只是用来让你专注于主对象，这个主对象包含了你所有需要的类，而不仅仅是一个。

我们的行为如框 3.36 所示。

框 3.36 行为

```
package com.example.aatg.myfirstproject;
import com.example.libdummy.Dummy;
import android.app.Activity;
import android.os.Bundle;
import android.view.View;
import android.view.View.OnClickListener;
import android.widget.Button;
import android.widget.EditText;
public class MyFirstProjectActivity extends Activity {
    private EditText mMessage;
    private Button mCapitalize;
    private Dummy mDummy;
    /** Called when the activity is first created. */
    @Override
    public void onCreate(Bundle savedInstanceState) {
        super.onCreate(savedInstanceState);
        setContentView(R.layout.main);
        mMessage = (EditText) findViewById(R.id.message);
        mCapitalize = (Button) findViewById(R.id.capitalize);
        mCapitalize.setOnClickListener(new OnClickListener() {
            public void onClick(View v) {
                mMessage.setText(mMessage.getText().toString().
                toUpperCase());
            }
        });
        mDummy = new Dummy();
    }
    public static void methodThatShouldThrowException()
    throws Exception {
        throw new Exception("This is an exception");
    }
    public Dummy getDummy() {
        return mDummy;
    }
}
```

这个库可以当作 JAR 包或者外部 JAR 包添加到工程中的 Java Build Path，需要你选择这个包的文件位置。

现在，我们来写一个简单的用例。从我们之前的经验可以总结出，如果我们需要测试一个行为对象，我们需要用到 ActivityInstrumentationTestCase2，这也是我们即将要做的。我们的样本测试将会如框 3.37 中用例所示。

框 3.37 样本测试

```
public void testDummy() {
    assertNotNull(mActivity.getDummy());
}
```

不幸的是，这个测试用例编译不通过。问题出在我们用到的一个类不存在。我们的测试工程中没有 Dummy 类或者 libdummy 库，因此我们得到的是下面的错误信息，如框 3.38 中所示。

框 3.38 错误信息

```
The method getDummy() from the type DummyActivity refers to the missing
type Dummy.
```

让我们把 libdummy 包添加到测试工程的属性中，单击 Add External LARS 按钮，如图 3.10 所示。

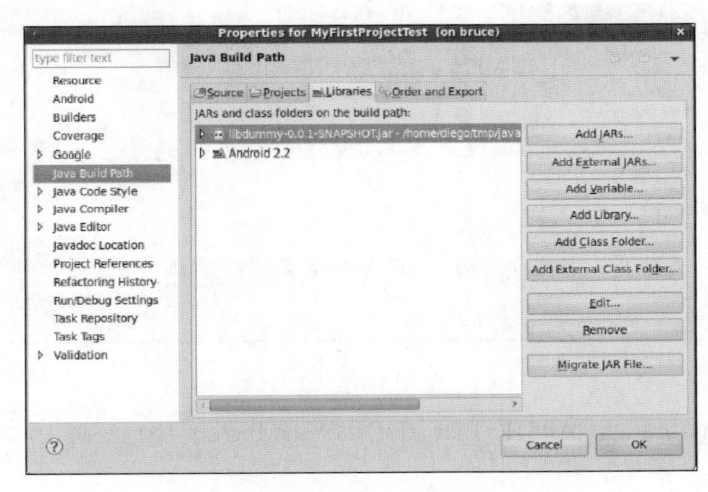

图 3.10 添加 lib 的界面

但是，这样会引入另一个错误。如果你执行测试用例，你会得到下面的错误信息，如框 3.39 所示。

框 3.39 用例执行后的错误信息

```
08-10 00:26:11.820: ERROR/AndroidRuntime(510): FATAL EXCEPTION: main
08-10 00:26:11.820: ERROR/AndroidRuntime(510): java.lang.IllegalAccessError:
Class ref in pre-verified class resolved to unexpected implementation
...[lines removed for brevity]
08-10 00:26:11.820: ERROR/AndroidRuntime(510): at com.android.internal.os.Zy
goteInit$MethodAndArgsCaller.run(ZygoteInit.java:868)
08-10 00:26:11.820: ERROR/AndroidRuntime(510): at com.android.internal.
os.ZygoteInit.main(ZygoteInit.java:626)
08-10 00:26:11.820: ERROR/AndroidRuntime(510): at dalvik.system.NativeStart.
main(Native Method)
```

这个问题的原因是在两个工程中添加了相同的库包，结果两个相同的类都被加入 APK 中了。而测试工程，是从测试工程包中加载类的。库中的类将会从测试库中加载，但是测试工程会指向被测 APK 的附件。因此，出现上面的错误。

解决这个问题的方法就是导出 libdummy 进入依赖工程的入口，然后在测试工程的 Java Build Path 中删除 JAR 包。

图 3.11 展示了如何在主工程中添加属性。

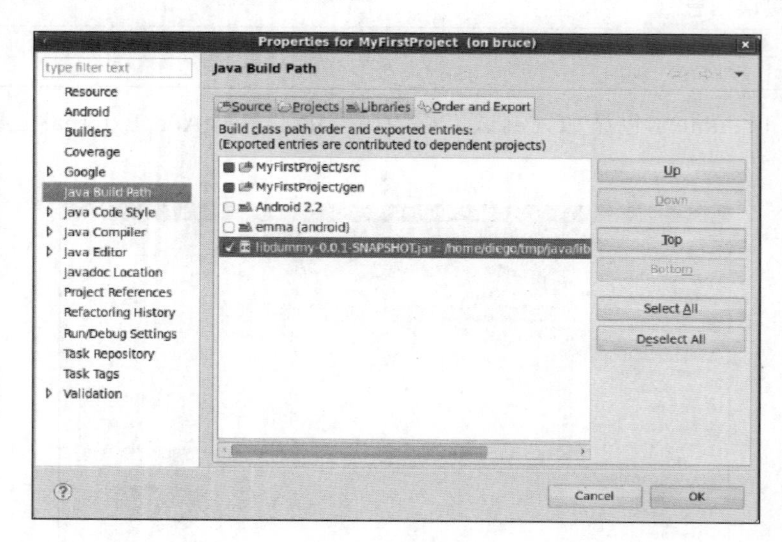

图 3.11 添加属性

注意 libdummy-0.0.1-SNAPSHOT.jar 在 Order and Export 中已经选中。

3.21 小结

我们投入了大部分精力来编译模块和提高用例代码的重复性利用价值。在这里，我们讨论了以下几个话题。

- 使用了各种类型的判断来做 UI 测试，从 Junit 测试中最常用的判断到 AndroidSDK 中最特殊的判断。
- 解释 Mock 对象以及他们在 Android 测试中的用途。
- AndroidSDK 中，从单元测试到功能测试，对各种不同的测试进行了举例说明。
- 用 UML 图来描述了最常用类和他们周边类的关系。
- 深入探讨 Instrumentation 类和对行为的不同监控器。

既然我们已经有了所有的编译模块，现在是时候开始创建更多地测试用例，以便获得更多经验，掌握这门技术。

第 4 章介绍了 TTD 测试驱动开发模式，将会用一个简单的项目工程来诠释它的优势。

第 4 章　测试驱动开发

这章节介绍测试驱动开发的原则。从一般的修订版开始，然后逐步介绍跟 Android 平台相关的一些概念和技术。

本章会有很多代码，所以，准备好边看边写代码，用这种方式来领略文中例子的含义，是最快的学习方式。

本章的主要内容有。

- 介绍和解释了 TDD 测试驱动开发的含义。
- 分析了 TDD 的优势。
- 介绍了一个真实的工程的生命周期。
- 通过写测试用例来理解需求。
- 项目用 TDD 的方式来进化。
- 完成一个工程，这个工程要完全符合最初的需求。

4.1 TDD 测试驱动开发入门

简单地说，测试驱动开发简称 TDD，是一种测试策略。这种策略要求随着开发过程来跟进测试用例。这些测试用例在代码开发之前就准备好了，开发人员开发的代码必须能够通过这些测试用例。

添加一个用例，然后工程代码必须满足能够编译、执行这个用例，并且结果要跟用例中的结果集合一致。

这种测试策略跟其他策略相比，不同点在于其他的测试方法都是在代码写完之后再写测试用例，但是 TDD 是在代码写完之前写测试用例。

在代码开发之前写完测试用例有以下几个优势：第一，测试用例的编写方式很多，如果留到最后开发完再来写，测试人员也很可能不写测试用例了；第二，开发人员对自己开发代码的质量也更加负责了。

开发设计一步步定下来之后，如果开发的代码不能通过测试用例，那就需要重构改进了。

图 4.1 帮助我们理解测试驱动开发的过程：

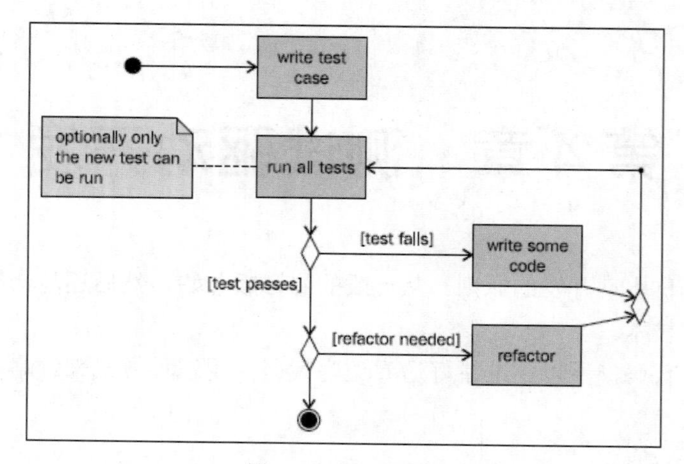

图 4.1 UML 活动图

下面一节介绍解释了上面的活动图中每个环节的具体工作。

4.1.1 编写一个测试用例

启动项目时，我们就开始写测试用例，那么，我们从编写一个测试用例开始。这一步很明显是一个简单的过程，会进行一些机械化的工作。毕竟，在这一步，如果我们对问题的概貌和细节不了解，无论是否进行测试，都不可能写出代码来的。通常，这一步你需要接触到你不理解的问题的各个方面，并且你需要领悟待测模型，然后再去写自动化测试的代码。

4.1.2 执行所有的测试用例

测试用例编写完工之后，跟所有的测试用例一起执行，需要执行以下几步。

首先，最重要的是带有编译支持的 IDE 环境，这个会节省很多开发的时间。当然，由于我们还没有写任何代码，所有测试执行肯定会失败。

为了完成我们的测试用例，我们需要编写一些额外的代码并且考虑一下设计。这些附加的代码是为了让我们的用例编译通过。因为编译不通过也会失败。

当我们编译通过并且可以执行的时候，测试用例如果失败的话，我们需要最小代价调整代码让测试用例成功执行。这点可能听起来很恶心，但是下面一节的例子会帮助你理解这一过程。

还有一种方法，不需要执行所有的测试用例，你可以单独执行一个刚添加的测试用例，这样可以节省很多时间，因为在模拟器上执行用例十分慢。在一个个调试执行完用例之后，可以再一起全部执行一次，确保一切都可以正常运作。我们不希望加一个新功能导致历史用例执行失败，引入新 bug，这种情况经常会出现。

4.1.3　调整代码

当测试用例顺利执行之后，我们调整代码修 bug 一定要干净利落，控制它的影响面最小。重构之后，一定要所有的测试用例成功通过，没有引进新问题。如果我们的测试用例都通过了，代码就不需要再调整了，也就是说，已经完成，可以收工了。

重构完代码之后，执行所有的测试用例是一种比较安全的做法。假设你重构了一个算法，提取一些变量，引进几个参数，签名方式变了，或者其他内容，这时候如果出现一个 bug 的话，通过执行自动化回归用例，就会发现问题。还有，如果重构的接口对应的自动化接口用例没有覆盖到优化点，我们还可以通过应用系统的自动化测试用例来发现。

4.1.4　优势在哪里

TDD 的优点，个人觉得，在于你可以快速专注于重要的功能，不会去做那些可做可不做的功能，或者不会被用到的功能。不重要功能会浪费开发和测试的时间和精力。大家都知道，在项目实施过程中，有效管理人力资源对是否能成功完成项目有重要的影响。当然，TDD 模式也不能不分青红皂白地用于所有的工程。我觉得跟其他技术一样，你应该用自己的经验判断和识别是否该使用这种模式。记住：没什么方案是一劳永逸的。

另外一个优点就是，这种方式可以保证你改代码之后，有一张安全网在后面做保障。每次你改一小段代码，只要有测试用例，并且逻辑没有变化，那么通过这些用例可以检查出来对其他部分有没有影响。

4.1.5　理解需求

在写测试用例之前，你必须充分了解被测对象。

我们之前提到，测试驱动开发这种方式，可以让你快速专注于核心目标功能，而不是在周边需求中打转。

将这些需求翻译成测试用例，在这个翻译的过程中，可以更加深刻地了解需求。当然，确保你做的这些需求都是最后会实现和验收的。我们经常会在项目进展的过程中发生需求变更，这时，就需要更新对应的测试用例，然后再去变更实现。确保项目实施过程中每个需求都测试和开发代码理解一致。

4.2 新建一个样本工程——温度换算器

我们后面的例子都会围绕一个特别简单的 Android 工程展开。我们不是演示 Android 的一些特性，而是专注于测试，循序渐进地建立测试工程，接触学习之前提到的一些概念。

假设我们接到了一个需求列表，要开发一个 Android 温度转换器程序。虽然这个特别简单，我们也按照正规的流程来，并且在这个过程中我们会介绍测试驱动开发技术。

需求清单

需求清单再普通不过了，就是一个非常粗糙的列表，有很多细节都没有说清楚。

假设，我们的需求清单是这个样子的。

- 应用程序可以将摄氏温度转化成华氏温度或者反向转化。
- 用户交互提供了两个文字框：一个是摄氏温度，另一个是华氏温度。
- 当用户在一个文字框中填写好了温度的时候，另一个文字框自动更新为转化后的温度。
- 如果出现错误，也在同样的文字框区域中展示给用户看。
- 当用户操作过多次，计算过多次转化的时候，界面空白处会保留最新几次的结果。
- 光标到文字框的时候，文字框清空。
- 文字框中可以输入带两位小数。
- 文字右对齐。
- 程序暂停关闭之后，最后输入的结果值会保留，下次再进入初始化成最后输入的值。

1. 用户交互概念设计

假设我们从用户交互设计团队收到的交互图是如图 4.2 所示。

2. 创建一个工程

第一步，我们先创建一个工程。正如我们之前提到的，我们创建一个主工程和对应的测试工程。图 4.3 展示了创建 Android 主工程的所有典型设置。

填完这些之后，你单击 Next 来创建关联的测试工程。图 4.4 是创建测试工程的设置，这些设置都是基于上一个页面的设置自动选择好的。

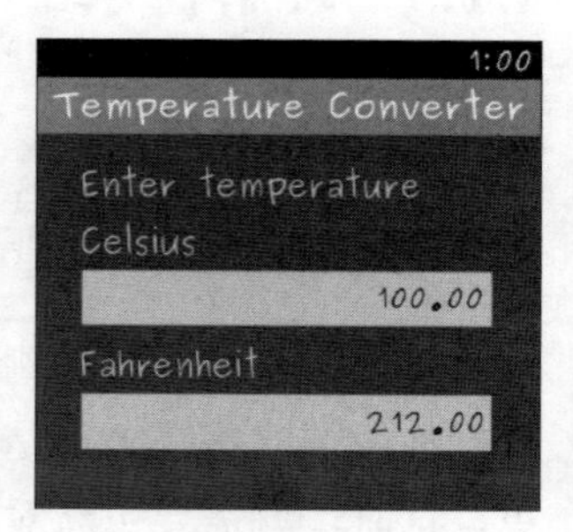

图 4.2 交互图

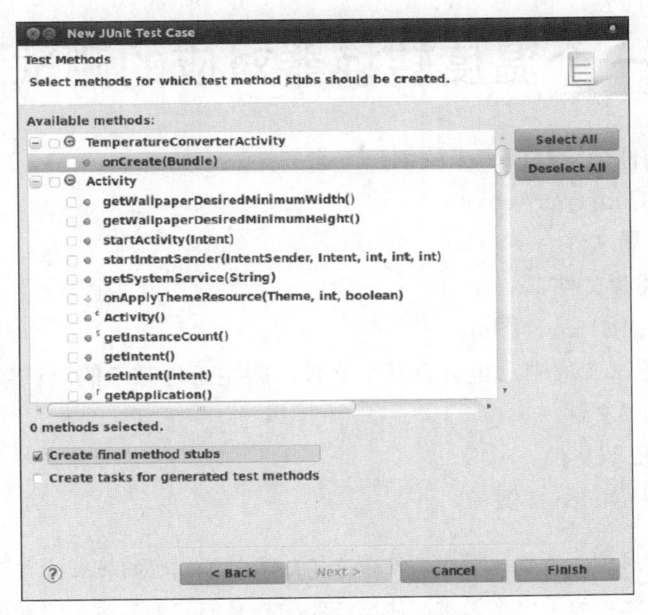

图 4.3 Android 工程典型设置

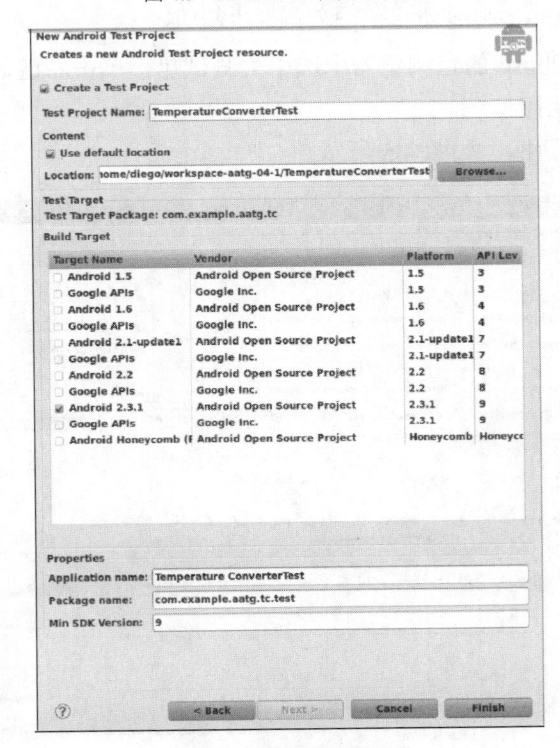

图 4.4 创建测试工程设置

4.3 新建一个温度转换器对应的测试工程

AndroidADT 插件会给我们主工程创建一些文件，比如。

- TemperatureConverterActivity。
- Main.xml 布局文件。
- String.xml 资源文件。
- 其他资源，比如 icons 图标。

另外，我们的测试工程中，也会有几个文件。跟主工程呼应的测试包是。

- Main.xml 布局文件。
- Strings.xml 资源文件。
- 其他资源，比如 icons 图标。

这里要注意，不要被模板文件糊弄了。测试工程中的这些资源文件一点用都没有。因此，为了避免混淆，你应该删除掉它们。如果后面你发现测试用例中需要用到某个资源，你再单独添加需要用到的。

接下来，我们在 Eclipse 的包浏览器中选中主测试包，单击右键，选中新建，Junit 测试用例，创建第一个测试用例。

你会看到下面的对话框，如图 4.5 所示。

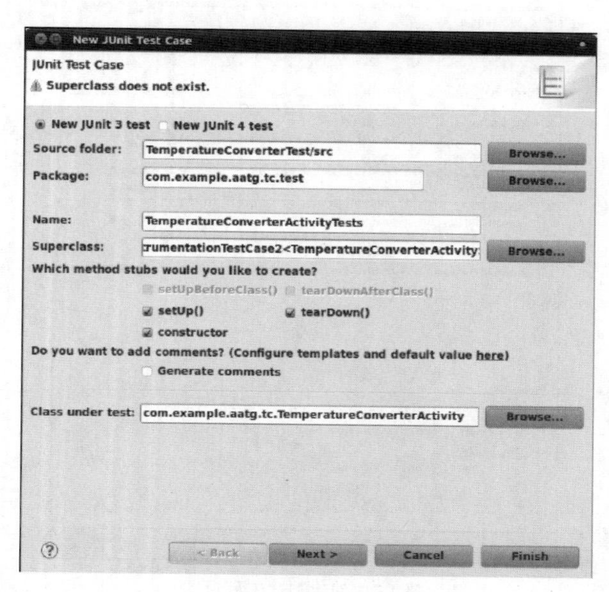

图 4.5 对话框

这里，输入值如表 4.1 所示。

表 4.1 选项解释

字　段	描　述
New Junit 3 Test	Junit 3 是 Android 支持的版本。总是选这个值
Source folder	测试用例默认的资源文件夹。默认值应该设定好
Package	测试默认包。这是主工程的默认包名加上测试子包名
Name	测试类名。这里最好的做法是用被测类的名字加上 Tests，复数形式表示这个测试类中会有很多测试用例
Superclass	我们应该根据测试内容和方法来选择测试的父类。在第 3 章中，在 AndroidSDK 中构建模块，我们复习了所有可以选择的类。选择父类的时候，可以参考一下第 3 章。 举个具体的例子，由于在这种系统架构下，我们要测试 Activity，我们选择 ActivityInstrumentationTestCase2。也需要注意，ActivityInstrumentationTestCase2 是一个属性类，需要模板参数。在我们的用例中，被测的行为就是 TemperatureConverterActivity。 我们可以暂时忽略父类不存在的警告，一会儿就修复这个类的导入
Method stubs	选择你想要的桩函数。如果这时候你不确定需要哪个，可以选择所有的，默认情况下，桩会唤起他们对应的父类方法

Do you want to add comments?	为测试桩生成 JavaDoc 评论
	通常情况下，除非你做了修改，默认的评论是下面这个样子的：
	`/*`
	`* Test method for {@link method()}.`
	`*/`

Class under test	这是我们要测试的类——TemperatureConvertaerActivity。被测类已经实现的情况下，我们可以选择要测试的方法列表。记住在我们的应用中，我们还没有实现被测类，因此我们在 AndroidADT 插件模板中创建一个方法，onCreate

在这种情况下，被测接口还没有实现好。只能通过 AndroidADT 来创建测试方法，单击 Next 就可以。这里，要测试的函数列出来了，我们都没有实现，除了 onCreate 函数，以及从 Activity 行为基类上继承的方法，如图 4.6 所示。

这个对话框有以下几个部分，参考表 4.2 的解释。

表 4.2 字段解释

字段	描述
Available methods	这是我们需要测试的函数清单。测试用例的方法名是根据被测函数的名字和场景以及参数条件来命名的
Create final method stubs	这个设置可以很方便地修改桩函数。设置成 final 类型可以避免被子类修改
Create tasks for generated test methods	在每个测试用例中写上 todo 的描述评论

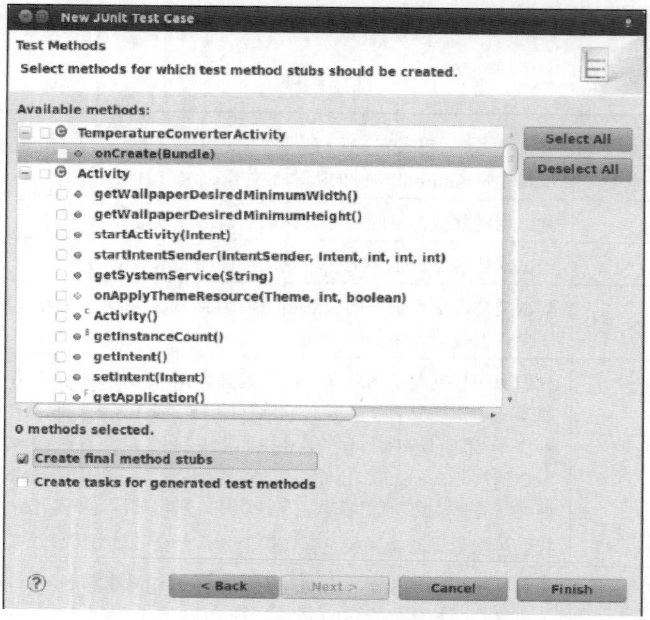

图 4.6 新建测试用例

另外一种方式，我们可以选择 onCreate(Bundle)来为我们生成 testInCreateBundle 方法，但是我们一般不用这种方法，因为上面演示的方法更简单。

注意，我们的自动化生成的类有一些错误需要改掉，否则运行不起来。

- 第一，我们要把欠缺的导入包加上，用快捷键 shift+ctrl+O。
- 第二，我们需要修复的问题在第 3 章构建 AndroidSDK 模块中的无参构造函数这节有描述。按照之前的描述，我们需要做的事如框 4.1 中的代码所示。

框 4.1 无参数构造函数

```
public TemperatureConverterActivityTests() {
   this("TemperatureConverterActivityTests");
}
public TemperatureConverterActivityTests(String name) {
   super(TemperatureConverterActivity.class);
   setName(name);
}
```

- 我们添加了无参数的构造函数 TemperatureConverterActivityTests()。我们在这个构造函数中调用了带参数的构造函数，把类名作为参数传入。
- 最后，在这个带参数的构造函数中，我们调用了父类的构造函数，并且设置了名字。

为了验证一切是否已经准备好了，我们可以通过 Run as | Andriod Junit Test 来执行用例。当然，这里没有用例可以执行，但是我们可以验证框架能顺利执行。

4.3.1 新建模板测试用例

我们从创建一个模板用例开始，普及一下 setUp 方法，初始化我们在用例中需要的元素。我们在这个用例中来测试 Activity，这是测试中不可避免，需要测试的方法。因此，我们在 setUp 中准备下条件，如框 4.2 所示。

框 4.2 setUp()方法

```
protected void setUp() throws Exception {
    super.setUp();
    mActivity = getActivity();
}
```

我们再通过 Eclipse 创建一个 mActivity 的字段区域。

ActivityInstrumentationTestCase2.getActivity()方法有一个边界场景。如果被测的 Activity 没有执行，就会启动它。如果我们不用 getActivity()，在一个用例中调用了多次，很可能由于某些原因，在测试执行完毕之前就结束或者崩溃了，这不是我们测试的目的。因此，我们要重启 Activity，这也是我们在用例中用 getActivity()的原因，而不是直接初始化。

4.3.2 准备条件的测试

前面我们提到过准备条件的测试，这里提到的是另外一种方法。这种方法适用于所有的条件测试，并且可以确保我们的套件都是正确的，如框 4.3 所示。

框 4.3

```
public final void testPreconditions() {
    assertNotNull(mActivity);
}
```

好了，让我们一起来检查下我们的装置是非空的。执行上面的用例，确保一切正常，下面是结果截图，正常的话，就是绿色的，如图 4.7 所示。

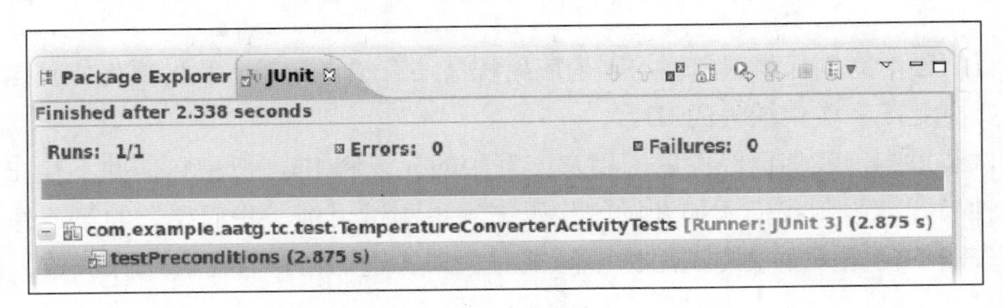

图 4.7 测试结果图

4.3.3 新建用户交互

回到测试驱动开发这个话题上，我们需要一个简单、清晰的需求列表。对于这个温度转换器的例子，需要两个输入框，分别对应摄氏度和华氏温度。好，我们在设备中添加这两个输入框。

当然，目前界面上还没有这两个输入框，因为我们还没有设计用户的交互页面。不过我们知道应该要有两个像样的输入框。

框 4.4 中的这段代码，你应该加在 setUp()方法中。

框 4.4

```
mCelsius = (EditText)
mActivity.findViewById(com.example.aatg.tc.R.id.celsius);
mFahrenheit = (EditText)
mActivity.findViewById(com.example.aatg.tc.R.id.fahrenheit);
```

这里有几个要点需要注意。

- 我们需要导入 EditText 来定义两个输入框。
- 我们用先前创建的 mActivity 通过 ID 来查找视图 View。
- 我们要用主工程中的 R 类，不是测试工程中的 R 类。

4.3.4 测试用户交互的部件是否都存在

在前面已经提到，一旦我们在 SetUp()中添加了用户交互组件，我们可以在一个特殊的用例中检查下它们是否为空，如框 4.5 所示。

框 4.5

```
public final void testHasInputFields() {
    assertNotNull(mCelsius);
    assertNotNull(mFahrenheit);
}
```

现在我们还不能执行测试用例，因为应用程序还有很多问题，我们要先修复这些问题才行。我们要修复在 R 类中缺失的 ID。

在测试装置中，我们已经关联了用户交互中的元素和 ID，但是它们并不存在。测试驱动开发这种模式就强制我们添加开发的代码来满足测试用例。我们要做的第一件事就是先解决编译失败的问题，如果测试用例中测试对象未实现的话，肯定会编译失败，因此，实现它们！

4.3.5 定义 ID

第一步，可以先在 R 类中定义用户交互的 ID，这样 com.example.aatg.tc.R.id.celsius 和 com.example.aatg.tc.R.id.fahrenheit 中常量未定义的错误就可以得到修复。

如果你是一个有经验的 Android 开发人员，你就应该知道怎么做。当然，如果你是刚入门的人，那我一步步教你。在交互设计界面中打开 main.xml，如框 4.6 中 xml 内容所示，添加用户需要的组件集成在设计中，这个在前面章节的用户交互概念设计中有介绍。

框 4.6　main.xml

```
<?xml version="1.0" encoding="utf-8"?>
<LinearLayout
   xmlns:android="http://schemas.android.com/apk/res/android"
   android:orientation="vertical"
   android:layout_width="fill_parent"
   android:layout_height="fill_parent">
<TextView
   android:layout_width="fill_parent"
   android:layout_height="wrap_content"
   android:text="@string/message" />
<TextView
   android:id="@+id/celsius_label"
   android:layout_width="wrap_content"
   android:layout_height="wrap_content"
   android:text="@string/celsius" />
<EditText
   android:id="@+id/celsius"
   android:layout_height="wrap_content"
   android:layout_width="wrap_content"
   android:text="EditText" />
<TextView
   android:id="@+id/fahrenheit_label"
   android:layout_width="wrap_content"
   android:layout_height="wrap_content"
   android:text="@string/fahrenheit" />
<EditText
   android:id="@+id/fahrenheit"
   android:layout_height="wrap_content"
   android:layout_width="wrap_content"
   android:text="EditText" />
</LinearLayout>
```

完成这些之后，我们就可以编译测试用例了。执行成功后的结果如下。

- testPreconditons 成功。
- testHasInputFields 成功。

- 所有用例都是绿色的。

上面的过程，很清晰地给我们展示了测试驱动开发的过程。你可能已经发现，有一些界面装饰和元素，我们并没有测试。这些装饰和元素只是尽量让工程代码和样本截图保持一致。在真实的场景下，你也需要针对这些元素增加测试用例。

4.3.6 将需求转换成测试用例

测试用例有双重功能。一方面它们可以帮助我们发现代码的问题；另一个更重要的方面，在 TDD 中，它帮助我们理解需求，消化我们需要做什么。在写用例之前，需要理解我们需要处理的问题，如果不理解，那么很难知道我们要处理什么，如何写用例。

经常会这样，需求背后的交互设计并没有表达清楚，而你应该通过主题 UI 设计来理解。假设是这样的话，你可以通过写用例来抓住要点。

空字段

从我们的需求中，我们获得这样的信息：输入框初始化为空。我们可以这样写测试用例来体现这个需求，如框 4.7 所示。

框 4.7 测试输入框初始化值的测试用例

```
Public final void testFieldsShouldStartEmpty(){
    assertEquals(,mCelsius.getText().toString());
    assertEquals(,mFahrenheit.getText().toString());
}
```

在这里，我们简单地将输入框的内容跟空字符串作对比。然后我们发现执行结果是失败的，这一点也不奇怪，因为我们忘记在输入框初始化阶段设置成空，所以他们不是空的。虽然，我们没有给 andriod:text 的值添加任何属性值，输入框的值有可能是 ADT 插件默认设置的，也可能是你自己设置的属性，ADT 插件编辑器会设置默认值。因此，需要将 andriod:text="@~+id/EditText01"和 andriod:text="@+id/EditText02"的默认值去掉，这样就强制清空了输入框的值。

重新执行测试用例，结果就成功了。我们成功地将一个需求转化成为了测试用例，并且根据测试用例的约束，修改代码，使得需求正确完成了。

视图属性

同样的，我们也可以校验视图中的其他组件。我们可以校验的点有。

- 输入框是否按照预期展示。
- 字体大小。
- 边界。

- 屏幕的位置。

我们现在来测下，确认所有的元素都已经正确放置在屏幕上了，如框 4.8 所示。

框 4.8 测试元素在屏幕上的位置

```
public final void testFieldsOnScreen() {
    final Window window = mActivity.getWindow();
    final View origin = window.getDecorView();
    assertOnScreen(origin, mCelsius);
    assertOnScreen(origin, mFahrenheit);
}
```

之前解释过，我们用这个来断言：ViewAsserts:assertOnScreen。

在第三章构建 AndroidSDK 模块里面解释了静态导入以及如何添加 Eclipse 帮助内容。如果你还没有实践过，那现在正是实际操作的时候了。

这个 assertOnScreen 方法需要从 origin 为起点，开始寻找其他视图。我们一般都喜欢从最上面开始，于是就用 getDecorView()函数，这个函数会把最上面的窗口视图返回给我们，包括标准窗口框架和装饰，以及窗口中的客户端。

通过执行这个用例，我们就可以确定，所有的输入字段都跟 UI 设计预期是一样的。通过某些方法，我们已经知道存在一些带有特殊 ID 的视图。也就是说，我们通过将视图编译到主界面上，但是并不确定会显示在页面上。因此，这个测试用例是很必要的，可以确保显示条件没有发生变化。如果由于某些原因将控件删除了，那么，测试用例会执行失败，这就告诉我们缺失了元素，没有跟 UI 设计一致。

按照需求清单，我们应该验证下视图布局是否跟预期一致，如框 4.9 所示。

框 4.9 测试视图布局

```
public final void testAlignment() {
    assertLeftAligned(mCelsiusLabel, mCelsius);
    assertLeftAligned(mFahrenheitLabel, mFahrenheit);
    assertLeftAligned(mCelsius, mFahrenheit);
    assertRightAligned(mCelsius, mFahrenheit);
}
```

继续使用 ViewAssert 里的断言方法。在上面的例子中，我们用了 assertLeftAligned 和 assertRightAligned。这些方法会验证特定视图的页边距。

我们默认使用的 LinearLayout 类会将字段按照我们想要的方式匹配好。因此，我们不需要任何其他操作，这个测试用例就可以作为衡量是否达标的标准了。

当我们已经确认这些元素都放在了正确的位置时，还需要进一步确认下这些元素是否能够充满整个屏幕的宽度，这点在 demo 图中有特别指示。在这个例子中，要特别验证下

LayOutParams 是否返回了正确的值，代码如框 4.10 所示。

框 4.10

```
public final void testCelsiusInputFieldCoverEntireScreen() {
    final int expected = LayoutParams.MATCH_PARENT;
    final LayoutParams lp = mCelsius.getLayoutParams();
    assertEquals("mCelsius layout width is not
MATCH_PARENT", expected, lp.width);
}
public final void testFahrenheitInputFieldCoverEntireScreen() {
    final int expected = LayoutParams.MATCH_PARENT;
    final LayoutParams lp = mFahrenheit.getLayoutParams();
    assertEquals("mFahrenheit layout width is not
MATCH_PARENT", expected, lp.width);
}
```

如果用例失败了，我们会将错误信息作为用户信息输出，这样更容易看出错误原因。比如：执行完这个用例时，我们得到的失败信息如框 4.11 所示。

框 4.11　用户信息输出

```
junit.framework.AssertionFailedError: mCelsius layout width is not MATCH_PARENT
expected:<-1> but was:<-2>
```

这个报错告诉我们布局定义有问题。我们要把摄氏度、华氏度两个字段的 layout_width 属性值调整为 match_parent，如框 4.12 所示。

框 4.12

```
<EditText android:layout_height="wrap_content"
android:id="@+id/celsius" android:layout_width="match_parent"
/>
```

华氏温度的属性代码也像上面一样修改。修改完之后，再次执行测试用例，直到测试用例都成功通过。

测试思路逐渐清晰了。先按照需求清单的描述来创建验证的测试用例。一旦用例执行失败，我们首先找到失败的原因，修改 bug 后再回归，一方面确保 bug 修复完成，另一方面确保没有引入新问题。

下面我们测试一下字体是否按照需求正常设置，如框 4.13 所示。

框 4.13　测试字体

```
Public final void testFontSizes() {
    final float expected = 24.0f;
    assertEquals(expected, mCelsiusLabel.getTextSize());
    assertEquals(expected, mFahrenheitLabel.getTextSize());
}
```

在这个场景中，获取文本框的字体大小来验证就可以了。

字体默认情况下不是 24px，需求要求 24px，因此我们需要在布局中添加。比较好的做法是在资源文件中添加相应的属性变量，然后在界面中添加就好了。那么，我们在 res/values/dimens.xml 文件中添加 lable_text_size 变量，设置为 24px。然后在 celsius_label 和 fahrenheir_lable 两个标签的尺寸属性设置成这个 lable_text_size。

现在再执行，测试用例都通过了。

最后，我们验证一下页边距是否跟交互设计的一致，如框 4.14 所示。

框 4.14　页边距测试

```
public final void testMargins() {
    LinearLayout.LayoutParams lp;
    final int expected = 6;
    lp = (LinearLayout.LayoutParams) mCelsius.getLayoutParams();
    assertEquals(expected, lp.leftMargin);
    assertEquals(expected, lp.rightMargin);
    lp = (LinearLayout.LayoutParams) mFahrenheit.getLayoutParams();
    assertEquals(expected, lp.leftMargin);
    assertEquals(expected, lp.rightMargin);
}
```

这个用例跟之前的很类似。我们在界面中设置边缘。首先，我们在资源文件中添加变量，然后在界面中设置相关元素值。即，在 res/values/dimens.xml 中设置 margin 为 6px。 然后将 celsius 和 fahrenheit 两个元素的 Left Margin 属性设置为 margin。

剩下最后一件事情就是验证文本框的输入值。我们将简单验证一下输入值的校验功能。下面我们就看下校验这个功能点。目的是确保输入框中的输入长度不超出预期，并且右对齐，上下居中，代码如框 4.15 所示。

框 4.15　测试文本框的输入值

```
public final void testJustification() {
    final int expected = Gravity.RIGHT|Gravity.CENTER_VERTICAL;
    int actual = mCelsius.getGravity();
    assertEquals(String.format("Expected 0x%02x but was 0x%02x",
    expected, actual), expected, actual);
    actual = mFahrenheit.getGravity();
    assertEquals(String.format("Expected 0x%02x but was 0x%02x",
    expected, actual), expected, actual);
}
```

这里，我们像之前一样验证 gravity 值。不过，我们新增了错误信息来帮助我们在出错的时候意识到错误问题。Gravity 类定义了几个常量，这几个常量最好用十六进制表示，所以我们需要把错误信息里的值转化成十六进制。

如果测试用例用于默认 gravity 值而执行失败，那么你只要更新默认值就好了。到界面定义中设置默认值，只需要添加一行代码，如框 4.16 所示。

框 4.16

```
android:gravity="right|center_vertical"
```

4.3.7 屏幕布局

现在，我们需要验证这个需求，屏幕上预留了足够的空间来展示键盘。测试用例写法如框 4.17 所示。

框 4.17 测试键盘预留位置

```
public final void testVirtualKeyboardSpaceReserved() {
    final int expected = 280;
    final int actual = mFahrenheit.getBottom();
    assertTrue(actual <= expected);
}
```

这个用例会验证屏幕上剩余的最低元素字段的真实位置，就是 mFahrenheit 的位置，这个位置不能比预期的低，不然就没有地方放键盘了。

再次执行测试用例，回归验证下所有用例都通过了，显示绿色。

4.4 温度转换器中添加功能

用户交互功能已经几近完成。现在我们开始要添加一些基本的功能。包含处理温度转化的功能。

4.4.1 温度转换

从需求清单中，我们可以得到这些信息：当在一个文本框中输入温度时，另一个文本框自动更新转换对应的温度。

按照计划，我们要执行下面的测试用例来验证这个功能是否正确。测试用例如框 4.18 所示：

框 4.18

```
@UiThreadTest
public final void testFahrenheitToCelsiusConversion() {
```

```
    mCelsius.clear();
    mFahrenheit.clear();
    final double f = 32.5;
    mFahrenheit.requestFocus();
    mFahrenheit.setNumber(f);
    mCelsius.requestFocus();
    final double expectedC =
    TemperatureConverter.fahrenheitToCelsius(f);
    final double actualC = mCelsius.getNumber();
    final double delta = Math.abs(expectedC - actualC);
    final String msg = "" + f + "F -> " + expectedC + "C
but was " + actualC + "C (delta " + delta + ")";
    assertTrue(msg, delta < 0.005);
}
```

首先，大家都知道，要做 UI 交互，我们必须在 UI 线程中执行用例，因此，上面带着@UiThreadTest 的标记。

然后，我们利用一个特殊的类来代替 EditText 类，这个类提供了一些十分方便的函数，比如 clear 和 setNumber 函数，可以更好地来设计应用。

接下来，我们唤起了一个转换器，叫 TemperatureConverter，这是一个工具类，提供了不同温度单位之间转换的各种方法。

最后，我们会将得到的结果转换成合适的格式便于界面展示，所以我们需要对转换的值进行对比。

这样创建的测试用例，将指导我们按部就班完成开发工作。我们第一个目标就是让测试用例编译通过，然后才是让测试用例都执行通过。

4.4.2 EditNumber 类

在主工程中，注意这里不是测试工程，我们要创建一个 EditNumber 类，这个类继承了 EditText 的功能，并且补充了几个功能函数。

我们用 Eclipse 来帮助创建这个类，单击 File|New|Class 或者单击工具栏中的快捷方式。下面的截图 4.8 展示了弹出框。

下面的表 4.3 描述了上图显示的几个重要的字段含义。

表 4.3

字　段	描　述
Source folder	新建类所在的文件夹。这里使用默认值就可以了
Package	新建类所在的包。这里默认值也是可以的。com.example.aatg.tc
Name	类的名称。这里我们用 EditNumber

续表

字　段	描　述
Modifiers	类的修饰符，在这里我们用 public 公有修饰符
SuperClass	新建类型的基类。我们创建的是一个客户视图，通过扩展 EditText 行为，因此，我们选择这个 EditText 作为父类
Which method stubs would you like to create?	记得单击”浏览..”来找到正确的包 这里可以添加Eclipse 需要自动为我们创建的函数。选择Constructors from superclass 和 Inherited abstract methods，这两个值会给我们很大帮助
Do you want to add comments?	由于我们创建的是客户视图，我们应该提供不同场景的构造函数，比如：客户视图在 XML 界面中使用 当选择了这个的时候，一些注视将会自动生成。你可以在 Eclipse 中编辑个性化注释评论

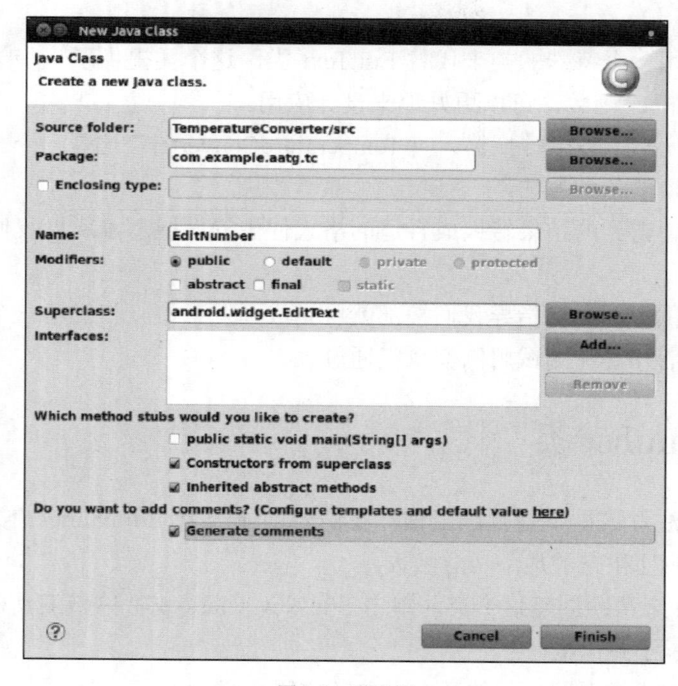

图 4.8　弹出框

一旦这个类已经创建好了，我们首先需要在测试用例中改变下字段的类型，如框 4.19 所示。

框 4.19

```
public class TemperatureConverterActivityTests extends
ActivityInstrumentationTestCase2<TemperatureConverterActivity> {
```

```
    private TemperatureConverterActivity mActivity;
    private EditNumber mCelsius;
    private EditNumber mFahrenheit;
    private TextView mCelsiusLabel;
    private TextView mFahrenheitLabel;
```

然后，将测试用例中的类型转化都替换掉。Eclipse 可以帮你做完这些。如果以上工作都顺利完成了，那么还剩下两个问题待解决才能编译通过。

- EditNumber 类中还没有 clear()和 setNumber() 这两个函数。
- 我们还没有写 TemperatureConverter 这个工具类。

我们用 Eclipse 的导航来帮助我们创建这些函数。在 EditNumber 中右键选择 Create methord Clear()。setNumber()和 getNumber()两个函数也一样。

最后，我们还需要创建一个 TemperatureConverter 类，创建截面如图 4.9 所示。

注意，是在主工程创建而不是测试工程。

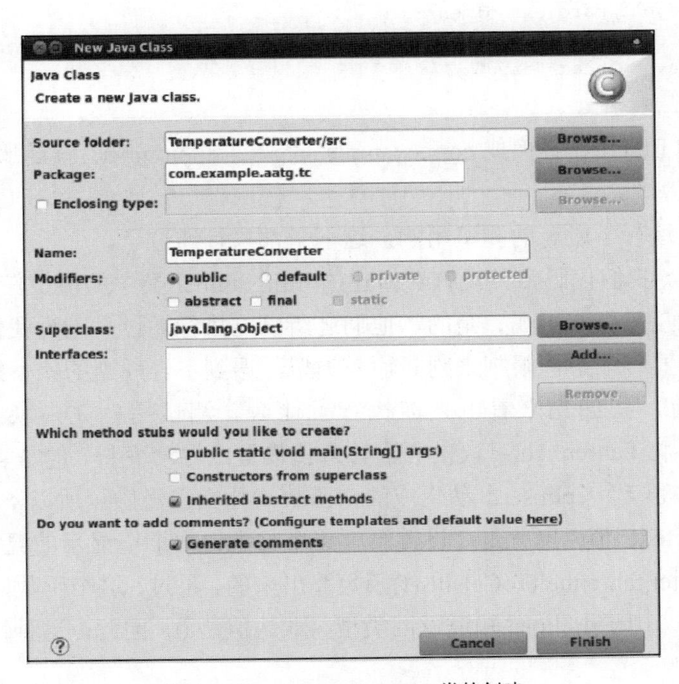

图 4.9 TemperatureConverter 类的创建

完成之后，在测试用例中，右键选择 Create method fahrenheitToCelsius 返回值 TerperatureConverter。这样解决了最后一个问题，测试用例就可以编译和测试了。当我们执行用例时，失败了，见怪不怪，抛出了下面的异常，见框 4.20 结果信息。

框 4.20 测试结果

```
09-06 13:22:36.927: INFO/TestRunner(348): java.lang.ClassCastException: android.
widget.EditText
09-06 13:22:36.927: INFO/TestRunner(348): at com.example.aatg.tc.test.
TemperatureConverterActivityTests.setUp(TemperatureConverterActivityTests.
java:41)
09-06 13:22:36.927: INFO/TestRunner(348): at junit.framework.TestCase.
runBare(TestCase.java:125)
```

这是因为我们虽然更新了所有的 java 文件里面的 EditNumber，但是忘记更新 xml 文件了，这在执行的时候会抛出来错误。那我们更新下 UI 界面的定义文件，如框 4.21 所示。

框 4.21 新的 XML 文件

```
<com.example.aatg.tc.EditNumber
    android:layout_height="wrap_content"
    android:id="@+id/celsius"
    android:layout_width="match_parent"
    android:layout_margin="@dimen/margin"
    android:gravity="right|center_vertical"
    android:saveEnabled="true" />
```

我们将原来的 EditText 替换成 com.example.aatg.tc.EditNumber，就是那个扩展了 EditText 的视图类。

现在我们再次运行下所有的测试用例，这下子都执行通过了。

但是稍等一下，我们代码中并没有对新建的 EditNumber 类中的值做任何处理，可是测试用例却能通过，这是怎么回事呢？是的，他们之所以能执行通过是因为我们系统中没有什么条件限制，我们需要一些条件限制来判断输入类型，遇到不合规则的就不继续往下走了。

深入分析之前，我们先来看下之前执行了什么。测试用例先是唤起了 mFahrenheit.setNumber(f)函数，将 Fahrenheit 字段的界面输入值设置给温度变量，但是 setNumber()这个函数并没有实现，只是一个 eclipse 自动生成的空函数，什么也没做。所以，这个字段是空的。

接下来，expectedC 值，也就是在设置温度这个文本框内期望显示的温度值，是通过调用 TemperatureConverter.fahrenheitToCelsius(f)函数算出来的，不过，这个函数同样也是个 Eclipse 自动生成的空函数。由于 Eclipse 知道返回类型，默认值是 0，因此，这种情况下，expectedC 值是 0。

然后，真实的值，是从 UI 界面输入获取的，通过调用 EditNumber 类的 getNumber()函数可以得到这个值。但是，同样，这个函数也是由 Eclipse 自动生成的，返回值是 0。

于是对比之下，三个值都是对的，预期和真实的差值 delta 都是 0，（expectedC-actualC），预期和真实值算出来的就是 0。这时候，我们断言中判断差值 assertTrue（msg,delta<0.005）就是 true，因为 delta=0，满足断言条件，测试通过。

那么，我们的测试方法难道发现不了这种场景？

当然不是。问题在于，我们没有设置足够多的输入限制条件，而测试用例对于 Eclipse 生成的空函数带默认返回值的情况来说，就直接通过了。有一种方法，是在默认自动生成的函数中直接抛出异常，比如 RuntimeException（"not yet implemented"），这样就可以在执行的时候发现异常，测试用例通过不了。但是，我们需要在系统生成的所有函数中都加上，才能搞定。

4.4.3 TemperatureConverter 类的单元测试

从我们之前的经验来看，Eclipse 实现的默认版本函数，永远返回 0，因此我们需要更加自动化的东西。否则，当输入任何一个 32 位的参数时，都会返回合法的默认值 0。

TemperatureConverter 是一个工具类，跟 Android 框架没有关系，因此用标准的单元测试框架来测试就足够了。

我们用 File|New|Junit Test Case 来创建我们的测试用例，选中一个要测试的方法，设置好相应的值，如图 4.10 所示。

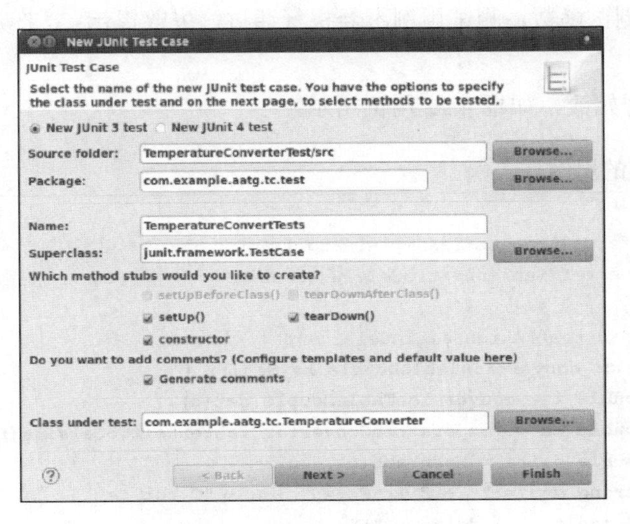

图 4.10　新建 Junit 测试用例

首先，我们创建一个单元测试用例，继承类 junit.framework.TestCase，然后选择 com.example.aatg.tc.TemperatureConverter 作为被测的对象。

然后，通过单击 Next>按钮来获得我们可能需要测试的默认函数列表，如图 4.11 所示。

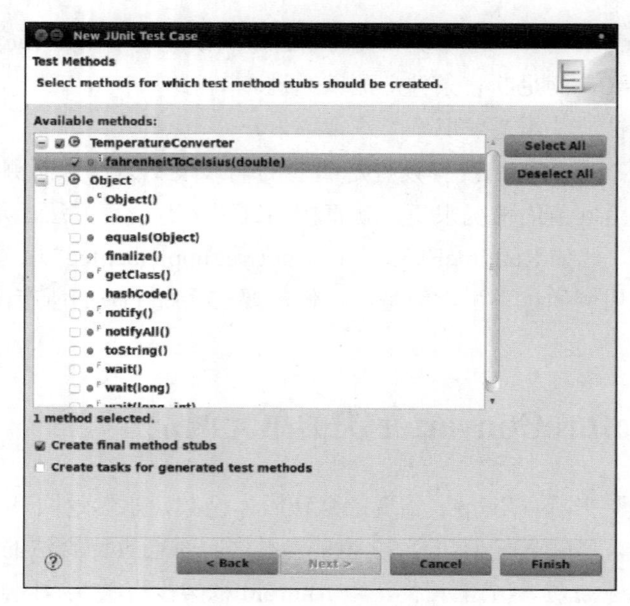

图 4.11 默认的函数列表

由于我们这里只实现 TemperatureConverter 中一个函数，因此，列表中也只显示了这一个函数。像别的类如果事先了多个函数的，在这里就会展示多个选择项。庆幸的是即使是 Eclipse 自动生成的测试函数，测试用例不会执行通过。失败提示：“未实现”，这样会提示我们代码是缺失的。

那我们从这里开始改，如框 4.22 用例所示。

框 4.22 改之前的用例

```
/**
* Test method for {@link com.example.aatg.tc.
TemperatureConverter#fahrenheitToCelsius(double)}.
*/
public final void testFahrenheitToCelsius() {
    for (double c: conversionTableDouble.keySet()) {
        final double f = conversionTableDouble.get(c);
        final double ca = TemperatureConverter.fahrenheitToCelsius(f);
        final double delta = Math.abs(ca - c);
        final String msg = "" + f + "F -> " + c + "C but is "
        + ca + " (delta " + delta + ")";
        assertTrue(msg, delta < 0.0001);
    }
}
```

我们先写一个版本的测试用例，里面有不同的温度值。当然，我们知道有更好的方法，就是在另一个资源文件中保存这些测试数据，然后通过数据来驱动测试用例，数据文件如框4.23所示。

框 4.23 数据文件

```
private static final HashMap<Double, Double>
conversionTableDouble = new HashMap<Double, Double>();
static {
    // initialize (c, f) pairs
    conversionTableDouble.put(0.0, 32.0);
    conversionTableDouble.put(100.0, 212.0);
    conversionTableDouble.put(-1.0, 30.20);
    conversionTableDouble.put(-100.0, -148.0);
    conversionTableDouble.put(32.0, 89.60);
    conversionTableDouble.put(-40.0, -40.0);
    conversionTableDouble.put(-273.0, -459.40);
}
```

我们现在执行用例，用例执行失败后，显示以下信息，如框 4.24 所示。

框 4.24

```
junit.framework.AssertionFailedError: -40.0F -> -40.0C but is 0.0 (delta 40.0)
at com.example.aatg.tc.test.TemperatureConverterTests.testFahrenheitToCelsius
(TemperatureConverterTests.java:62)
at java.lang.reflect.Method.invokeNative(Native Method)
at android.test.AndroidTestRunner.runTest(AndroidTestRunner.java:169)
at android.test.AndroidTestRunner.runTest(AndroidTestRunner.java:154)
at android.test.InstrumentationTestRunner.onStart(InstrumentationTestRunner.java:520)
at android.app.Instrumentation$InstrumentationThread.run(Instrumentation.java:1447)
```

当然，这个结果是正常的，因为我们的代码版本总是返回 0。在实现代码的过程中，我们发现需要定义一个绝对零度常亮 ABSOLUTE_ZERO_F 常亮，如框 4.25 所示。

框 4.25 功能代码

```
public class TemperatureConverter {
    public static final double ABSOLUTE_ZERO_C = -273.15d;
    public static final double ABSOLUTE_ZERO_F = -459.67d;
    private static final String ERROR_MESSAGE_BELOW_ZERO_FMT =
    "Invalid temperature: %.2f%c below absolute zero";
    public static double fahrenheitToCelsius(double f) {
        if (f < ABSOLUTE_ZERO_F) {
            throw new InvalidTemperatureException(
            String.format(ERROR_MESSAGE_BELOW_ZERO_FMT, f, 'F'));
        }
        return ((f - 32) / 1.8d);
```

```
        }
    }
```

绝对零度就是在真实的世界中的理论上能达到的最低温度值。根据热力学原理，为了达到绝对零度，系统需要跟外部世界完全隔离开。因此这个温度是不可能达到的。不过，根据国际条约，按照开尔文尺度标准，绝对零度定义为0K，也就是-273.15摄氏度，等于-459.67华氏温度。

下面，我们定义一个客户化的异常报错，InvalidTemperatureException，如果输入的温度不合法，我们就抛出这个异常。这个异常类可以直接简单地继承RuntimeException，如框4.26中代码所示。

框4.26　个性化报错提示

```
public class InvalidTemperatureException extends RuntimeException {
    public InvalidTemperatureException(String msg) {
        super(msg);
    }
}
```

执行了所有的测试用例，我们会发现：

testFahrenheitToCelsiusConversion测试用例失败了，但是testFahrenheitToCelsius成功了。这说明我们的程序可以正确处理温度转换的类，但是在UI交互处理上还有一点问题。

再仔细看下失败详情，还有一些不应该是0的地方还是返回0。这就提醒了我们EditNumber函数还没有实现。在实现代码之前，我们先创建相应的测试用例以便检查实现逻辑是对的。

4.4.4 EditNumber测试

从前面一章看，我们认为视图类测试用例最好继承AndriodTestCase类，因为我们需要mock Context上下文来创建视图，而不需要真正的系统框架。

如果我们要创建测试用例，我们必须完成下面的对话框。在这个例子中，用andriod.test.AndriodTestCase作为基类，选择om.example.aatg.tc.EditNumber作为被测对象，如图4.12所示。

单击Next，我们选择的默认函数就创建好了，结果如图4.13所示。

我们需要更新自动生成的构造函数，来标示代码调用和执行的过程，标记为类的函数，如框4.27所示。

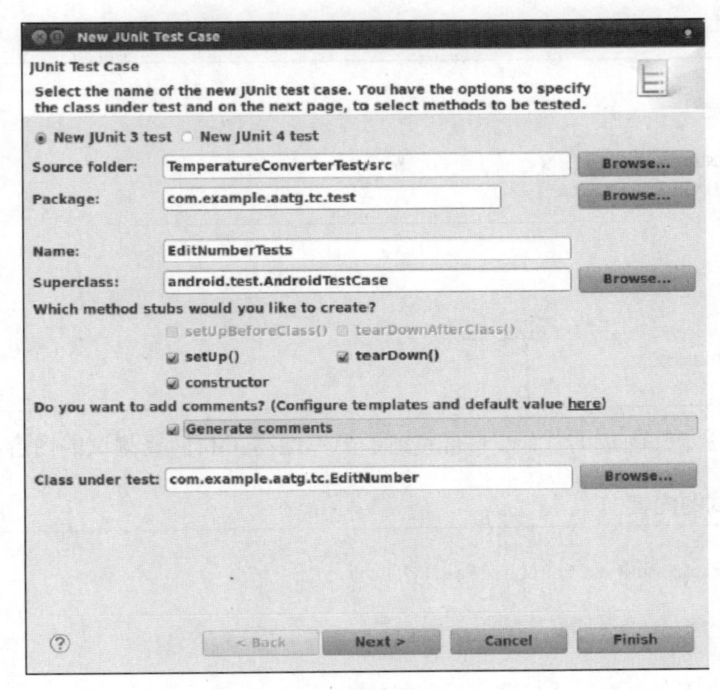

图 4.12 被测对象

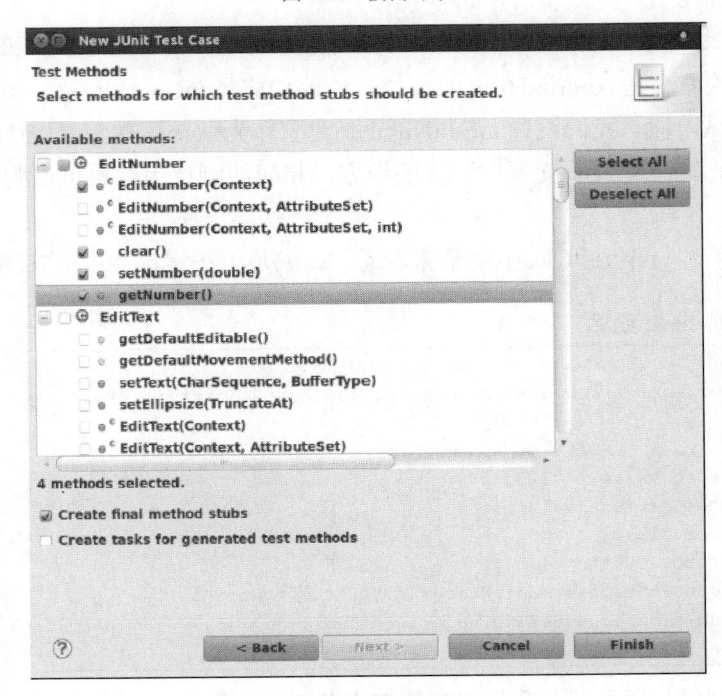

图 4.13 测试结果

框 4.27

```
/**
* Constructor
*/
public EditNumberTests() {
    this("EditNumberTests");
}
/**
* @param name
*/
public EditNumberTests(String name) {
    setName(name);
}
```

下一步就是写一些固定的代码。下面的例子简单地写了我们要测试的内容，如框 4.28 所示。

框 4.28　测试的内容

```
/* (non-Javadoc)
* @see junit.framework.TestCase#setUp()
*/
protected void setUp() throws Exception {
    super.setUp();
    mEditNumber = new EditNumber(mContext);
    mEditNumber.setFocusable(true);
}
```

需要 Mock 的内容是 AndriodTestClass 类中的保护成员 mContext。

在最后的测试阶段，我们设置 mEditNumber 对象作为默认聚焦元素，这样界面上会默认聚焦到输入框中，这也是 UI 交互中特殊的地方，相应的测试用例也可以判断是否准确聚焦到了框内。

接下来，我们写一下 testClear()函数来看看 clear()是否正常，如框 4.29 所示。

框 4.29　测试 clear 函数

```
/**
* Test method for {@link com.example.aatg.tc.EditNumber#clear()}.
*/
public final void testClear() {
    final String value = "123.45";
    mEditNumber.setText(value);
    mEditNumber.clear();
    String expectedString = "";
    String actualString = mEditNumber.getText().toString();
    assertEquals(expectedString, actualString);
}
```

执行完上面这段代码之后，我们发现用例失败了，如框 4.30 所示。

框 4.30 执行用例失败信息

```
junit.framework.ComparisonFailure: expected:<> but was:<123.45>
at com.example.aatg.tc.test.EditNumberTests.testClear(EditNumberTests.java:62)
at android.test.AndroidTestRunner.runTest(AndroidTestRunner.java:169)
at android.test.AndroidTestRunner.runTest(AndroidTestRunner.java:154)
at android.test.InstrumentationTestRunner.onStart(InstrumentationTestRunner.java:529)
at android.app.Instrumentation$InstrumentationThread.run(Instrumentation.java:1447)
```

这时候我们需要看下，是不是 EditNumber.clear()功能实现不对。这只是个简单的用例，所以我们只需要添加下面的代码，用例便可以执行通过。Clear 代码实现如框 4.31 所示。

框 4.31 实现 clear 方法

```
public void clear() {
    setText("");
}
```

再次执行用例通过了。现在我们来完成 testSetNumber()的代码实现，如框 4.32 所示。

框 4.32 测试 setNumber 的方法实现

```
/**
* Test method for {@link
com.example.aatg.tc.EditNumber#setNumber(double)}.
*/
public final void testSetNumber() {
    mEditNumber.setNumber(123.45);
    final String expected = "123.45";
    final String actual = mEditNumber.getText().toString();
    assertEquals(expected, actual);
}
```

同样，执行失败了。我们修改一下 EditNumber.setNumber()函数，如框 4.33 所示。

框 4.33 setNumbr 函数实现

```
private static final String DEFAULT_FORMAT = "%.2f";
public void setNumber(double f) {super.setText(
    String.format(DEFAULT_FORMAT, f));
}
```

我们用一个常亮，DEFAULT_FORMAT，来格式化输入的字符。这样就可以将输入的字符转化成合适的格式，这个格式也可以在 xml 的界面定义中设置。

testGetNumber()和 getNumber()的代码如框 4.34 和框 4.35 所示。

框 4.34 测试 GetNumber 的方法

```
/**
* Test method for {@link
```

```
        com.example.aatg.tc.EditNumber#getNumber()}.
        */
        public final void testGetNumber() {
            mEditNumber.setNumber(123.45);
            final double expected = 123.45;
            final double actual = mEditNumber.getNumber();
            assertEquals(expected, actual);
        }
```

框 4.35　GetNumber 方法

```
Public double getNumber() {
    Log.d("EditNumber", "getNumber() returning value
of '" + getText().toString() + "'");
    return Double.valueOf(getText().toString());
```

这样，测试用例都执行通过了。但是之前执行通过的一个用例又失败了：testFahrenheitToCelsiusConversion()。原因是我们正确实现了 EditNumber.setNumber()和 EditNumber.getNumber()之后，有一些值返回跟之前格式不一样，但是我们的用例没有改。

图 4.14 是测试结果。

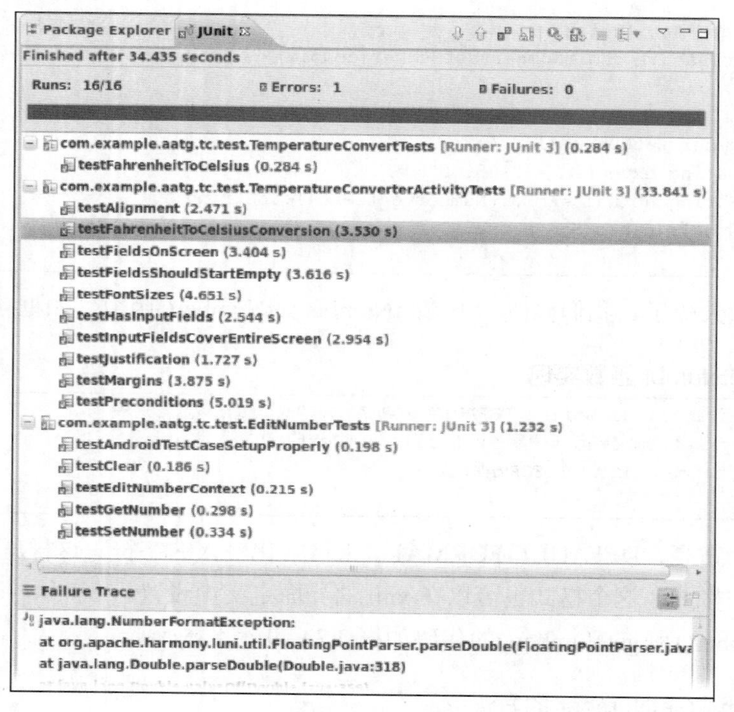

图 4.14　测试用例

如果你仔细分析这些用例，你会发现问题所在。发现了么？

当焦点发生变化的时候，我们的用例也会希望得到一个转化计算结果，因为我们需求列表中指出：当在一个输入框中输入温度的时候，另一个温度框内的值自动变化。

注意，我们没有任何按钮或者其他东西来触发转化的执行，因此，温度的转化是在用户完成输入的时候自动转化的。

这就再次引导我们去更改 TemperatureConverterActivity，让它来处理这种逻辑。

4.4.5 TemperatureChangeWatcher 类

实现一个温度框中数值的变化引起另一个温度框中数值变化这种联动，有一种方法，就是通过 TextWatcher 来实现。从之前的文档中我们知道，TextWatcher 是一个跟文本框绑定的对象；另外当文本框出现变化的时候，这个函数就会被触发。（http://developer.andriod.com/intl/de/reference/andriod/test/TextWatcher.html）。

这正是我们所需要的。

我们实现下面这个类，如图 4.15 所示。

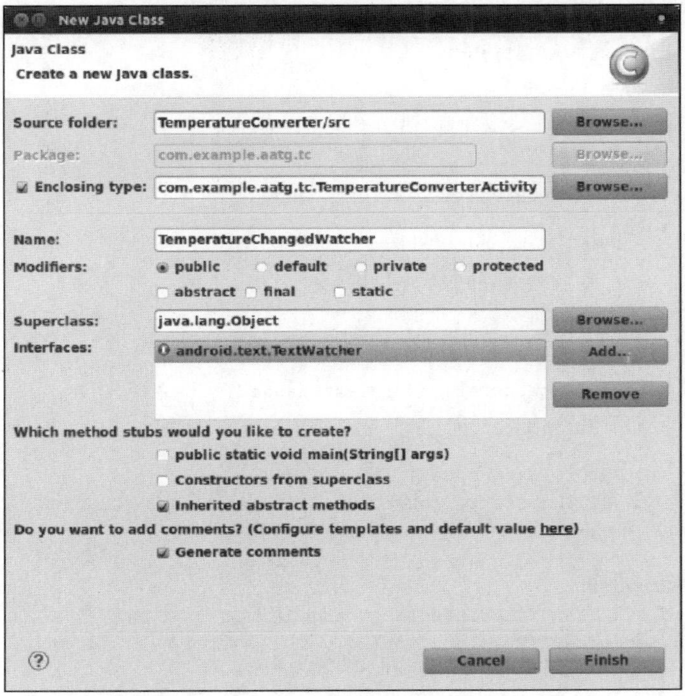

图 4.15 实现的类

框 4.36 中的就是我们的代码，添加了刚创建的几个类。

框 4.36 添加类

```
/**
* Changes fields values when text changes applying the
corresponding method.
*
*/
public class TemperatureChangedWatcher implements TextWatcher {
    private final EditNumber mSource;
    private final EditNumber mDest;
    private OP mOp;
    /**
* @param mDest
* @param convert
* @throws NoSuchMethodException
* @throws SecurityException
*/
    public TemperatureChangedWatcher(TemperatureConverter.OP op) {
        if ( op == OP.C2F ) {
            this.mSource = mCelsius;
            this.mDest = mFahrenheit;
        }
        else {
            this.mSource = mFahrenheit;
            this.mDest = mCelsius;
        }
        this.mOp = op;
    }
    /* (non-Javadoc)
* @see android.text.TextWatcher#afterTextChanged(
android.text.Editable)
*/
     public void afterTextChanged(Editable s) {
         // TODO Auto-generated method stub
     }
     /* (non-Javadoc)
* @see android.text.TextWatcher#beforeTextChanged(
java.lang.CharSequence, int, int, int)
*/
      public void beforeTextChanged(
      CharSequence s, int start, int count, int after) {
          // TODO Auto-generated method stub
      }
      /* (non-Javadoc)
* @see android.text.TextWatcher#onTextChanged(
java.lang.CharSequence, int, int, int)
*/
    public void onTextChanged(CharSequence s, int start, int before,
    int count) {
        if (!mDest.hasWindowFocus() || mDest.hasFocus() || s == null )
        {
```

（续）

```
                return;
            }
            final String str = s.toString();
            if ( "".equals(str) ) {
                mDest.setText("");
                return;
            }
            try {
                final double temp = Double.parseDouble(str);
                final double result = (mOp == OP.C2F) ?
                TemperatureConverter.celsiusToFahrenheit(temp) :
                TemperatureConverter.fahrenheitToCelsius(temp);
                final String resultString = String.format("%.2f", result);
                mDest.setNumber(result);
                mDest.setSelection(resultString.length());
            } catch (NumberFormatException e) {
                // WARNING
                // this is generated while a number is entered,
                // for example just a '-'
                // so we don't want to show the error
            } catch (Exception e) {
                mSource.setError("ERROR: " + e.getLocalizedMessage());
            }
        }
    }
```

我们继承 TextWatcher 类，然后重写里面未实现的函数。由于我们要对两个温度的文本框（摄氏度，华氏温度）用上，TemperatureChangeWatcher，我们定义两个变量，跟文本框数值关联，用来更新他们的值。具体的做法，我们在这里引入 enum 到 TemperatureConverter 类中，如框 4.37 代码所示。

框 4.37　类代码

```
/**
* C2F: celsiusToFahrenheit
* F2C: fahrenheitToCelsius
*/
public static enum OP { C2F, F2C };
```

在上面的构造函数中，我们对操作因子 Op 进行了特殊设置，指定对应的编辑对象数字。这样不同的版本可用同一个 watcher 类。

TextWatcher 接口最核心的就是这个 onTextChanged 函数，这个函数是在文本框中的值发生变化的时候被调用到的。函数最开始的时候，检查了文本框是否是当前聚焦的那个，这样做是为了避免由于两个文本框联动带来的死循环。

当焦点的原始文本框为空的时候，我们也会设置目标文本框的值为空字符串。

最后，我们会通过调用相应的转化函数，将原始文本框的值转化成目标值，填入到目标文本框中。发生错误的时候，我们会给出一些指示，避免在输入错误的情况下，展示了错误的温度。下面我们需要设置一个监听器，监听 TemperatureConverterActivity 的值，在 onCreate() 里面，如框 4.38 所示。

框 4.38 监听器

```
/** Called when the activity is first created. */
@Override
public void onCreate(Bundle savedInstanceState) {
    super.onCreate(savedInstanceState);
    setContentView(R.layout.main);
    mCelsius = (EditNumber) findViewById(R.id.celsius);
    mFahrenheit = (EditNumber) findViewById(R.id.fahrenheit);
    mCelsius.addTextChangedListener(
    new TemperatureChangedWatcher(OP.C2F));
    mFahrenheit.addTextChangedListener(
    new TemperatureChangedWatcher(OP.F2C));
}
```

现在编译肯定还是不会通过，因为我们还没有定义 celsiusToFahrenheit。先定义好，编译通过之后，我们就可以运行了。

4.4.6 对 TemperatureConverter 进行更详细的测试

我们需要实现 celsiusToFahrenheit 类，按照惯例，先写一下这个类的测试用例。跟之前 fahrenheitToCelsius 用例一模一样，我们用下面的测试框架来写下测试用例，如框 4.39 所示。

框 4.39 测试用例

```
/**
* Test method for {@link com.example.aatg.tc.TemperatureConverter#c
elsiusToFahrenheit(double)}.
*/
public final void testCelsiusToFahrenheit() {
    for (double c: conversionTableDouble.keySet()) {
        final double f = conversionTableDouble.get(c);
        final double fa = TemperatureConverter.celsiusToFahrenheit(c);
        final double delta = Math.abs(fa - f);
        final String msg = "" + c + "C -> " + f + "F but is " + fa +
        " (delta " + delta + ")";
        assertTrue(msg, delta < 0.0001);
    }
}
```

我们用温度转换表格来测试这个函数，确保 bug 数量在预计范围内。然后再去写温度转换类这个代码 TemperatureConverter，如框 4.40 所示。

框 4.40 类代码

```
public static double celsiusToFahrenheit(double c) {
    if (c < ABSOLUTE_ZERO_C) {
        throw new InvalidTemperatureException(
        String.format(ERROR_MESSAGE_BELOW_ZERO_FMT, c, 'C'));
    }
    return (c * 1.8d + 32);
}
```

执行完用例之后，发现所有测试用例都通过了。不过，我们并没有执行所有条件的测试用例。除了刚才执行的正常用例，我们应该再测试一下异常情况下的返回。

下面就是我们新建的用来测试异常情况返回的用例。输入华氏温度，比绝对零度低一度，应该报错，如框 4.41 所示。

框 4.41 返回的用例

```
public final void testExceptionForLessThanAbsoluteZeroF() {
    try {
        TemperatureConverter.fahrenheitToCelsius(
        TemperatureConverter.ABSOLUTE_ZERO_F-1);
        fail();
    }
    catch (InvalidTemperatureException ex) {
        // do nothing
    }
}
```

我们输入温度，比绝对零度还要低一度。预期收到异常的返回，用例中会校验这个异常，如框 4.42 所示。

框 4.42 测试用例

```
public final void testExceptionForLessThanAbsoluteZeroC() {
    try {
        TemperatureConverter.celsiusToFahrenheit(
        TemperatureConverter.ABSOLUTE_ZERO_C-1);
        fail();
    }
    catch (InvalidTemperatureException ex) {
        // do nothing
    }
}
```

用类似的测试方法，我们再测试下其他异常。检查输入摄氏温度比绝对零度还要低一度时抛出的异常是否正确。

4.4.7 对 InputFilter 进行测试

我们会对输入框进行一些过滤检查，不合法的输入，不进行转化。我们知道 EditNumber 类可以对输入值进行检查，不合法就产生异常。我们可以在 TemperatureConverterActivityTests 中加入相关的测试用例来检查这个逻辑。我们选择这个类是因为我们可以利用它在文本框中输入关键字，模拟人工输入，如框 4.43 所示。

框 4.43 类代码

```
public void testInputFilter() throws Throwable {
    runTestOnUiThread(new Runnable() {
        @Override
        public void run() {
            mCelsius.requestFocus();
        }
    });
    final Double n = -1.234d;
    sendKeys("MINUS 1 PERIOD 2 PERIOD 3 PERIOD 4");
    Object nr = null;
    try {
        nr = mCelsius.getNumber();
    }
    catch (NumberFormatException e) {
        nr = mCelsius.getText();
    }
    final String msg = "-1.2.3.4 should be filtered to " + n +
    " but is " + nr;
    assertEquals(msg, n, nr);
}
```

这个测试用例还需要聚焦在摄氏度的文本输入框上面。我们利用 UI 线程可以做到这点，然后往文本框中输入一些值。这些值有的是非法的字符串，都不是小数点格式，不能转化成温度，有的是合法的温度值。用例预期希望能够正确过滤出合法的温度值，传送到文本框内；非法的温度值抛出异常。我们用 NumberFormatException 来对比抛出的异常，对于合法的，用 mCelsius.getNumber()来对比输入值。

为了实现这种过滤，我们需要添加 InputFilter 类来调用 EditNumber 函数。我们在所有构造函数中 init()这步会调用 DigitsKeyListener 来接收所有的数字、符号、小数点，如框 4.44 所示。

框 4.44 测试用例

```
/**
* Initialization.
* Set filter.
```

```
    *
    */
    private void init() {
        // DigistKeyListener.getInstance(true, true) returns an
        // instance that accepts digits, sign and decimal point
        final InputFilter[] filters = new InputFilter[]
        { DigitsKeyListener.getInstance(true, true) };
        setFilters(filters);
    }
```

这个 init 函数只是个代理函数，很多构造函数都会调用它。再次执行用例，我们得到的结果是所有都是绿色的，全部通过。

4.5 看看我们最后的应用成果

看看我们最后的应用程序，是否满足了所有的需求。

在下面的截图中，我们展示了所有的需求。输入小于绝对零度以下的值，报错，见效果图 4.16。

展示了期望的报错信息；合法的温度值之间也可以正确转换。

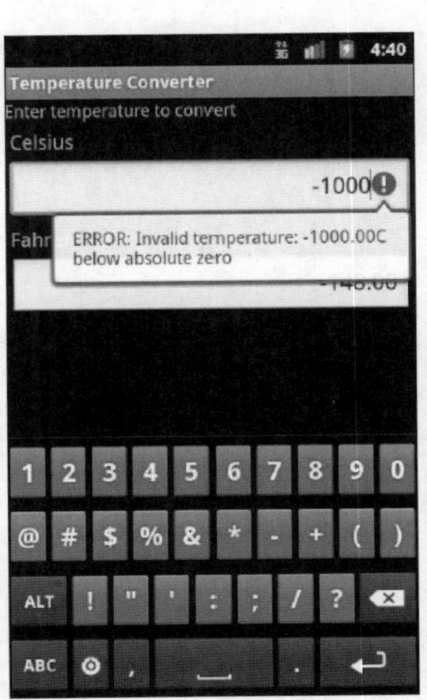

图 4.16 效果图

概括一下，需求列表如下。

- 应用程序可以将摄氏温度转化为华氏温度，也可以反过来转化。
- 界面上有两个文本输入框，一个是摄氏，另一个是华氏温度文本框。
- 当一个温度文本框中有输入了，另一个文本框的温度自动更新。
- 错误信息，需要展示给用户看，信息可以直接展示在文本框中。
- 预留空间展示键盘用。
- 初始化的时候，两个字段是空的。
- 输入的温度可以带两个小数点。
- 数字右对齐。

我们已经满足了上述所有需求，并且没有重大的问题。因为我们有逐步分析测试结果，第一时间修复问题。测试用例自动化回归能够保证同一个 bug 不出现两次。

4.6 小结

我们介绍了测试驱动开发的概念，并在一个真实项目按部就班实际操作了一次。

我们从一个温度转换器的需求列表开启了项目之旅。然后，不管是功能需求还是展示需求，我们都根据需求列表编写测试用例。用测试用例来框定、确保 UI 设计、功能设计是跟需求一致的。

测试用例已经准备好了，下一步我们要来学习一下测试用例执行的环境。第 5 章，我们主要关注测试环境。

第 5 章　Android 测试环境

为了验证温度转换器的基本功能和行为交互，我们在第 4 章节已经新建了测试应用，并添加了不少测试用例。下面，我们在不同的条件下执行这些自动化测试用例，并且手工执行一些测试用例，站在客户的角度，体验真实使用的感觉。

本章节中，我们会涵盖以下内容。

- 新建 AVDAndroid 虚拟器，通过设置不同的配置，为应用程序营造不同的环境条件。
- 重点理解，每个 AVD 中配置对应具体的含义。
- 如何启动执行 AVDAndroid 虚拟器。
- 如何将 AVD 跟外面的窗口剥离，创建一个 Headless 模拟器。
- 锁住屏幕，执行所有的自动化测试用例。
- 模拟真实的网络条件。
- 用 monkey 来给应用程序发送操作事件。

5.1　新建 Android 虚拟设备

发现跟设备相关的问题的最佳时机，是用虚拟机设置、模拟尽可能多的操作系统和设备来执行测试用例的时候。

然而，最终的验收测试应该在日益更新的各式手机设备上执行，当然，这是不可能的，机型、操作系统这么多，不可能在每种机器上都测试一遍所有的用例。当然，还可以在移动云测试平台上挑选很多设备进行测试，不过，这种方式一般都会超过研发预算。幸运的是，Android 平台可以通过在模拟器和 AVD 中不同的设置达到模拟各种各样设备的效果。

这章的所有例子都是在一个 Ubuntu10.04（Lucid Lynx）64bit 上执行的，用 AndroidSDK 和 AVD 管理器 10，AndroidSDK 是版本 2.3 的，内带 API 9。

新建一个 AVD，我们可以通过命令行 andriod，或者在 eclipse 界面中单击 Windows—Andriod SDK and AVD，弹出来一个浮层界面，单击 New 按钮就可以新建一个 AVD 了，操作界面如图 5.1 所示。

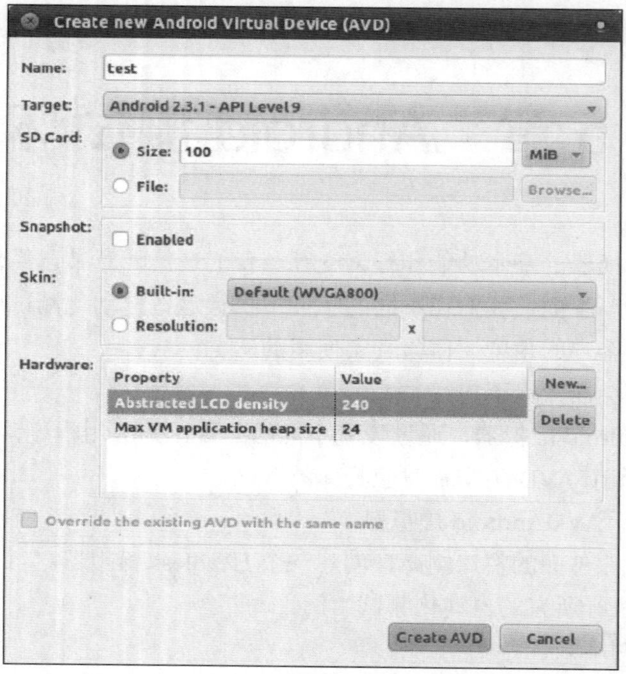

图 5.1 操作界面

当你单击上图中 CreateAVD 按钮后，你就完成了新建操作，此时，AVD 是默认的。然而，如果你要支持不同的配置，需要在单击 New 按钮后，设置不同的硬件属性。可以设置的属性如表 5.1 所示。

表 5.1

属性	类型	描述
摄像头支持	布尔型	设备是否要带摄像头
高速缓存分区大小	整型	高速缓存分区的大小
SD 卡支持	布尔型	设备是否需要支持 SD 卡的插拔
缓存分区支持	布尔型	是否支持缓存的分区，通常分区是安装在缓存中
键盘支持	布尔型	设备是否要支持物理键盘
视频重播支持	布尔型	设备是否可以播放视频
视频录制支持	布尔型	设备是否可以录制视频
DPAD 支持	布尔型	设备是否支持 DPAD 键
垂直最大像素	整型	虚拟摄像头的垂直维度的最大像素值
加速器	布尔型	设备是否支持加速器

续表

属性	类型	描述
GPS 支持	布尔型	设备是否支持 GPS
设备 RAM 大小	整型	设备上物理 RAM 的大小，通常用兆字节来表示
触摸屏支持	布尔型	设备是否支持触摸屏
电池支持	布尔型	设备上是否有电池
GSM 支持	布尔型	设备里是否支持 GSM 网段
滚轮支持	布尔型	设备是否支持滚轮
水平最大像素	整型	设备的水平最大像素是多少

我们单击 Start 来启动 AVD，然后进入下面界面，有这些属性可以设置，如图 5.2 所示。

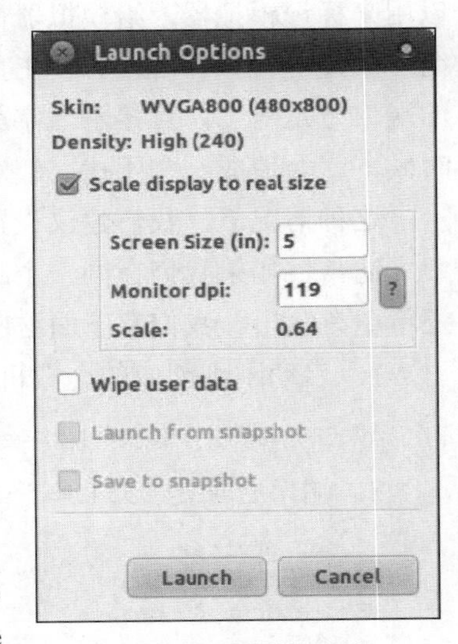

图 5.2 设置属性界面

尺寸设置属性一般比较实用，可以用来设置跟真实的设备一样的尺寸，以便测试软件样式的兼容性。实际操作测试过程中，经常犯的错误是尺寸设置成真实情况的两倍大，结果在虚拟环境里测试通过，而后来用真实机器测试的时候，发现 5 或 6 寸屏幕大小的真机上的有些按钮，手指都没有办法触摸点击到。

注意在设置虚拟机的屏幕尺寸的时候，你要将模拟器的像素值跟你要模拟的对象像素设置一致才行。

最后，在同一个环境中，重复执行你应用程序的测试用例，对找到缺陷也是很有帮助的。为了能够在同一个环境下重复执行测试用例，需要在测试用例的前置操作中删除上一个 case 遗留下来的所有信息。这种情况下，每次都可以选择 Wipe user data 来启动。

5.2 用命令行来启动虚拟设备

如果可以通过命令行来实现启动不同类型的虚拟设备那该多好啊，这样，我们就可以通过写脚本来自动化回归。

释放窗口中的虚拟设备，为我们自动化脚本打开了另一扇大门。

下面，让我们来看看门后面的世界。

5.2.1 Headless 模拟器

无头模拟器，就是不显示交互窗口的模拟器。这种模拟器在自动化测试的时候很有用，因为我们在自动化测试的时候，没有人会盯着屏幕看，以及人机交互，因为自动化执行得都很快，想看也看不了。

当然，值得一提的是，如果你看不到屏幕，即使用例失败了，你可能还不知道原因，因此，我们在选择的时候，要根据具体场景需要，选择是否需要这种模拟器。

我们注意到一件事情，就是在运行 AVD 虚拟机的时候，通信端口在执行期间就已经分配好了，端口从 5554 开始，将最新实用的端口加 2，就是当前分配的端口号。这个端口号可以用来标记模拟器，给模拟器命名，设置模拟器序列号，比如，模拟器用端口 5554，那它的名字就是“模拟器-5554”。在我们用虚拟机模拟器的时候很有用，这样我们就不用关注分配的端口号是啥了，直接看名字就知道了。当然，在你同时启动多个模拟器，跑自动化程序的时候，就会造成一些困扰，较难跟踪了。

这种情况下，我们建议设置指定的端口号来通信，使得虚拟器在我们的掌控之中。

通常，如果我们在同一个时间点启用多个虚拟器来跑多个用例，除了不想看屏幕之外，还希望有输出。我们有下面这些选择项。

1. 启动刚刚创建的虚拟机命令行如下：

```
$ emulator -avd test -no-window -no-audio -no-boot-anim -port 5580 &
```

2. 端口必须是 5554 和 5584 之间的整数：

```
$ adb devices
List of devices attached
Emulator-5580 device
```

这样列出所有的设备列表。

3. 下一步就是安装应用和测试工程：

```
$ adb -s emulator-5580 install\
TemperatureConverter/bin/TemperatureConverter.apk
347 KB/s (16632 bytes in 0.046s)
pkg: /data/local/tmp/TemperatureConverter.apk
Success
$ adb -s emulator-5580 install\
TemperatureConverterTest/bin/TemperatureConverterTest.apk
222 KB/s (16632 bytes in 0.072s)
pkg: /data/local/tmp/TemperatureConverterTest.apk
Success
```

4. 然后，我们可以用具体的序列号来标记正在执行的测试用例：

```
$ adb -s emulator-5580 shell am instrument -w\
com.example.aatg.tc.test/android.test.InstrumentationTestRunner
```

```
com.example.aatg.tc.test.EditNumberTests:......
com.example.aatg.tc.test.
TemperatureConverterActivityTests:..........
com.example.aatg.tc.test.TemperatureConverterTests:....
Test results for InstrumentationTestRunner=....................
Time: 25.295
OK (20 tests)
```

5.2.2 禁用锁屏功能

我们可以看到，这种情况下，测试用例执行起来，并没有中断让用户去输入什么东西。不过，有时候，如果我们用标准的方法，在 Eclipse 中启动标准的模拟器来执行测试用例，即使用例没有失败，也会报错。那是因为模拟器在第一个屏幕出现的时候就锁住了，我们需要将 UI 相关的屏幕解锁来执行用例。

解锁屏幕你可以用下面的命令：

```
$ adb -s emulator-5580 emu event send EV_KEY:KEY_MENU:1 EV_KEY:KEY_MENU:0
```

还有一种方式，就是在程序里面将锁屏禁用；但是呢，有点不好的就是需要在应用程序中插入测试的代码。因此，程序发布之前，需要将这段测试代码从应用程序中删除掉。

在此之前，需要在 AndriodManifest.xml 中加入下面这段准入代码，然后再在你的程序中加入禁止锁屏的代码。

Manifest 配置加入下面元素，如框 5.1 所示。

框 5.1 manifest 配置

```
<manifest>
...
<uses-permission android:name="android.permission.DISABLE_KEYGUARD"/>
...
</manifest>
```

然后，被测对象 Activity 中添加下面的代码，可以加在 onResume()里面，如框 5.2 所示。

框 5.2 测试用例

```
mKeyGuardManager =
    (KeyguardManager) getSystemService(KEYGUARD_SERVICE);
mLock = mKeyGuardManager.newKeyguardLock("com.example.aatg.tc");
mLock.disableKeyguard();
```

上面的代码，获取 KeyguardManager，然后通过 KeyguardLock 实例化一个标签，写入客户化的包名，以便在 debug 的时候知道是谁禁用了键盘。

然后，调用 disableKeyguard()来禁用键盘。一旦键盘展示出来，它将会被隐藏掉。键盘会一直隐藏，除非调用 reenableKeyguard（），才会重新出来。

5.2.3 清理

有些时候，为了不让上一个用例遗留下的结果影响下一个用例的执行，你需要做一些清理工作。比较好的做法是，先释放所有占用内存、停掉所有的服务、下载的资源、然后重启进程，可以用模拟器热重启。

```
$ adb -s emulator-5580 shell 'stop; sleep 5; start'
```

这行命令就是打开模拟器的命令，会执行 stop 和 start 命令。

效果可以用 logcat 来监控：

```
$ adb -s emulator-5580 logcat
```

获得的信息如下：

```
D/AndroidRuntime( 241):
D/AndroidRuntime( 241): >>>>>>>>>>>>>> AndroidRuntime START
<<<<<<<<<<<<<<<
D/AndroidRuntime( 241): CheckJNI is ON
D/AndroidRuntime( 241): --- registering native functions ---
I/SamplingProfilerIntegration( 241): Profiler is disabled.
I/Zygote ( 241): Preloading classes...
D/dalvikvm( 241): GC_EXPLICIT freed 816 objects / 47208 bytes in 7ms
I/ServiceManager( 28): service 'connectivity' died
I/ServiceManager( 28): service 'throttle' died
I/ServiceManager( 28): service 'accessibility' died
…
```

在 Android2.2Froyo 模拟器中，热启动不太好使，但是在 Android 其他设备上工作很顺利。这个 bug 已经提交报告了，你可以看看 bug 的推进过程：http://code.google.com/p/andriod/issues/detail?id=9814。

5.2.4 终止模拟器

我们可以用上面提到的命令来测试，一旦工作完毕，需要关闭进程，命令如下：

```
$ adb -s emulator-5580 emu kill
```

它会停止模拟器，释放所有有用的资源，并且将宿主计算机的进程也终止掉。

5.3 附加的模拟器设置

AVD 创建和设置的选项中，难以覆盖全我们需要测试的所有场景环境。或许，有一些测试用例需要在不同的语言下执行。比如说，在日语中测试我们的程序，那么我们就需要一个日语和非日语环境来分别测试我们的应用。

我们有下面这些模拟器命令来设置属性。

-prop 命令让我们可以设置任何属性值：

```
$ emulator -avd test -no-window -no-audio -no-boot-anim -port 5580
-prop persist.sys.language=ja -prop persist.sys.country=JP &
```

我们可以用 getprop 命令来查看设置的属性是否生效：

```
$ adb -s emulator-5580 shell "getprop persist.sys.language"
ja
$ adb -s emulator-5580 shell "getprop persist.sys.country"
JP
```

要清理前面一个用例所残留下来的设置以及用户数据，你可以用下面的命令：

```
$ adb -s emulator-5580 emu kill
$ emulator -avd test -no-window -no-audio -no-boot-anim -port 5580\
-wipe-data
```

这时模拟器将会启动刷新。

5.3.1 模拟网络设置

在不同的网络条件下测试是非常重要的，但是却经常被测试人员忽略。这里可能会误解，认为我们用 host 的时候，由于网速不同，应用程序表现不同，这种看法是不对的。

Android 模拟器支持网络调节，比如，支持慢速度网络和高速度网络延迟。大家可以通过下面的命令行来设置：-netspeed <speed> 和-netdelay<delay>。

完整的选项列表 5.2 所示。

网速相关如表 5.2 所示。

表 5.2 与网速相关的项

选项	描述	网速（kbits/s）
-netspeed gsm	GSM/CSD	从 14.4 到 14.4
-netspeed hscsd	HSCSD	从 14.4 到 43.2
-netspeed gprs	GPRS	从 40 到 80
-netspeed edgs	EDGE/EGPRS	从 118.4 到 236.8
-netspeed umts	UMTS/3G	从 128.0 到 1920.0
-netspeed hsdpa	HSDPA	从 348.0 到 14400.0
-netspeed full	不限	从 0 到 0

续表

选项	描述	网速（kbits/s）
-netspeed <num>	选择两个速度，上限和下限	上限值，下限值
-netspeed<up>:<down>	选择两个速度，上限和下限	上限值，下限值

延迟相关，如表 5.3 所示。

表 5.3 与延迟相关的项

选项	描述	延迟：单位毫秒
-netdelay gprs	GPRS	最小 150，最大 550
-netdelay edge	EDGE/EGPRS	最小 80，最大 400
-netdelay umts	UMTS/3G	最小 35，最大 200
-netdelay none	无 delay	最小 0，最大 0
-netdelay <num>	选择具体的 delay 数字	延迟的时间
-netdelay<min>:<max>	选择最大，最小延迟	具体的最大，最小延迟时间

如果没有具体设置，模拟器会采用下面的默认值。

- 默认的网速是"full"，全网速。
- 默认的延迟是"none"，无延迟。

下面例子是模拟器选择了 GSM 的网络，网速是 14.4 kbit/s，带 150~500 豪秒的延时：

```
$ emulator -avd test -port 5580 -netspeed gsm -netdelay gprs
```

模拟器跑起来了之后，你可以用 telnet 客户端的 Android 控制台验证下设置是否生效，或者变更相应的值：

```
$ telnet localhost 5580
Trying ::1...
Trying 127.0.0.1...
Connected to localhost.
Escape character is '^]'.
Android Console: type 'help' for a list of commands
OK
```

连上之后，我们输入以下命令：

```
network status
Current network status:
download speed: 14400 bits/s (1.8 KB/s)
upload speed: 14400 bits/s (1.8 KB/s)
minimum latency: 150 ms
maximum latency: 550 ms
OK
```

这样，你就可以从手工或者自动化的方式来改变网络服务，在不同的网络服务下测试应用程序。其实，不光是网络速度，还有 GPRS 的连接状态也会影响应用的处理过程。我们同样可以通过 Android 控制台来改变执行中的模拟器的网络连接状态。

比如，将模拟器从网络上断开：

```
$ telnet localhost 5580
Trying ::1...
Trying 127.0.0.1...
Connected to localhost.
Escape character is '^]'.
Android Console: type 'help' for a list of commands
OK
```

我们收到 OK 之后，我们可以设置网络数据模式为断开，命令如下：

```
gsm data unregistered
OK
quit
```

在断网情况下，完成测试之后，我们想重新连上，可以用下面的命令：

```
gsm data home
OK
```

要验证下设置的状态是否有效，我们可以输入：

```
gsm status
gsm voice state: home
gsm data state: home
OK
```

5.3.2 QeMu 仿真器附加设置

大家可能已经了解，Android 模拟器是基于一个叫 Qemu 的开源代码的项目（http://qumu.org）。

Qemu 是一个普通的仿真程序和虚拟机。Android 利用了它可以模拟控制操作系统的能力，可以在不同架构，不同类型的平台上（PC 和 Mac）执行。它利用动态编译，性能很好，因此虚拟机集成在真机设备中，不至于拖后腿，跟真机差太多。

由于模拟器是基于 Qemu 的，你可以再运行模拟器过程中，添加一些 qemu 特殊的设置。比如，我们可能希望打开 qemu 控制台，这个控制台可以通过 VNC 虚拟网络计算，另一个开源项目，具备远程缓冲能力（http://en.wikipedia.org/wiki/Virtual_Network_Computing）。在这个控制台中，我们可以使用一些 Qemu-特殊设置的命令。

我们可以添加下面一些选项来达到目的：

```
$ emulator -avd test -no-window -no-audio -no-boot-anim -port 5580\
-qemu -vnc :2 &
```

在所有的选项中，-Qemu 表示将后面的命令传给 Qemu 控制台。在上面的例子中，就是 -vnc:2，也就是打开 2 号虚拟显示器，这个 VNC 将占用端口 5902，一般都是从 5900 开始往后排。

我们可以利用一些 VNC 客户端来连接控制台，比如 Vinagre—远程桌面视图，大多数分布式 GNOME 桌面上有这个东西。Vinagre 可以从 GNOME 桌面上，通过单击“应用”→“英特网”—“远程桌面视图”。

微软 Windows 系统中，RealVNC 也是一个客户端。

接下来，我们就在连接下 Qemu 中的 VNC 服务器看看，如图 5.3 所示。

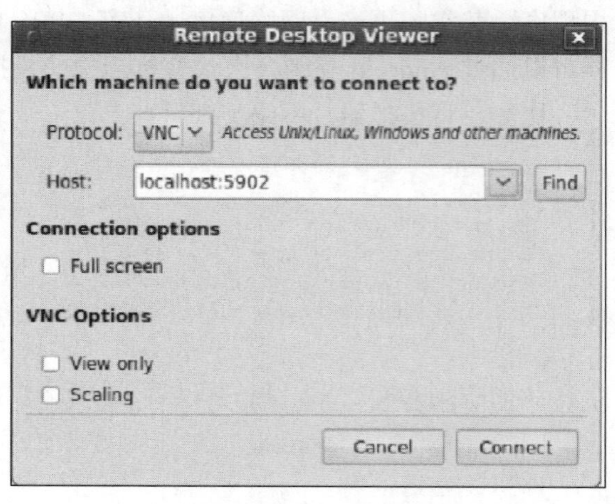

图 5.3　VNC 服务器

然后，我们会看到控制台展示如图 5.4 所示。

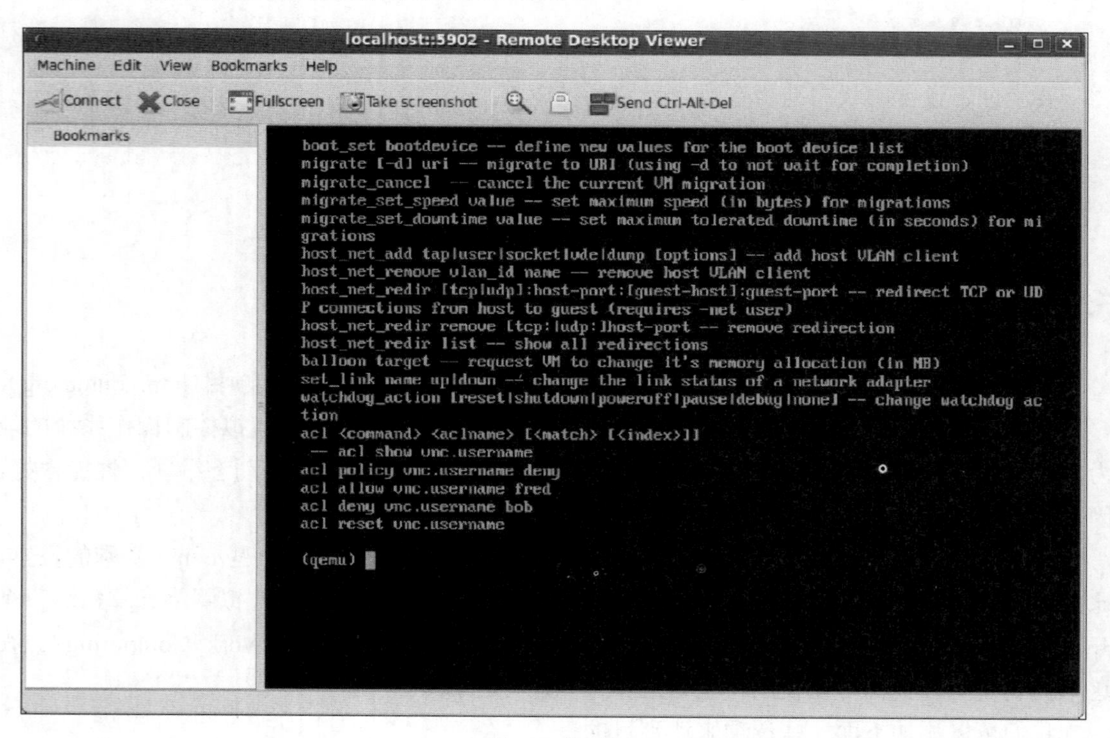

图 5.4　控制台

如果需要帮助，可以输入下面的命令，来得到命令列表：

```
(qemu) help
```

这些命令的详细说明和分析不在本书的范围内，但是你可以在 Qemu 网页上找到一些在线帮助信息。

最新版本的模拟器，用 Android2.2(Froyo)启动，有一个 bug，不能用带参数菜单的命令行，（甚至连帮助选项-Qemu -h 都不好使），虽然他们列出来帮助命令如下：

-Qemu args ... 把参数传给 Qemu

-Qemu -h ... 显示 Qemu 帮助

5.3.3 启动 Monkey

你可能已经了解什么是无限猴子定理。这个定理表明，一个猴子如果在无限的时间内，在一个键盘打字机上随机敲打字母，总有一天，会打出一篇文章，比如一篇完整的莎士比亚的著作。

这个理论用在 Android 应用上也同样成立：一个猴子在你的应用程序上随机触摸，总有一天，会让你的程序崩溃。

在这个思路下，Android 工作人员发明了一种猴子程序，这个程序会产生一系列随机事件在测试应用程序，效仿真实的猴子，这个应用程序的详细情况可以访问（http://developer.andriod.com/guide/developing/tools/monkey.html）。

最简单的用 monkey 程序来随机测试应用程序的方式如下：

```
$ adb -e shell monkey -p com.example.aatg.tc -v -v 1000
```

然后，你会看到如下输出：

```
Events injected: 1000
:Dropped: keys=0 pointers=0 trackballs=0 flips=0
## Network stats: elapsed time=100914ms (0ms mobile, 0ms wifi, 100914ms not connected)//
Monkey finished This displays the details of the events injected through monkey.
```

以上说明，通过 Monkey 平台注入的事件详情。Monkey 的事件是发送给特定的包的，就是-p 后面的参数，在这个例子里，是 com.example.aatg.tc，包名需要填写完整。在-v –v 后面是事件发送的次数，例子中是 1000。

5.3.4 CS 客户端服务端 Mokey

还有另一种方式可以执行 monkey。也是客户端*服务端模式，允许创建脚本，不仅仅重复执行同一个事件，而是随机产生事件。

通常，Monkey 使用端口 1080，但是你也可以更换别的端口。

```
$ adb -e shell monkey -p com.example.aatg.tc --port 1080 &
```

然后，你需要重定向模拟器端口：

```
$ adb -e forward tcp:1080 tcp:1080
```

然后，我们开始发送事件。我们用 telnet 客户端手工执行：

```
$ telnet localhost 1080
Trying ::1...
Trying 127.0.0.1...
Connected to localhost.
Escape character is '^]'.
```

建立连接之后，我们输入特殊的 Monkey 命令：

```
tap 150 200
OK
```

退出 telnet 命令之后，就自动停止执行脚本了。

如果需要重复执行这个应用程序，更方便的方式就是用命令来创建脚本发送事件。这个 Monkey 脚本如框 5.3 所示。

框 5.3 Monkey 脚本

```
# monkey
tap 100 180
type 123
tap 100 280
press DEL
press DEL
press DEL
press DEL
press DEL
press DEL
press DEL
press DEL
type -460.3
```

事件和参数都在这里定义。启动了温度转换程序之后，我们开始执行这个脚本来测试用户交互。我们可以利用模拟器窗口的启动应用程序，单击图标或者利用命令行，如果是无头模式，只能使用命令行了，如下：

```
$ adb shell am start -n com.example.aatg.tc/.TemperatureConverterActivity
```

Log 信息如下：

```
Starting: Intent { cmp=com.example.aatg.tc/.TemperatureConverterActivity }
```

应用程序启动之后，就可以用脚本和 netcat 设备发送事件了：

```
$ nc localhost 1080 < monkey.txt
```

这样，就可以将脚本中的命令都发送给模拟器。这些事件如下：

- 触摸并选择摄氏度字段；
- 输入 123；
- 触摸并选择华氏温度字段；
- 删除内容；
- 输入-460.3。

用这种方式，包含简单脚本的触摸事件和按键事件就发送出去了。

5.3.5 用 Monkey 来测试脚本

Monkey 随机事件其实非常有限，对于简单的用例来说，缺乏流程控制。针对这些局限性，monkeyrunner 诞生了。虽然名字和 monkey 很像，造成很大困扰，但是它们两个是两个完全不同的工程。

Monkeyrunner，当时还在初级阶段，就被嵌入到最新的几个 Android SDK 中，现在它的用处还是有相当大的局限性，但是它具有很大的未来市场。它是一个提供 api 供脚本使用的工具，可以控制 Android 设备或者模拟器。

Monkeyrunner 是建立在 Jython 之上的，用 python 编写的，跑在 JAVA 平台上的程序。

根据它的文档，monkeyrunner 工具为 Android 测试提供了很多特殊的属性。完整的特征列表，实例，相关文档可以在 monkeyrunner 主页中找到（http://developer.andriod.com/guide/developing/tools/monkeyrunner_concepts.html）。

- 多设备控制：monkeyrunner 的 API，可以在一个或者多个设备或者模拟器上跑测试用例。你可以同时启动所有的设备或者模拟器，会自动逐个连接设备，然后执行一个或者多个测试用例。你也可以自动启动一个模拟器，然后执行一个或者多个设备，然后关闭连接。
- 功能测试：monkeyrunner 可以执行测试用例，从启动到关闭。你提供键盘输入值，触摸屏事件，然后截屏后看结果。
- 回归测试：monkeyrunner 可以稳定地执行应用程序测试用例，将截屏结果跟预期截屏结果作对比。
- 可扩展的自动化：由于 monkeyrunner 是一个 API 工具包，你可以自定义开发一个完整的系统的基于 Python 模块的程序用来控制 Android 设备。除了利用 monkeyrunner API 自身的接口，你可以用标准的 Python 操作系统和子处理模块来调用 Android 工具，比如说 Android 调试桥。

- 你还可以将你自己的类添加到 monkeyrunner API 中。大家可以在在线文档中，monkeyrunner 扩展插件中找到更加详细的描述。

5.4 获得测试截屏

当今，monkeyrunner 最重要的一个用途就是给在测试的应用截屏，以便用于结果分析或者对比。

可以通过下面几步获得截屏。

（1）导入需要的模块。

（2）创建设备连接。

（3）检查是否有错误。

（4）启动温度转换器的行为。

（5）加入一些延时。

（6）输入 123。

（7）延时等待输入事件。

（8）截屏保存到一个文件里。

（9）按 Back 键退出。

下面就是上述步骤所需要的脚本代码，如框 5.4 所示。

框 5.4 脚本代码

```
#! /usr/bin/env monkeyrunner
'''
Created on 2011-03-12
@author: diego
'''
import sys
# Imports the monkeyrunner modules used by this program
from com.android.monkeyrunner import MonkeyRunner, MonkeyDevice,
MonkeyImage
# Connects to the current device, returning a MonkeyDevice object
device = MonkeyRunner.waitForConnection()
if not device:
print >> sys.stderr, "Couldn't get connection"
sys.exit(1)
device.startActivity(component='com.example.aatg.tc/.
TemperatureConverterActivity')
MonkeyRunner.sleep(3.0)
device.type("123")
# Takes a screenshot
```

```
MonkeyRunner.sleep(3.0)
result = device.takeSnapshot()
# Writes the screenshot to a file
result.writeToFile('/tmp/device.png','png')
device.press('KEYCODE_BACK', 'DOWN_AND_UP')
```

执行这个脚本的时候，你将会发现 TemperatureConverter 截屏保存在/tmp/device.png 文件里。

5.5 录制和回放

如果你想要更加简单一些，有一种方法都无需手工创建脚本。为了简化过程，Androidsdk 工程的源文件中 monkey_recorder.py 脚本，是用来录制事件的，而 Monke_playback.py 用来将脚本翻译成事件。

如果从命令行执行 monkey_recorder.py，你就会得到下面的 UI，如图 5.5 所示。

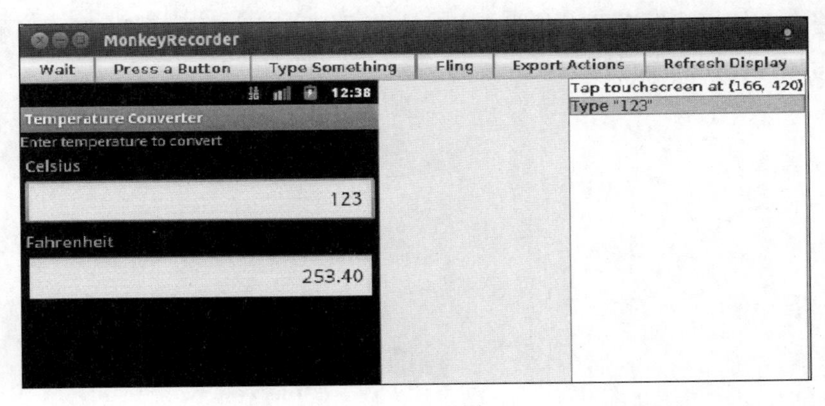

图 5.5 UI 图

这个界面上，工具栏上的按钮对应的脚本功能如表 5.4 所示。

表 5.4 脚本功能

按钮	描述
wait	等待的时间会在弹出框中等用户输入，单位是秒
Press a Button	发送一个菜单、Home、搜索按钮对应的，单击，鼠标落下或者起来的事件
输入一些字符	发送一个字符
投	发送投事件，方向，距离，以及次数
输出行为	保存脚本
刷新显示	刷新屏幕保存文件

脚本完成了之后，保存一下，命令为 script.mr。然后你可以通过下面的命令重新执行：

```
$ monkey_playback.py script.mr
```

现在所有的事件都可以重新执行了。

5.6 小结

本章，我们谈到了应用程序所有可能暴露的场景，不同的条件设置，不同的屏幕尺寸，各种各样的设备比如说摄像头或者键盘，来模拟真实网络条件，来测试我们的应用程序。

需要剥离 Windows 来测试的时候，我们还分析了远程控制模拟器的各种选择。本章为我们第 8 章的持续集成做了准备，控制模拟器自己启动、停止模拟器的功能为自动化执行所有的测试用例提供了保障。

最后，介绍了一些脚本和样例供大家上手学习。

第 6 章将会介绍行为驱动开发技术，这个技术采用了商业常用词汇，暗示了测试过程中，允许商业人士加入，在开发过程中对开发起到牵引作用。

第 6 章　行为驱动开发

行为驱动开发，可以说是测试驱动开发和验收测试的汇总和演变。前面的章节已经讨论过测试驱动开发和验收测试，在本章开始之前，回顾第 1 章测试入门和第 4 章测试驱动开发的内容。

行为驱动开发介绍了几个新概念，例如，用来描述测试的通用词汇以及在软件开发过程中商业伙伴的参与行为。当然，业界还有一部分人士认为，只有测试驱动开发才是合适、正确的选择。

我们之前讲过测试驱动开发，主要关注于将很细的需求列表转换成测试用例，然后利用测试用例来驱动开发的过程。行为驱动开发呢，让我们专注于高层次的需求，我们可以用一些特别的单词来表达这些需求，让需求可以后续作深入分析和拆分演变。

我们将了解下这些概念，这样大家会对这些概念有自己的理解。

6.1　行为驱动开发历史简介

行为驱动开发这个词是 2003 年由一个叫丹诺思的人引入的,它是一种为了协调开发者和其他股东想法的技术方式，通过外部人员介入开发过程方式来达到共同利益的目的。最主要的目的就是为了满足客户的商业需求。

行为驱动开发这个想法来源于一个基于神经语言的程序（NLP）试验。

最初的想法是这样的：用不同的语言描述同一种想法，发现理解程度会不一样。

经验表明，如果母语中含有一种颜色的表达词汇，那么，人们就更容易记住这种颜色。因此如果我们用一种专业术语来描述我们的需求，用通用的语言，在业内人士都理解的情况下，将会提高工程的沟通效率。

因此，行为驱动开发里面用的术语都是要经过深思熟虑，它们会影响后面大家的理解，影响到最后具体的功能实现。行为驱动开发是因果关系，顺应这层关系我们在描述一个需求的时候，可以用已知条件—操作过程—预期结果的方式。

下一节我们介绍术语。

6.2 假设，当，那么

“假设，当，那么”这 3 个词语是用来商业和技术的间隔词语，详情可以参考 http://behaviour-driven.org/ 。这 3 个词也是行为驱动开发过程中经常用到的。在用这个框架的时候需要遵循 3 个核心原则，我们再逐字看一下。

- 商业和技术要用同一个术语表达同一个系统或者事情。
- 任何一个系统对商业都有明确的价值。
- 前期的分析，设计以及计划都需要有一个逐步细化的反馈输出。

行为驱动开发是基于这些词汇来进行表达的。另外，需求表达的格式是固定的，固定格式的需求可以被工具翻译和执行。

- 假设，用来描述在收到外界信号之前系统的状态。
- 当，用来描述用户的关键行为。
- 那么，是用来分析行为后的预期结果。为了便于测试，行为背后应该有一些能观察的输出结果。

6.3 FitNesse 工具

FitNesse 是一个软件开发过程中的协调管理工具。严格地讲，它是一个工具集合，具体情况介绍如下。

- FitNesse 是一个轻量级的、开源的、便于团队合作的软件测试工具。
- 它还是一个 Wiki，可以十分方便地创建、编辑页面，分享信息。
- FitNesse 也是一个 web 服务器，因此，它不需要特殊启动或者配置工具来管理权限。

可以从 http://fitnesse.org/下载 FitNesse 发布版本。发布版是一个 jar 包文件，在第一次执行的时候会自动安装。后面这些例子我们用的是 FitNesse 发布版 20100303，现在有很多更新的版本，也可以使用。

6.4 命令行运行 FitNesse

FitNesse 默认情况下是监听 80 端口，因此，如果你想换一个端口，可以使用命令行。比如你想换端口 8900：

```
$ java -jar fitnesse.jar -p 8900
```

执行完之后，我们会得到下面的结果如框 6.1 所示。

框 6.1 结果图

```
FitNesse (v20100303) Started...
port: 8900
root page: fitnesse.wiki.FileSystemPage at ./FitNesseRoot
logger: none
authenticator: fitnesse.authentication.PromiscuousAuthenticator
html page factory: fitnesse.html.HtmlPageFactory
page version expiration set to 14 days.
```

启动成功之后，你可以用浏览器访问你本地的 FitNesse 服务器主页，然后你会看到下面的页面，如图 6.1 所示。

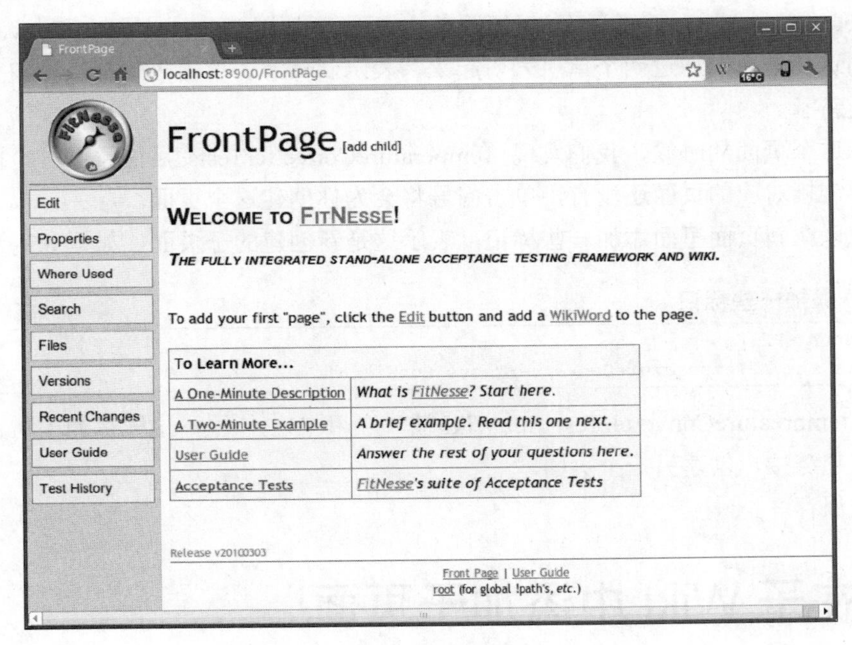

图 6.1 服务器页面

6.5 创建一个温度转换器测试的 wiki 目录

当 FitNesse 启动起来之后，你可以先创建一个子 wiki 来管理测试用例。

你可能对 wiki 这个概念已经有所了解。如果不了解的话，我简单介绍一下。一个 wiki 就是一个网页，用户可以自行创建和编辑。浏览器会自动编码，用户只需要通过简单的操作就能完成，这个过程大大简化了网页制作成本。

当然，用 wiki 来管理用例不是强制的，只是推荐使用，特别是当你打算用 FitNesse 来对多个并发项目进行验收测试时。

创建超链接是最简单的功能之一，你可以用 wiki 写法或者叫驼峰式写法；也就是首字母大写，后面的词最少有一个大写字母。wiki 写法会自动超链接到同名相应的主题页。比如，要创建 TempoeratureConverterTests 的子 wiki，我们可以单击 FitNesse LoGo 下面的"编辑"按钮，编辑主页面，添加下面一行，如框 6.2 所示。

框 6.2 添加一行代码

```
| '''My Tests''' |
| TemperatureConverterTests | ''Temperature Converter Tests'' |
```

这样就在主页中新增了一个表格，首行的"|" 将标头的列名分开。然后，创建了一个 TemperatureConverterTests 的子页面，后面跟着这个页面的描述"Temperature Converter Tests"。

描述的这几个单词通过两个单引号引起来，表示斜体字。单击"保存"按钮之后，这个主页面就更新了。

在展示这个页面的时候，我们发现 TemperatureConverterTests 后面跟了一个问号，这是因为这个超链接对应的页面还没有，单击问号将会为你创建这个页面。

我们可以在新页面里面添加一些标记，表示这是新创建的子页面，如框 6.3 所示。

框 6.3 添加一些标记

```
!contents -R2 -g -p -f -h
This is the !-TemperatureConverterTests SubWiki-!.
```

这里，tempreatureConverterTest SubWiki 被"! "-和-"! "包围，这样是为了防止这个单词又被翻译成超链接，创建另一个页面。

最后，保存。

6.6 在子 Wiki 中添加子页面

现在我们通过单击页面主题旁边的[add child]超链接来添加一个新的子页面。

新建的子页面我们有多种不同的选择项，如图 6.2 所示。

- normal，新建一个普通的 wiki 页。
- test，包含测试用例的页面。
- Suite，这个页面中包含的测试用例属于一个测试集合。
- default，新建默认的页面。

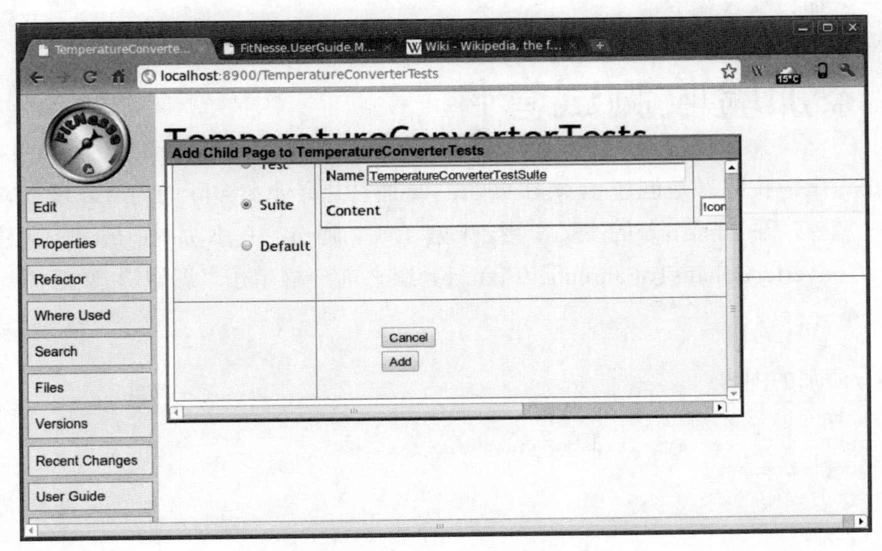

图 6.2　不同的选择项

我们填写的值如表 6.1 所示。

表 6.1　　填写的值

字段	值
页面类型	suite
名字	temperatureConverterTestSuite
内容	contents

单击“添加”之后，这个页面就形成了，并且自动在 subwiki 中添加了一个超链接。我们试试看，通过单击这个新的超链接来到这个测试集合的页面。

我们在这个测试集合的页面，再通过 add child 链接创建另一个子页面。这次我们添加一个 test 页面，包含测试套件，命名为 converterCelsiusToFahrenheitfixture。

页面创建时设置的值如表 6.2 所示。

表 6.2　　设置的值

字段	值
页面类型	Test
名字	TemperatureConverterCelsiusToFahrenheiFixture
内容	contents

单击“添加”就操作完成了。

6.7 添加验收测试套件

到现在为止，我们只是创建了 wiki 页面，页面中没有什么实际的内容。现在，我们打算在页面中直接添加验收的测试用例集合。确定好添加在最新创建的页面 temperatureConverterCelsiusToFahrenheitFixture，跟之前一样单击“编辑”，然后添加下面的内容，如框 6.4 所示。

框 6.4 添加的内容

```
!contents
!|TemperatureConverterCelsiusToFahrenheitFixture |
|celsius|fahrenheit? |
|0.0 |~= 32 |
|100.0 |212.0 |
|-1.0 |30.2 |
|-100.0 |-148.0 |
|32.0 |89.6 |
|-40.0 |-40.0 |
|-273.0 |~= -459.4 |
|-273 |~= -459.4 |
|-273 |~= -459 |
|-273 |~= -459.40000000000003 |
|-273 |-459.40000000000003 |
|-273 |-459.41 < _ < -459.40 |
|-274.0 |Invalid temperature: -274.00C below absolute zero|
```

这个表格定义了几个内容项。

- temperatureConverterCelsiusToFahrenheitFixture：这是表名以及测试套件的名称。
- Celsius:这是列名，我们将会把对应的值作为测试用例的输入。
- fahrenheit：这也是列名，我们将把对应的值作为测试用例的预期结果。问号表示这是一个结果值。
- ～=：表示这个结果是约等于的近似值。
- <_<：表示预期结果在这个范围内。
- Invalid temperature：零下 274℃，这个值是异常的。

单击“保存”按钮保存这些内容。

6.8 添加测试需要的工具支持类

如果我们只是单击 FitNesse Logo 下面的 Test 按钮，我们会看到报错。这是正常的，因为我们并没有创建任何支持测试的工具套件。测试套件是一个很简单的类，能够唤起TemperatureConverter方法。

FitNesse支持两个不同的测试系统。

- Fit：这是较老的系统，用HTML语言编写的，先解析，然后调用套件。
- Slim：这种是较新的系统，所有的表格处理都是在FitNesse里用slim执行器完成。

这两个系统的详细信息可以参考：http://fitnesse.org/FitNesse.UserGuide.TestSystems。

在这个例子中，我们通过设置该页中的变量TEST_SYSTEM来选择slim：

```
!define TEST_SYSTEM {slim}
```

要创建一个slim套件，我们需要在现有的Android测试工程TemperatureConverterTest中创建一个新的包，命名为com.example.aatg.tc.test.fitnesse.fixture。我们在这个包中创建一个套件。

下面，我们要创建TemperatureConverterCelsiusToFahrenheiFixture类，这个类在验收测试用例表格中定义过，如框6.5所示。

框6.5 类

```
package com.example.aatg.tc.test.fitnesse.fixture;
import com.example.aatg.tc.TemperatureConverter;
public class TemperatureConverterCelsiusToFahrenheitFixture {
    private double celsius;
    public void setCelsius(double celsius) {
        this.celsius = celsius;
    }
    public String fahrenheit() throws Exception {
        try {
            return String.valueOf(
            TemperatureConverter.celsiusToFahrenheit(celsius));
        }
        catch (RuntimeException e) {
            return e.getLocalizedMessage();
        }
    }
}
```

这个套件只是做个代理，自身并没有什么逻辑。Fahrenheit函数我们选择返回String类型的值，因为异常返回信息是String类型的。

在test页面中，我们还需要通过测试用例加入import语句，如框6.6中语句所示。

框6.6 加入语句

```
|import|
|com.example.aatg.tc.test.fitnesse.fixture|
```

注意，下面这个变量你要替换成自己系统的变量值，这样才能定位到类的路径。

```
!path /opt/fitnesse/fitnesse.jar:/home/diego/aatg/TemperatureConverter/
bin/:/home/diego/aatg/TemperatureConverterTest/bin/
```

上面这个就是系统路径。

完成上述步骤之后，我们可以单击 Test 按钮来执行用例了，测试页面将会反映下面的结果，如图 6.3 所示。

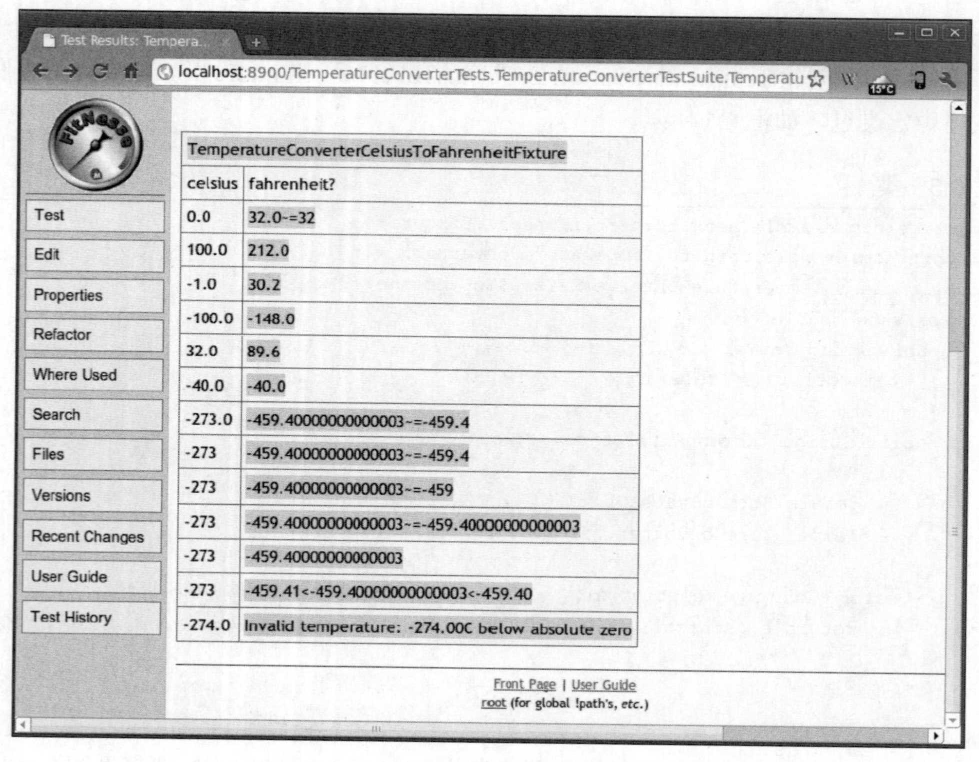

图 6.3 测试结果

我们可以很容易看到哪些用例执行通过，哪些执行失败，通过是绿色的，失败是红色的。上面的例子中，没有执行失败的用例，所以我们看到的都是绿色的。

FitNesse 还有另一个很有用的功能，那就是可以查看测试历史。一段时间内所有的测试用例执行过程和结果都会保存下来，这样你就可以反过来看之前执行的情况，进行结果对比，分析开发过程中引入的问题。

我们通过单击“Test History”就可以体验下这个功能，按钮在左边栏目列表中的最底部。

从下面这张图可以看出最后一次执行的 4 个用例结果，失败了 3 个用例，成功了 1 个。我们单击“+”号可以延展详细信息，“-“号可以收起执行的详细信息，如图 6.4 所示。

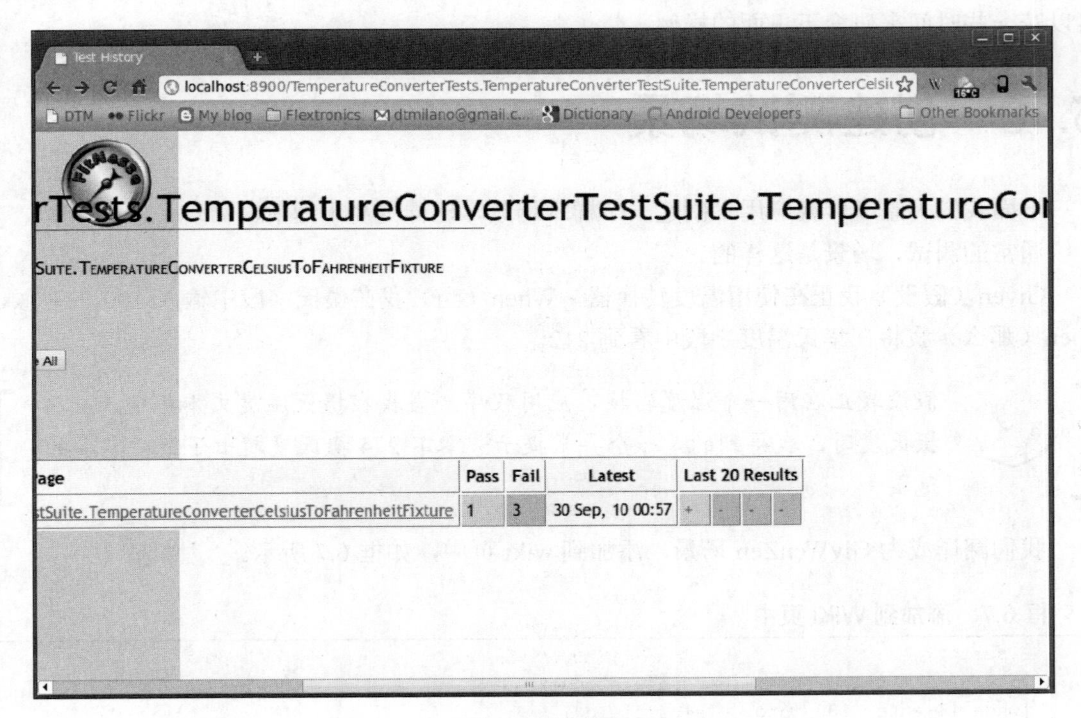

图 6.4 详细信息

6.9 GivWenZen 框架

GivWenZen 是一个基于 FitNesse 和 Slim 的框架，采用行为驱动开发的模式，用 Given-When-Then（假设——当——那么）的表达方式来描述测试用例。这些测试描述也可以写在 FitNesse wiki 上，在 wiki 页面中，用表格、普通文字来表达。

这种方式是相当简单，直截了当的。也是我们正在用的 FitNesse 的方法，不过我们这次不打算在 wiki 页面的表格里写验收测试用例，而是采用神奇的行为驱动开发中的 Given-When-Then 关键字来描述测试场景。

首先，我们先安装下 Givwenzen 工具。http://code.google.com/p.givwenzen/downloads.list 的下载列表中下载一个完整包，然后按照网站的指示去安装。例子中我们用的是 fivwenzen

1.0.1 版本，新版本也一样好用。

GivWenZen 完整包括了依赖的所有工具，包括 FitNesse，因此，如果你用 FitNesse 跑了之前的样例，那么你最好停掉，或者给 GivWenZen 重新分配一个端口。

安装好了之后，用浏览器访问主页，你会看到很熟悉的页面，就是 FitNesse 的首页。你可以花一些时间来研究下里面的样例。

6.10 创建测试场景

下面我们为温度转换应用来创建一个样本场景，这样更易于理解。

通常的测试，场景是这样的。

Given（假设）我正在使用温度转换器，When（当）我在摄氏字段中输入 100 的时候，Then（那么）我将在华氏温度字段中看到 212。

假设我正在用一个温度转换器应用程序。当我在摄氏温度文本框输入-274 摄氏度时，我得到的是一个异常提示：零下 274 摄氏度超出了绝对零度的范围。

我们翻译成为 GivWenZen 场景，添加到 wiki 页中，如框 6.7 所示。

框 6.7　添加到 WiKi 页中

```
-|script|
|given |I'm using the !-TemperatureConverter-!|
|when |I enter 100 into Celsius field |
|then |I obtain 212 in Fahrenheit field |
```

翻译是直译的。表格的名字必须是 script，并且在这个用例中，前面的（-）号会将它隐藏起来。然后每个 Give-When-Then 场景都是这种格式，左栏是关键字，右边是值。

在执行脚本之前，也就是整个页面执行之前，我们需要执行另一段脚本来初始化 GivWenZen。如框 6.8 所示。

框 6.8　脚本

```
|script |
|start|giv wen zen for slim|
```

我们需要在启动 GivWenZen 之前初始化路径以及添加相关的 imports。通常我们会在 SetUp 页面里准备这些，以便在每个测试脚本之前都能执行到。这里为了简单方便，我们在本页里面添加这些值的初始化，如框 6.9 所示。

框 6.9 添加的值

```
!define TEST_SYSTEM {slim}
!path ./target/classes/main
!path ./target/classes/examples
!path ./lib/commons-logging.jar
!path ./lib/fitnesse.jar
!path ./lib/log4j-1.2.9.jar
!path ./lib/slf4j-simple-1.5.6.jar
!path ./lib/slf4j-api-1.5.6.jar
!path ./lib/javassist.jar
!path ./lib/google-collect-1.0-rc4.jar
!path ./lib/dom4j-1.6.1.jar
!path ./lib/commons-vfs-1.0.jar
!path ./lib/clover-2.6.1.jar
!path /home/diego/workspace/TemperatureConverter/bin
!path /home/diego/workspace/TemperatureConverterTest/bin
```

这时候你去单击 Test 按钮执行测试，你会看到下面的信息，如框 6.10 所示。

框 6.10 执行结果

```
__EXCEPTION__:org.givwenzen.DomainStepNotFoundException:
```

你需要在步骤类上面打上标记，“I'm using the temperatureConverter”。出现这些错误的典型原因有。

- StepClass 缺少@DomainSteps 的标记。
- StepMethod 缺少@DomainStep 的标记。
- 步骤函数标记是一个用来标记当前执行函数的方式。

虽然异常信息在执行函数的时候有用，但是你还是应该添加一些步骤函数标记。这个步骤函数会默认放在 bdd.steps 包下面或者它的子包下面，也可以放在你自己定义的包下面。比如框 6.11 所示。

框 6.11 包程序

```
@DomainSteps
public class StepClass {
    @DomainStep("I'm using the TemperatureConverter")
    public void domainStep() {
        // TODO implement step
    } }
```

在这个例子中，StepClass 的实现将会是下面这个样子，如框 6.12 所示。

框 6.12 实例

```
package bdd.steps.tc;
import org.givwenzen.annotations.DomainStep;
```

```
import org.givwenzen.annotations.DomainSteps;
import com.example.aatg.tc.TemperatureConverter;
@DomainSteps
public class TemperatureConverterSteps {
   private static final String CELSIUS = "Celsius";
   private static final String FAHRENHEIT = "Fahrenheit";
   private static final String ANY_TEMPERATURE =
   "([-+]?\\d+(?:\\.\\d+)?)";
   private static final String UNIT = "(C|F)";
   private static final String UNIT_NAME =
   "(" + CELSIUS + "|" + FAHRENHEIT + ")";
   private static final double DELTA = 0.01d;
   private double mValue = Double.NaN;
   @DomainStep("I(?: a|')m using the TemperatureConverter")
   public void createTemperatureConverter() {
      // do nothing
   }
   @DomainStep("I enter " + ANY_TEMPERATURE + " into "
   + UNIT_NAME + " field")
   public void setField(double value, String unitName) {
      mValue = value;
   }
   @DomainStep("I obtain " + ANY_TEMPERATURE + " in "
   + UNIT_NAME + " field")
   public boolean verifyConversion(double value, String unitName) {
      try {
         final double t = (FAHRENHEIT.compareTo(unitName) == 0) ?
         getFahrenheit() : getCelsius();
         return (Math.abs(t-value) < DELTA);
      }
      catch (RuntimeException ex) {
         return false;
      }
   }
   @DomainStep("Celsius")
   public double getCelsius() {
      return TemperatureConverter.fahrenheitToCelsius(mValue);
   }
   @DomainStep("Fahrenheit")
   public double getFahrenheit() {
      return TemperatureConverter.celsiusToFahrenheit(mValue);
   }
}
```

在这个例子中，我们将类放在 bdd.steps 包下面，因为默认情况下，GivWenZen 是在这个包里面搜索步骤类的执行方法。否则，就需要另外配置了。

实现步骤的类应该打上@DomainSteps 标记，而里面的实现函数要打上@DomainStep 标记。函数需要接收一个 String 类型的参数。这个参数就是 GivWenZen 用来表示步骤的值。

比如，我们的场景定义了下面这个步骤：

```
I enter 100 into Celsius field
```

我们的标记是：

```
@DomainStep("I enter"+ANY_TEMPERATURE+"into" + UNIT_NAME+"field")
```

在执行的时候，输入的两个值，将匹配到 ANY_TEMPERATURE 和 UNIT_NAME，当作参数传给函数：

```
public void setField(double value, String unitName)
```

上一章我推荐的正则表达式，大家可以回忆一下，他们很有用。这里只是他们用途之一。ANY_TEMPERATURE 将会匹配所有可能的温度值，可以带小数。而 UNIT 和 UNIT_NAME 将会匹配字段标记和名称；这里就是摄氏度或者华氏度。

@DomainStep 标记的构造函数的参数中使用了正则表达式。括号包含的那群变量，就是函数对应的参数。也就是 setField()的参数输入。

然后，我们看下 verifyConversion()方法，这个方法返回 true 或者 false，表示返回的 DELTA 值是否跟预期一致。

最后，我们有一些方法来真实调用温度转换器这个类中的转换温度的函数。

重新执行所有的测试用例，都通过了，通过分析最后的执行结果可以看出来，如框 6.13 所示。

框 6.13　分析结果

```
Assertions: 2 right, 0 wrong, 0 ignored, 0 exceptions.
```

注意，我们的这个结果是经过了两个断言判断的，一个是我们添加在网页 GivWenZen 初始化脚本里调用，另一个是在我们场景里的。

我们不仅仅要创建正常情况的场景，还要覆盖到异常条件场景。在通常测试描述中，我们异常场景如下：

假设我正在用一个温度转换器应用程序。当我在摄氏温度文本框中输入 –274 摄氏度时，我得到的是一个异常提示：零下 274 摄氏度超出了绝对零度的范围。

翻译成 GivWenZen 表格形式就是框 6.14 所示。

框 6.14　表格形式

```
-|script|
|given|I am using the !-TemperatureConverter-! |
|when |I enter -274 into Celsius field |
|then |I obtain 'Invalid temperature: -274.00C below absolute zero'
exception|
```

然后添加步骤函数，我们就可以执行了。步骤函数实现是这样的，如框 6.15 所示。

框 6.15 函数

```
@DomainStep("I obtain '(Invalid temperature: " + ANY_TEMPERATURE
+ UNIT + " below absolute zero)' exception")
public boolean verifyException(String message,
String value, String unit) {
    try {
        if ( "C".compareTo(unit) == 0 ) {
            getFahrenheit();
        }
        else {
            getCelsius();
        }
    }
    catch (RuntimeException ex) {
        return ex.getMessage().contains(message);
    }
    return false;
}
```

这个函数会捕获异常信息、温度值以及字段单元，以正则表达式的方式匹配到。然后会跟预期进行比较，判断返回结果是否正确。

我们也用这种步骤的方式来创建其他场景。这些场景如框 6.16 所示。

框 6.16 场景

```
-|script|
|given |I'm using the !-TemperatureConverter-! |
|when |I enter -100 into Celsius field |
|then |I obtain -148 in Fahrenheit field |
-|script|
|given |I'm using the !-TemperatureConverter-! |
|when |I enter -100 into Fahrenheit field |
|then |I obtain -73.33 in Celsius field |
|show |then |Celsius |
-|script|
|given|I'm using the !-TemperatureConverter-! |
|when |I enter -460 into Fahrenheit field |
|then |I obtain 'Invalid temperature: -460.00F below absolute zero'
exception|
```

由于 GivWenZen 是基于 FitNesse 写的，所以我们可以自由组合两种方式，还可以像上一节一样，把测试用例放在同一个集合中。这样的话，我们就可以通过 TestSuit 页来执行整个测试用例，看到整体的结果，如图 6.5 所示。

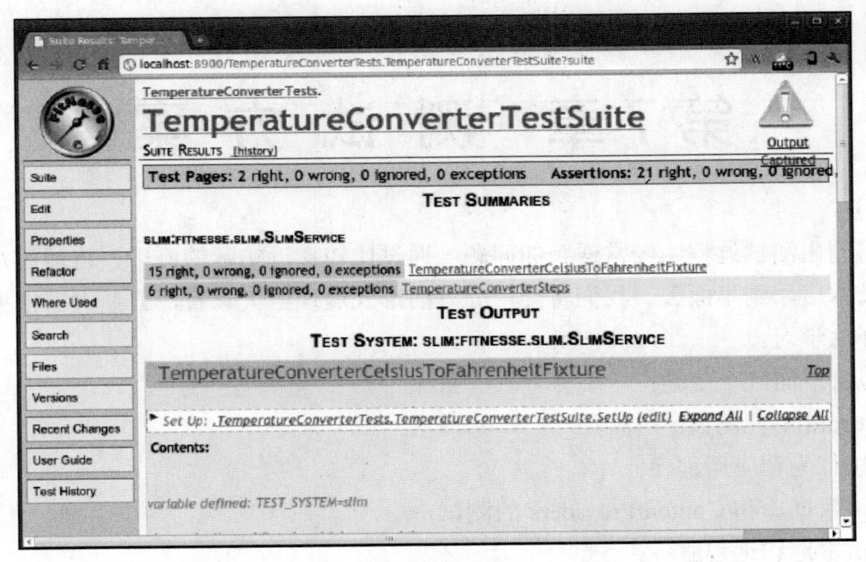

图 6.5 结果

6.11 小结

本章，我们延续前面章节介绍的测试驱动开发，介绍了行为驱动开发的相关内容。

我们讨论了行为驱动开发的来源、背景和前进动力。还分析了基本概念，探索了 Given-When-Then 的思考方式，以及介绍了 FitNesse 和 Slim 两个非常有用的测试工具。

基于 FitNesse 的了解，我们进一步介绍了基于 FitNesse 的 FivWenZen 工具，帮助我们用场景的方式来测试。

以 Android 工程作为样例，用前面介绍的工具和技术进行测试。但是，我们仍然有局限性，只能测试可以在 JVM 平台上执行的对象，而 Android 一些特殊的类，特别是用户交互的接口测不了。我们将会在第 10 章，非传统测试策略中突破这个局限性。

第 7 章我们将会展示实际测试过程中遇到的不同场景，将会用到本书目前讲到的所有原则和技术。

第7章 测试方案

本章将列出测试过程中经常遇到的问题，通过比较接近实际的例子，将前面章节中讲到的原则、技术应用到里面去。我们将会用处方的形式展现给大家看，方便大家根据自己项目的需要选择性学习。

本章包含下面几个主题：

- Android 单元测试；
- 测试行为和应用程序；
- 测试数据库和 ContentProviders 的测试；
- 测试本地和远程服务；
- 测试 UI 交互；
- 测试异常；
- 测试转换；
- 测试内存泄露。

通过这章学习，你会对测试自己的工程需要干什么，用到什么有一定的了解。

7.1 Android 单元测试

我们知道，对工程中的一些组件的测试用例，真的需要在一个独立的，跟底层系统隔离开的环境中才好执行。在执行这些用例的时候，我们要选择一个高权限高层次的类，要可以除去被测模块对其他模块的依赖，但是又不会影响一些基础架构。

对于这个类，我们有个候选类，那就是 AndriodTestCase。样例详情可以在 Andriod CTS 测试集合中下载，如框 7.1 所示。

框 7.1

```
/*
 * Copyright (C) 2009 The Android Open Source Project
 *
 * Licensed under the Apache License, Version 2.0 (the "License");
 * you may not use this file except in compliance with the License.
 * You may obtain a copy of the License at
 *
```

```
 * http://www.apache.org/licenses/LICENSE-2.0
 *
 * Unless required by applicable law or agreed to in writing,
 * software distributed under the License is distributed on an
 * "AS IS" BASIS, WITHOUT WARRANTIES OR CONDITIONS OF ANY KIND,
 * either express or implied.
 * See the License for the specific language governing permissions
 * and limitations under the License.
 */
package com.android.cts.appaccessdata;
import java.io.FileInputStream;
import java.io.FileNotFoundException;
import java.io.IOException;
import android.test.AndroidTestCase;
/**
 * Test that another app's private data cannot be accessed.
 *
 * Assumes that {@link APP_WITH_DATA_PKG} has already created
 the private data.
 */
public class AccessPrivateDataTest extends AndroidTestCase {
    /**
 * The Android package name of the application that owns
 the private data
 */
      private static final String APP_WITH_DATA_PKG =
      "com.android.cts.appwithdata";
```

走到这步，我们已经具备了。

- 标准的 Android 开源工程版权。
- 包定义。这次测试是在 com.andriod.cts.appaccessdata 包中。
- 一些导入。
- 定义了 AccessPrivateDataTest 类，这个类扩展了 AndriodTestCase，因为这个 AndriodTestCase 类不需要系统架构。在这个特殊的例子中，我们还可以直接用 TestCase，因为在这个用例中，我们并没有访问内存数据，如果要访问内存数据，就需要用 AndriodTestCase，TestCase 做不到这点。
- 定义了常量 APP_WITH_DATA_PKG，这表示程序的包中含有一个私有常量，我们后面会访问这个常量。

框 7.2

```
 /**
 * Name of private file to access. This must match the name
 * of the file created by
 * {@link APP_WITH_DATA_PKG}.
 */
 private static final String PRIVATE_FILE_NAME =
```

```
    "private_file.txt";
    /**
    * Tests that another app's private file cannot be accessed
    * @throws IOException
    */
    public void testAccessPrivateData() throws IOException {
        try {
            // construct the absolute file path to the app's
            private file
            String privateFilePath = String.format(
            "/data/data/%s/%s", APP_WITH_DATA_PKG,
            PRIVATE_FILE_NAME);
            FileInputStream inputStream = new
            FileInputStream(privateFilePath);
            inputStream.read();
            inputStream.close();
            fail("Was able to access another app's private data");
        } catch (FileNotFoundException e) {
            // expected
        } catch (SecurityException e) {
            // also valid
        }
    }
    }
```

在框 7.2 这段代码中，我们增加了以下内容。

- 定义了 PRIVATE_FILE_NAME，这个将会设置我们需要访问的文件名地址。
- 定义了测试函数 testAccessPrivateData，这个函数将会测试具体的功能。testAccessPrivateData()函数，是用来测试能否访问其他包中的私有数据的，如果可以访问，用例将会失败。为了验证效果，预期是能够抓到异常，如果没有捕获到异常，就会直接 fail()并打印出客户设置好的错误信息。

7.2 测试行为和应用

这一节将会给出一些行为和应用程序测试的例子。包括一些日常测试中经常碰到的场景，因此你可以根据需要选择阅读。

7.2.1 应用和引用

在 Android 的术语中，“应用”指的是在需要的时候，通过一个基础类，使得应用达到一种状态。通常，这种类会放到一个大家共享的引用包中。我们希望测试更换引用，而不改变真实应用程序的表现行为。假设测试用例出于某些原因，删除了存储用户信息的引用。当然，这听上去不是一个好办法。不过我们还是会遇到，这时候我们就需要去模拟存储内容 Context，模拟访问 SharedPreferences 中数据的过程。

我们第一步应该用 RenamingDelefatingContext，但是不幸的是，这个类并没有 mock SharedPrefenreces，不过已经跟目标接近了许多，因为它模拟了数据库和文件系统的访问。因此，我们接下去需要创建一个特殊的模拟 Context 的类。

1. RenamingMockContext 类

我们来创建一个特殊的 Context。这个 RenamingDelefatingContext 类是一个很好的起点，因为正如我们之前所说，这个类可以达到模拟数据库和文件系统的效果。现在问题是如何来模拟访问 SharedPreferences。

还记得 RenamingDelefatingContext 的功能正如它的名字一样，表示可以代理所有事物来访问 Context。因此，我们问题的根源就在于这个 Context。因为 MockContext 也是一个 Context，它看上去倒是我们需要访问的正确基类。我们在第 3 章，用 AndroidSDK 构建模块中，我们提到模拟对象，我们提到了 MockContext 可以用来注入其他依赖包，所有的方法都是没有功能，直接抛出 UnsupportedOperationException。但是，它也有一个功能我们可以利用起来，用来探索测试用例中最少需要执行多少函数。因此，我们针对其他 Context 来创建一个空的 MockContext 取名为 RenamingMockContext，代理如框 7.3 所示。

框 7.3

```
private static class RenamingMockContext extends
RenamingDelegatingContext {
    private static final String PREFIX = "test.";
    public RenamingMockContext(Context context) {
        super(new DelegatedMockContext(context), PREFIX);
    }
    private static class DelegatedMockContext extends MockContext {
        public DelegatedMockContext(Context context) {
            // TODO Auto-generated constructor stub
        }
    }
}
```

我们创建了一个模拟的 Context，叫 RenamingMockContext，用来代理空的 MockContext，DelegateMockContext，我们用前缀来重命名。

2. TemperatureConverterApplicationTests 类

我们已经写好了 RenamingMockContext 类，现在准备在测试用例中应用一下。我们的被测对象是一个应用，因此，可以选择 ApplicationTestCase 作为用例的基类。这个 ApplicationTestCase，它的框架可以让你在可控的环境内测试应用类。它可以控制一个应用的生命周期，并且你可以注入依赖的变量值，还可以控制被测应用所在的环境。在 Application 对象创建之前，你可以使用 setContext()方法来注入 RenamingMockContext 对象。

在第 4 章，测试驱动开发所讲述的例子中，温度转换应用程序，有一个公用的、处理小数的组件。那么现在，我们创建一个用例来测试这个组件，读取它的值并校验一下，如框 7.4 所示。

框 7.4

```
public class TemperatureConverterApplicationTests extends
ApplicationTestCase<TemperatureConverterApplication> {
   private TemperatureConverterApplication mApplication;
   public TemperatureConverterApplicationTests() {
      this("TemperatureConverterApplicationTests");
   }
   public TemperatureConverterApplicationTests(String name) {
      super(TemperatureConverterApplication.class);
      setName(name);
   }
   @Override
   protected void setUp() throws Exception {
      super.setUp();
      final RenamingMockContext mockContext = new
      RenamingMockContext(getContext());
      setContext(mockContext);
      createApplication();
      mApplication = getApplication();
   }
   @Override
   protected void tearDown() throws Exception {
      super.tearDown();
   }
   public final void testPreconditions() {
      assertNotNull(mApplication);
   }
   public final void testSetDecimalPlaces() {
      final int expected = 3;
      mApplication.setDecimalPlaces(expected);
      assertEquals(expected, mApplication.getDecimalPlaces());
   }
}
```

我们通过扩展 ApplicationTestCase 类，加入了 TemperatureConverterApplication 模板参数。一会儿，我们将会创建另一个类，这个类继承 Application。

然后，我们采用带构造函数的模式，这个在第 3 章构建 AndroidSDK 中讨论过。

在 setUp()方法中，我们新建一个 Mock 内容，将 Mock 内容对象可以通过 setContext 方法附值；我们用 createApplication()来创建一个应用，保留下这个应用的引用地址，以便后面经常要在测试用例中调用它。

至于我们的测试用例，用之前我们提到的条件准备——测试的模式，并且我们需要在条件准备中判断应用是否为空。

最后，要准备下真正用来测试被测行为的用例，设置好小数点位数，获取行为值，然后校验它。

首先，我们需要让所有的测试用例都编译通过，然后再来看这些用例的执行结果。因此，在编译通过之前，我们需要创建一个 TemperatureConverterApplication 类，在这个类中，有两个函数，getter 和 setter 函数，用来读写界面中对应的带小数点的数值，要完成读写这步呢，我们还需要用到 SharedPreferences 来获取这两处的引用对象，如框 7.5 所示。

框 7.5

```
/**
* Copyright (C) 2010-2011 Diego Torres Milano
*/
package com.example.aatg.tc;
import android.app.Application;
/**
* @author diego
*
*/
public class TemperatureConverterApplication extends
Application {
    /**
*
*/
    public TemperatureConverterApplication() {
        // TODO Auto-generated constructor stub
    }
    public void setDecimalPlaces(int expected) {
        // TODO Auto-generated method stub
    }
    public Object getDecimalPlaces() {
        // TODO Auto-generated method stub
        return null;
    }
}
```

如果不使用 SharedPreferences 保存数字字段，执行上面这个用例之后，看看结果，是失败的。按之前的说法，SharedPreferences 法如框 7.6 所示。

框 7.6

```
/**
* Copyright (C) 2010-2011 Diego Torres Milano
*/
package com.example.aatg.tc;
import android.app.Application;
import android.content.SharedPreferences;
import android.content.SharedPreferences.Editor;
import android.preference.PreferenceManager;
/**
* @author diego
*
```

```
*/
public class TemperatureConverterApplication extends Application {
    private static final String TAG =
    "TemperatureConverterApplication";
    public static final int DECIMAL_PLACES_DEFAULT = 2;
    public static final String DECIMAL_PLACES = "decimalPlaces";
    private SharedPreferences mSharedPreferences;
    /**
*
*/
    public TemperatureConverterApplication() {
        // TODO Auto-generated constructor stub
    }
    @Override
    public void onCreate() {
        super.onCreate();
        mSharedPreferences =
        PreferenceManager.getDefaultSharedPreferences(this);
    }
    public void setDecimalPlaces(int d) {
        final Editor editor = mSharedPreferences.edit();
        editor.putString(DECIMAL_PLACES, Integer.toString(d));
        editor.commit();
    }
    public int getDecimalPlaces() {
        return Integer.parseInt(
        mSharedPreferences.getString(DECIMAL_PLACES,
        Integer.toString(DECIMAL_PLACES_DEFAULT)));
    }
}
```

完成所有这些代码步骤之后，编译，执行测试用例，我们发现结果抛出了异常，在MockContext.getPackageName()中抛出了UnsupportedOperationException异常。

我们改写一下DelegateMockContext，重写getPackageName()函数，通过构造函数传入的参数把原始context对象传进来，如框7.7所示。

框7.7

```
private static class RenamingMockContext extends
RenamingDelegatingContext {
    /**
* The renaming prefix.
*/
      private static final String PREFIX = "test.";
      public RenamingMockContext(Context context) {
          super(new DelegatedMockContext(context), PREFIX);
    }
      private static class DelegatedMockContext extends MockContext {
          private Context mDelegatedContext;
          public DelegatedMockContext(Context context) {
              mDelegatedContext = context;
          }
          @Override
```

（续）

```
        public String getPackageName() {
            return mDelegatedContext.getPackageName();
        }
    }
```

改完之后重新执行下用例，这次的执行结果跟之前抛出的异常不一样。是在唤起getSharedPreferences()中抛出了 UnsupportedOperationException。因此，我们继续修改，在DelegateMockContext 中重写这个方法，如框 7.8 所示。

框 7.8

```
@Override
public SharedPreferences getSharedPreferences(
String name, int mode) {
    return mDelegatedContext.getSharedPreferences(
    PREFIX + name, mode);
}
```

在所有用到 SharedPreference 的地方，这个函数都会唤起一个代理内容对象，代理对象的名字是 prefix 前缀+内容对象原来名字。应用里面用到的 SharePreferences 没有变。

我们完善以下 TemperatureconverterApplication 类，添加一些之前提到的函数，在共享的引用中存储一些值，以便完成行为验证。执行测试用例，大家可以发现，这些原始的值，不会受测试用例影响。

7.2.2 测试活动

接下来的例子，会给大家展示如何在一个完全封闭的环境下测试一个活动，并会将基于ActivityUnitTest<Activity>来写的测试用例和基于 ActivityInstrumentationTestCase2<Activity>来写的测试用例做对比。前者使用起来需要更加小心谨慎，但是它也提供了更方便的工具，并能够更好的控制被测活动。活动测试的目的是为了测试活动的行为，而不是为了测试一个活动对象跟其他系统部件的通信，或者 UI 交互。

我们以 ApiDemos 样例应用为例（http://developer.andriod.com/resources/samples/ApiDemos/index.html），ApiDemos 是 SDK 的伴侣。这个样例程序代码比较长，我把它分成几段，方便大家看。

框 7.9

```
/*
* Copyright (C) 2008 The Android Open Source Project
*
* Licensed under the Apache License, Version 2.0 (the "License");
* you may not use this file except in compliance with the License.
```

（续）

```
 * You may obtain a copy of the License at
 *
 * http://www.apache.org/licenses/LICENSE-2.0
 *
 * Unless required by applicable law or agreed to in writing,
 * software distributed under the License is distributed on an
 * "AS IS" BASIS,
 * WITHOUT WARRANTIES OR CONDITIONS OF ANY KIND, either express or
 * implied.
 * See the License for the specific language governing permissions
 * and limitations under the License.
 */
package com.example.android.apis.app;
import com.example.android.apis.R;
import com.example.android.apis.view.Focus2ActivityTest;
import android.content.Context;
import android.content.Intent;
import android.test.ActivityUnitTestCase;
import android.test.suitebuilder.annotation.MediumTest;
import android.widget.Button;
```

第一个代码片断，框 7.9 中只是一些版权、引入一些需要的包。

框 7.10

```
/**
 * This demonstrates completely isolated "unit test" of an Activity
 * class.
 *
 * <p>This model for testing creates the entire Activity (
 * like {@link Focus2ActivityTest}) but does
 * not attach it to the system (for example, it cannot launch another
 * Activity).
 * It allows you to inject additional behaviors via the
 * {@link android.test.ActivityUnitTestCase#setActivityContext(
 * Context)} and
 * {@link android.test.ActivityUnitTestCase#setApplication(
 * android.app.Application)} methods.
 * It also allows you to more carefully test your Activity's
 * performance
 * Writing unit tests in this manner requires more care and
 * attention, but allows you to test
 * very specific behaviors, and can also be an easier way
 * to test error conditions.
 *
 * <p>Because ActivityUnitTestCase creates the Activity
 * under test completely outside of
 * the usual system, tests of layout and point-click UI
 * interaction are much less useful
 * in this configuration. It's more useful here to concentrate
 * on tests that involve the
 * underlying data model, internal business logic, or exercising
 * your Activity's life cycle.
```

（续）

```
 *
 * <p>See {@link com.example.android.apis.AllTests} for
 * documentation on running
 * all tests and individual tests in this application.
 */
public class ForwardingTest extends
ActivityUnitTestCase<Forwarding> {
    private Intent mStartIntent;
    private Button mButton;
    public ForwardingTest() {
        super(Forwarding.class);
    }
```

第二个代码片断，如框 7.10 中所示，定义了测试用例类，继承扩展之前提到的测试活动类的单元测试类 ActivityUnitTestCase<Forwarding>。被测活动对象将会与其他系统隔离开，这样是为了测试活动对象的内部逻辑，而不受外部因素的干扰。

这里还定义了不带参数的构造函数，像之前提到过的样例一样，如框 7.11 所示。

框 7.11

```
@Override
protected void setUp() throws Exception {
    super.setUp();
    // In setUp, you can create any shared test data,
    // or set up mock components to inject
    // into your Activity. But do not call startActivity()
    // until the actual test methods.
    mStartIntent = new Intent(Intent.ACTION_MAIN);
}
```

Setup()函数，通常都是统一的模式，先调用父类的函数，再初始化一个 Intent 对象，用来启动活动。在这个例子中，我们将 Intent 对象保存为成员变量 mStartInent。

框 7.12

```
/**
 * The name 'test preconditions' is a convention to
 * signal that if this
 * test doesn't pass, the test case was not set up
 * properly and it might
 * explain any and all failures in other tests.
 * This is not guaranteed
 * to run before other tests, as junit uses reflection
 * to find the tests.
 */
@MediumTest
```

（续）

```
public void testPreconditions() {
    startActivity(mStartIntent, null, null);
    mButton = (Button) getActivity().findViewById(R.id.go);
    assertNotNull(getActivity());
    assertNotNull(mButton);
}
```

框 7.12 这里定义了 testPreconditions()函数，这个函数之前解释过。在函数的注释中写了，函数名只是一个符号、名称，并不代表测试函数的执行次序。

框 7.13

```
/**
* This test demonstrates examining the way that activity calls
* startActivity() to launch
* other activities.
*/
@MediumTest
public void testSubLaunch() {
    Forwarding activity = startActivity(
    mStartIntent, null, null);
    mButton = (Button) activity.findViewById(R.id.go);
    // This test confirms that when you click the button,
    // the activity attempts to open
    // another activity (by calling startActivity) and
    // close itself (by calling finish()).
    mButton.performClick();
    assertNotNull(getStartedActivityIntent());
    assertTrue(isFinishCalled());
}
```

框 7.13 中的这个用例，测试的是单击了 Go 这个按钮之后的跳转活动。这个按钮的 onClickListener 会唤起 startActivity()函数，Intent 将会把组件定义为 ForwardTarget 类。因此，这个活动就被唤起了。

在这个活动执行之后，我们需要验证一下唤起新 Activity 的 Intent 不是空的，并且要验证我们的活动调用了 finish()函数。

一旦被测活动通过 startActivity（mStartIntent,null,null）启动，我们就需要开始验证结果是否符合预期。于是，我们在 getActivity()的地方用断言来验证最新启动的活动是否为空，并且在后面 findViewById()这个地方，用断言来判断函数获取的按钮是否为空。

框 7.14

```
/**
* This test demonstrates ways to exercise the Activity's
* life cycle.
```

（续）

```
    */
    @MediumTest
    public void testLifeCycleCreate() {
        Forwarding activity = startActivity(
        mStartIntent, null, null);
        // At this point, onCreate() has been called, but nothing else
        // Complete the startup of the activity
        getInstrumentation().callActivityOnStart(activity);
        getInstrumentation().callActivityOnResume(activity);
        // At this point you could test for various configuration
        // aspects, or you could
        // use a Mock Context to confirm that your activity has made
        // certain calls to the system
        // and set itself up properly.
        getInstrumentation().callActivityOnPause(activity);
        // At this point you could confirm that the activity has
        // paused properly, as if it is
        // no longer the topmost activity on screen.
        getInstrumentation().callActivityOnStop(activity);
        // At this point, you could confirm that the activity has
        // shut itself down appropriately,
        // or you could use a Mock Context to confirm that your
        // activity has released any system
        // resources it should no longer be holding.
        // ActivityUnitTestCase.tearDown(), which is always
        // automatically called, will take care
        // of calling onDestroy().
    }
    }
```

在框 7.14 这个测试用例中，这可能是最有意思的函数。这个测试用例展示了如何控制活动的生命周期。在启动活动之后，onCreate()函数会被自动调用到，然后我们通过手工调用一些生命周期的函数来控制活动。要使用这些函数，我们需要用到 Instrumentation 类。

最后，我们无须自己调用 onDestroy()函数来销毁对象，因为 tearDown()会自动调用这个销毁函数。

接下来，我们来看下 testSubLaunch()用例。这个用例，是用来测试当被测活动通过 startActivity（mStartIntent,null,null）唤起之后，在各种条件下，活动是否正常。通过 findViewById()获取按钮之后，调用 performClick()来模拟单击过程。按钮被触摸到这个行为，应该唤起另一个新的行为活动，这里也是个校验点，需要判断 getStartedActivityIntent()返回的行为活动是否为空。getStartedActivytiIntent 这个函数返回一个 Intent 对象。被测活动调用 startActivity（Intent）或者 startActivityForResult（Intent,int）时，就用这个对象作为输入参数。最后一步是需要验证当另一个活动启动的时候，这个活动的 finsh()函数有没有调用到。我们通过检查 isFinishCalled()的返回值能够得到这一信息，这个函数返回 true 的时候，表示被测活动调用了 finsh()、finshFromChild(Activity)、或者 finishActivity(int) 3 个函数之一。

现在我们练习一下使用控制活动生命周期函数，testLifeCycleCreate()中用到了这些函数。这个函数用之前一样的方式启动活动。

然后，活动启动之后，调用了 onCreate()函数，然后用 Instrumentation 类来唤起其他生命周期函数，如 getInstrumentation().callActivityOnStart(activity)getInstrumentation().callActivityOnResume(activity)，这几个函数完整了一个启动着的活动生命。

活动已经启动了，是时候来测试我们感兴趣的几方面。一旦获取了活动，我们就可以随着生命周期的几部走。注意，这个测试样例并没有实际的测试内容。

我们调用了 getInstrumentation().callActivityOnPause(activity)和 getInstrumentation().callActivityOnStop（activity）来结束活动的生命周期。我们之前提到，生命周期结束时候，不需要调用 onDestory()，因为 tearDown()里面会自动调用它。

如果你想执行这些测试用力，你需要有个 ApiDemos.apk，把这些测试用例装在一个设备或者模拟器上，你可以使用下面的命令行：

```
$ adb -e shell am instrument -w -e class com.example.android.apis.
app.ForwardingTest com.example.android.apis.tests/android.test.
InstrumentationTestRunner
```

得到的结果如框 7.15 所示。

框 7.15

```
com.example.android.apis.app.ForwardingTest:...
Test results for InstrumentationTestRunner=...
Time: 0.614
OK (3 tests)
```

上面讲的这些用例，描述的只是在隔离环境下，写活动及其生命周期相关用例时的代码骨架。大家还可以通过注入 Mock 对象来测试活动的其他方面，比如访问系统资源文件的活动。

7.3 测试文件，数据库以及内容存储服务

对于一些测试用例来说，需要操作数据库或者内存，因此，我们需要 Mock 这些操作。比如，如果我们在一个真机上测试应用程序，一般真机上的很多系统值是很多应用共享的，因此我们希望在这种设备上真实操作数据库或者内存。

这些用例会用 RenamingDelegatingContext 类，在 andriod.test.mock 包里面，而不是 andriod.test。这个类可以 Mock 文件系统和数据库操作。构造函数中用加前缀的方式来给这些操作取名。在构造函数中，还需要实例化代理 Context，所有的其他操作都由这个 Context 代理。

假设一个被测的活动，需要将我们想控制的文件或者数据库实例化到内存中，以便驱动测试用例，但是我们又不想真正改变这些文件或者数据库，或者没有权限对真实的文件或者

数据库进行操作。这种情况下，我们创建一个 RenamingDelegatingContext，指定一下前缀。根据前缀找到 Mock 的文件 ，通过这种方式，我们可以用任何内容来驱动测试用例。被测的活动不需要变更。

保持被测活动不变，也就是不需要根据不同的数据源不停地变化的好处是什么呢？保证其所有的测试用例都有效。如果为了我们的测试用例，不停变化被测活动，我们没办法保证在真机下，活动的表现也是一样的。

我们现在来新建一个特别简单的活动，跑一下这个用例。

MockContextExampleActivity 这个活动是将一个文件的内容在 TextView 控件中显示出来。下面我们要演示的就是在通常操作下和在测试用例驱动下，这个活动展示出来的内容有什么不同。

框 7.16

```
package com.example.aatg.mockcontextexample;
import android.app.Activity;
import android.graphics.Color;
import android.os.Bundle;
import android.widget.TextView;
import java.io.FileInputStream;
public class MockContextExampleActivity extends Activity {
    public final static String FILE_NAME = "myfile.txt";
    private TextView mTv;
    /** Called when the activity is first created. */
    @Override
    public void onCreate(Bundle savedInstanceState) {
        super.onCreate(savedInstanceState);
        setContentView(R.layout.main);
        mTv = (TextView) findViewById(R.id.TextView01);
        final byte[] buffer = new byte[1024];
        try {
            final FileInputStream fis = openFileInput(FILE_NAME);
            final int n = fis.read(buffer);
            mTv.setText(new String(buffer, 0, n-1));
        } catch (Exception e) {
            mTv.setText(e.toString());
            mTv.setTextColor(Color.RED);
        }
    }
    public String getText() {
        return mTv.getText().toString();
    }
}
```

框 7.16 中就是我们简单的活动。它会读取 myfile.txt 文件，然后在 TextView 控件中展示文件的内容。如果遇到错误，也会将错误信息展示在 TextView 中。

我们需要在 myfile.txt 文件中加一点文字。下面这种方式可能是创建这个文件的最简单方式了。

框 7.17

```
$ adb shell echo "This is real data" \> \
/data/data/com.example.aatg.mockcontextexample/files/myfile.txt
$ adb shell echo "This is *MOCK* data" \> \
/data/data/com.example.aatg.mockcontextexample/files/test.myfile.txt
```

我们新建了两个不同的文件，一个名字是 myfile.txt，另一个文件是 text.myfile.txt，两个文件内容不同。后面那个里面是 Mock 的内容，如框 7.18 所示。

框 7.18 中的代码展示了如何在我们的活动测试用例中使用 Mock 数据。

框 7.18

```
package com.example.aatg.mockcontextexample.test;
import com.example.aatg.mockcontextexample.
MockContextExampleActivity;
import android.content.Intent;
import android.test.ActivityUnitTestCase;
import android.test.RenamingDelegatingContext;
public class MockContextExampleTest extends ActivityUnitTestCase<MockC
ontextExampleActivity> {
    private static final String PREFIX = "test.";
    private RenamingDelegatingContext mMockContext;
    public MockContextExampleTest() {
        super(MockContextExampleActivity.class);
    }
    protected void setUp() throws Exception {
        super.setUp();
        mMockContext = new RenamingDelegatingContext(
        getInstrumentation().getTargetContext(), PREFIX);
        mMockContext.makeExistingFilesAndDbsAccessible();
    }
    protected void tearDown() throws Exception {
        super.tearDown();
    }
    public void testSampleTextDisplayed() {
        setActivityContext(mMockContext);
        startActivity(new Intent(), null, null);
        final MockContextExampleActivity activity = getActivity();
        assertNotNull(activity);
        String text = activity.getText();
        assertEquals("This is *MOCK* data", text);
    }
}
```

因为我们想要在封闭的测试环境中使用 MockContextExampleActivity 类来注入 Mock 数据，所以，新建的 MockContextExampleTest 是继承 ActivityUnitTestCase 的，这种情况下，注入的 Mock 上下文对象，就是一个独立的 RenamingDelegatingContext。

我们用例套件中包括 Mock 上下文，mMockContext，而 RenamingDelegatingContext 可以通过调用 getInstrumentation().getTargetContext()函数来获得目标上下文对象。注意，设备执行

中的上下文和被测活动的上下文是不一样的。

下面这步是一个基本的要操作的步骤，为了能够访问现有的文件和数据库，需要在用例中调用一下 makExistingFilesAndDbsAccessible()。

然后，我们的测试函数 testSampleTextDisplayed()在 setActivitiyContext()中注入 Mock 的内容。

在你的测试用例中，通过调用 startActivity()来启动被测行为活动。而在此之前，你一定要调用 setActivityContext()函数来注入一个模拟的上下文对象。

然后，startActivity()函数会用新建好的 Intent 来唤起一个活动。被测的活动可以通过getActivity()来获得，获得之后需要判断下是否为空。

界面上 TextView 里面的内容，我们可以通过调用 getter 函数来得到，这个函数在活动类里面已经添加过。

最后，我们检查了得到的内容是不是正确的 Mock 内容，"This is MOCK* data"。这里需要重点关注的是，内容应该是测试文件中的，而不是真实文件的。

浏览器数据存储服务测试

本节的这些测试用例是从 Android 开源代码工程中获得的（AOSP）。这些测试源代码，作为浏览器的组建，可以在 http://andriod.git.kernel.org/?p=platform/packages/apps/Browser.git. 中获得。这些用例是为了测试浏览器书签内容提供者、浏览器提供者等方面，这些都是带 Android 平台的标准浏览器的一部分。

框 7.19

```
/*
 * Copyright (C) 2010 The Android Open Source Project
 *
 * Licensed under the Apache License, Version 2.0 (the "License");
 * you may not use this file except in compliance with the License.
 * You may obtain a copy of the License at
 *
 * http://www.apache.org/licenses/LICENSE-2.0
 *
 * Unless required by applicable law or agreed to in writing,
 * software
 * distributed under the License is distributed on an "AS IS" BASIS,
 * WITHOUT WARRANTIES OR CONDITIONS OF ANY KIND, either express
 * or implied.
 * See the License for the specific language governing permissions
 * and limitations under the License.
```

（续）

```
*/
package com.android.browser;
import android.app.SearchManager;
import android.content.ContentValues;
import android.database.Cursor;
import android.net.Uri;
import android.test.AndroidTestCase;
import android.test.suitebuilder.annotation.MediumTest;
import java.util.ArrayList;
import java.util.Arrays;
```

框 7.19 是第一段代码也就是一些版权说明和包的导入：

框 7.20

```
/**
* Unit tests for {@link BrowserProvider}.
*/
@MediumTest
public class BrowserProviderTests extends AndroidTestCase {
    private ArrayList<Uri> mDeleteUris;
    @Override
    protected void setUp() throws Exception {
        mDeleteUris = new ArrayList<Uri>();
        super.setUp();
    }
    @Override
    protected void tearDown() throws Exception {
        for (Uri uri : mDeleteUris) {
            deleteUri(uri);
        }
        super.tearDown();
    }
```

框 7.20 也就是第二段代码包括测试用例类的定义，这个用例类继承了 AndriodTestCase。之所以继承 AndriodTestCase 是因为 BrowserProviderTests 需要一个上下文来访问内容提供者。

框架的 setUp 函数中，新建了一个 ArrayList 类型，保存的都是 Uri，也就是访问路径。保存在这里的目的是为了在 tearDown 的时候，原路销毁所有的 uri。当然，我们还可以用一个 Mock 的内容提供者来保存所有这些路径，将测试和系统各隔离开。不过，tearDown 既然可以沿路删除已经保存的 Uri，何乐而不为呢。

重写构造函数是肯定没有必要的，AndriodTestCase 里面的构造函数是不带参数的，我们也不需要在构造函数里面初始化任何东西。

框 7.21

```
public void testHasDefaultBookmarks() {
    Cursor c = getBookmarksSuggest("");
```

（续）

```
    try {
        assertTrue("No default bookmarks", c.getCount() > 0);
    } finally {
        c.close();
    }
}
public void testPartialFirstTitleWord() {
    assertInsertQuery("http://www.example.com/rasdfe",
    "nfgjra sdfywe", "nfgj");
}
public void testFullFirstTitleWord() {
    assertInsertQuery("http://www.example.com/",
    "nfgjra dfger", "nfgjra");
}
public void testFullFirstTitleWordPartialSecond() {
    assertInsertQuery("http://www.example.com/",
    "nfgjra dfger", "nfgjra df");
}
public void testFullTitle() {
    assertInsertQuery("http://www.example.com/",
    "nfgjra dfger", "nfgjra dfger");
}
```

框 7.21 中 testHasDefaultBookmarks()这个用例，是用来测试默认书签的。在启动的时候，指针会指向所有的书签，getBookmardsSuggest("")这个函数就是获取所有书签的，参数是对书签进行筛选，传入“”表示不筛选，因此返回值是所有书签的指针。

然后，testPartialFirstTiltleWord()，testFullFirstTitleWord()，testFullFirstTitleWordPartialSecond()，以及 testFullTitle()是为了测试书签的插入功能。这些用例都是在函数中调用assertInsertQuery()函数，参数是书签 Url、标题以及索引。assertInsertQuery()这个函数会往书签提供者里面插入书签，将带标题的书签 Url 插入进去。如果插入成功，并且跟默认的书签不重复的时候，就会返回 Uri。最后，Uri 会插入到 setUp 定义的 arrayList 中，在 tearDown 中销毁掉：

框 7.22

```
// Not implemented in BrowserProvider
// public void testFullSecondTitleWord() {
// assertInsertQuery("http://www.example.com/rasdfe",
// "nfgjra sdfywe", "sdfywe");
// }
public void testFullTitleJapanese() {
    String title = "\u30ae\u30e3\u30e9\u30ea\u30fc\
u30fcGoogle\u691c\u7d22";
    assertInsertQuery("http://www.example.com/sdaga",
    title, title);
}
public void testPartialTitleJapanese() {
    String title = "\u30ae\u30e3\u30e9\u30ea\u30fc\
u30fcGoogle\u691c\u7d22";
```

（续）

```
   String query = "\u30ae\u30e3\u30e9\u30ea\u30fc";
   assertInsertQuery("http://www.example.com/sdaga",
   title, query);
}
// Test for http://b/issue?id=2152749
public void testSoundmarkTitleJapanese() {
   String title = "\u30ae\u30e3\u30e9\u30ea\u30fc\
u30fcGoogle\u691c\u7d22";
   String query = "\u30ad\u30e3\u30e9\u30ea\u30fc";
   assertInsertQuery("http://www.example.com/sdaga",
   title, query);
}
```

框 7.22 中这些测试用例跟之前展示的类似，只是 title 和 query 用的是日文。这样做是给大家建议，最好在不同的环境下测试应用程序的部件，比如，在不同的语言环境下执行应用程序。

我们的测试用例中，有几个用例是为了检查不同地域和语言环境下书签提供者配置是否正常。这些特殊的用例包括检验用日文写的书签名字。testFullTitleJapanese()、testPartialTitleJapanese()、testSoundmarkTitleJapanese()这 3 个函数是测试日文版本是否正常：

框 7.23

```
//
// Utilities
//
private void assertInsertQuery(String url, String title,
String query) {
   addBookmark(url, title);
   assertQueryReturns(url, title, query);
}
private void assertQueryReturns(String url, String title,
String query) {
   Cursor c = getBookmarksSuggest(query);
   try{
      assertTrue(title + " not matched by " + query,
      c.getCount() > 0);
      assertTrue("More than one result for " + query,
      c.getCount() == 1);
      while (c.moveToNext()) {
         String text1 = getCol(c,
         SearchManager.SUGGEST_COLUMN_TEXT_1);
         assertNotNull(text1);
         assertEquals("Bad title", title, text1);
         String text2 = getCol(c,
         SearchManager.SUGGEST_COLUMN_TEXT_2);
         assertNotNull(text2);
         String data = getCol(c,
         SearchManager.SUGGEST_COLUMN_INTENT_DATA);
         assertNotNull(data);
         assertEquals("Bad URL", url, data);
      }
```

（续）

```
    } finally {
        c.close();
    }
}
private Cursor getBookmarksSuggest(String query) {
    Uri suggestUri = Uri.parse(
    "content://browser/bookmarks/search_suggest_query");
    String[] selectionArgs = { query };
    Cursor c = getContext().getContentResolver().query(
    suggestUri, null, "url LIKE ?",selectionArgs, null);
    assertNotNull(c);
    return c;
}
private void addBookmark(String url, String title) {
    Uri uri = insertBookmark(url, title);
    assertNotNull(uri);
    assertFalse(
    android.provider.Browser.BOOKMARKS_URI.equals(uri));
    mDeleteUris.add(uri);
}
private Uri insertBookmark(String url, String title) {
    ContentValues values = new ContentValues();
    values.put("title", title);
    values.put("url", url);
    values.put("visits", 0);
    values.put("date", 0);
    values.put("created", 0);
    values.put("bookmark", 1);
    return getContext().getContentResolver().insert(
    android.provider.Browser.BOOKMARKS_URI, values);
}
private void deleteUri(Uri uri) {
    int count = getContext().getContentResolver().
    delete(uri, null, null);
    assertEquals("Failed to delete " + uri, 1, count);
}
private static String getCol(Cursor c, String name) {
    int col = c.getColumnIndex(name);
    String msg = "Column " + name + " not found, columns: "
    + Arrays.toString(c.getColumnNames());
    assertTrue(msg, col >= 0);
    return c.getString(col);
}
}
```

框 7.23 中的用例下面是几个工具函数，都是提供给测试用例使用的。之前我们简单看了下 assertInsertQuery()函数，现在我们来看下其他方法函数。assertInsertQuery()函数在调用 addBookmark()之后会调用 assertQueryReturns（url,title,query），然后验证 getBookmarksSuggest（query）返回的指针里面包含了我们期望的数据。期望值可以总结如下。

- 查询返回的书签个数大于 0。
- 查询返回的书签个数等于 1。

- 返回的对象中的书签标题不是空。
- 查询出来的书签标题跟传入的参数是一样的。
- 第二行联想书签不是空。
- 查询返回的 URL 不是空。
- 查询返回的 URL 跟传入的参数是一样的。

下面这幅简单的活动图 7.1 能够帮助我们理解这些方法之间的联系：

这个活动 UML 图描述了测试的流程，它们遵循了之前描述的基本框架。首先，外部调用 assertInsertQuery()，而 assertInsertQuery() 函数会调用 addBookmark() 和 assertQueryReturns()。然后，getBookmarkdSuggest()被调用，最后用断言来判断我们测试的条件是否满足。这里最值得炫耀的就是在工具函数中的断言工具，这些断言工具帮我们一路判断下来。

这种测试思路非常有意思，大家可以用来做参考。我们需要创建一些工具函数来帮助我们完成测试，这些工具函数内部可以有一些条件的检验，以便帮我们把握质量。

我们可以将检验的函数提取到公共区域类中，这样测试系统其他模块的用例同样也可以用到。

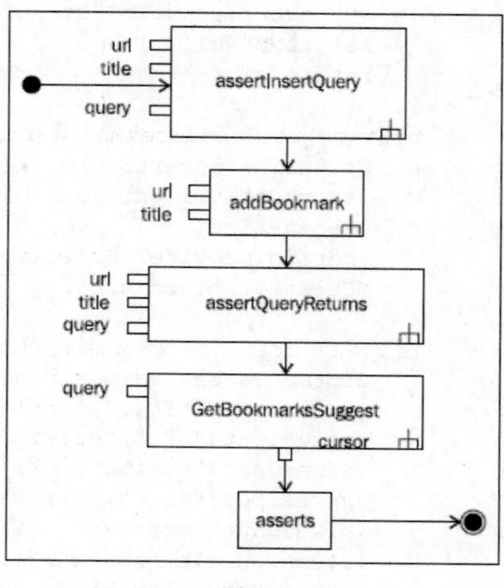

图 7.1

7.4 测试异常

记得在第一章测试入门中，我们提到：除了要测试正确逻辑的结果之外，还需要测试异常情况。

框 7.24 这段代码之前我们也展示给大家看过，这里我们进行更加深入的分析。

框 7.24

```
public final void testExceptionForLessThanAbsoluteZeroF() {
    try {
        TemperatureConverter.fahrenheitToCelsius(
        TemperatureConverter.ABSOLUTE_ZERO_F-1);
        fail();
    }
    catch (InvalidTemperatureException ex) {
        // do nothing
    }
}
public final void testExceptionForLessThanAbsoluteZeroC() {
```

（续）

```
    try {
        TemperatureConverter.celsiusToFahrenheit(
        TemperatureConverter.ABSOLUTE_ZERO_C-1);
        fail();
    }
    catch (InvalidTemperatureException ex) {
        // do nothing
    }
}
```

如果一个被测函数有可能会抛出异常，那么我们应该测试这种异常情况。最好的方式是用try-catch的方式来写测试用例，在try里面调用被测函数，然后catch预期的异常，如果没有抓住，说明跟预期不符合，执行失败。我们用之前的例子来测试下InvalidTemperature，如框7.25所示。

框 7.25

```
public void testLifeCycleCreate() {
    Forwarding activity = startActivity(mStartIntent,
    null, null);
    // At this point, onCreate() has been called,
    // but nothing else
    // Complete the startup of the activity
    getInstrumentation().callActivityOnStart(activity);
    getInstrumentation().callActivityOnResume(activity);
    // At this point you could test for various
    // configuration aspects, or you could
    // use a Mock Context to confirm that your activity has made
    // certain calls to the system and set itself up properly.
    getInstrumentation().callActivityOnPause(activity);
    // At this point you could confirm that the activity has
    // paused properly, as if it is
    // no longer the topmost activity on screen.
    getInstrumentation().callActivityOnStop(activity);
    // At this point, you could confirm that the activity
    // has shut itself down appropriately,
    // or you could use a Mock Context to confirm that your
    // activity has released any system
    // resources it should no longer be holding.
    // ActivityUnitTestCase.tearDown(), which is always
    // automatically called, will take care
    // of calling onDestroy().
}
```

7.5 测试本地和远程服务

这一节的例子仍然是出自 ApiDemos 样本程序（http://developer.andriod.com/resources/samples/ApiDemos/index.html）。

测试思路是我们继承 ServiceTestCase<Service>类在一个可控背景环境下测试一个服务。

框 7.26

```
/*
 * Copyright (C) 2008 The Android Open Source Project
 *
 * Licensed under the Apache License, Version 2.0 (the "License");
 * you may not use this file except in compliance with the License.
 * You may obtain a copy of the License at
 *
 * http://www.apache.org/licenses/LICENSE-2.0
 *
 * Unless required by applicable law or agreed to in writing,
 * software
 * distributed under the License is distributed on an "AS IS" BASIS,
 * WITHOUT WARRANTIES OR CONDITIONS OF ANY KIND, either express or
 * implied.
 * See the License for the specific language governing permissions
 * and limitations under the License.
 */
package com.example.android.apis.app;
import android.app.Notification;
import android.app.NotificationManager;
import android.content.Context;
import android.content.Intent;
import android.os.Handler;
import android.os.IBinder;
import android.test.MoreAsserts;
import android.test.ServiceTestCase;
import android.test.suitebuilder.annotation.MediumTest;
import android.test.suitebuilder.annotation.SmallTest;
```

框 7.26 是第一段代码，只是一些版权声明和包的导入。

框 7.27

```
/**
 * This is a simple framework for a test of a Service.
 * See {@link android.test.ServiceTestCase
 * ServiceTestCase} for more information on how to write and
 * extend service tests.
 *
 * To run this test, you can type:
 * adb shell am instrument -w \
 * -e class com.example.android.apis.app.LocalServiceTest \
 * com.example.android.apis.tests/android.test.
 * InstrumentationTestRunner
 */
public class LocalServiceTest extends ServiceTestCase<LocalService> {
    public LocalServiceTest() {
        super(LocalService.class);
    }
```

框 7.27 中我们写了一个不带参数的构造函数，就像之前的例子一样，在构造函数内部调用父类里面的构造函数，传入的参数是 LocalService 类。

框 7.28

```
@Override
protected void setUp() throws Exception {
    super.setUp();
}
```

框 7.28 中的 SetUp()函数，没有初始化任何特别的东西，仅仅是调用了一下父类的 setUp()，tearDown()也一样。

框 7.29

```
/**
* The name 'test preconditions' is a convention to signal that
* if this
* test doesn't pass, the test case was not set up properly and
* it might
* explain any and all failures in other tests. This is not
* guaranteed to run before other tests, as junit uses
* reflection to find the tests.
*/
@SmallTest
public void testPreconditions() {
}
```

框 7.29 中 testPreconditions()函数是一个空函数，在这里，不需要提前准备任何东西。

框 7.30

```
/**
* Test basic startup/shutdown of Service
*/
@SmallTest
public void testStartable() {
    Intent startIntent = new Intent();
    startIntent.setClass(getContext(), LocalService.class);
    startService(startIntent);
}
/**
* Test binding to service
*/
@MediumTest
public void testBindable() {
    Intent startIntent = new Intent();
    startIntent.setClass(getContext(), LocalService.class);
    IBinder service = bindService(startIntent);
}
}
```

框 7.30 中构造函数跟其他情况类似，会把服务类作为参数传给父类构造函数。紧接着就是 testStartable()用例。这个用例上面有 SmallTest 标签，作为测试用例的类别。在 testStartable()里面，我们把要测试的服务类和设备上下文都设置给新建的 Intent 对象。在执行的时候，所有的服务都依赖于上下文，而应用的上下文又是跟外部隔离开的，所以需要用到外面的元素，可以使用设备上下文帮助注入。框架可以让你注入修改、Mock 或者替换所依赖的外部环境，做一个货真价实的单元测试。

我们简单地执行下上面那样的用例，被测服务将会被注入一个全功能的上下文，以及一个生成的 MockApplication 对象。

然后，我们用 startServce（startIntent）方法来启动服务，这种启动方式跟 Context.startService()方式是一样的，我们需要传入 Intent 参数。如果你用 startService（startIntent）来启动服务，服务将会在 tearDown()种自动停止。

另一个测试用例，testBindable()，归类为 MediumTest，测试的是被测服务是否能被找到。这个测试用例用 bindService（startIntent），传入 startIntent 参数，这种方式跟 Context.bindService()有异曲同工之效，会启动被测服务。这两种方式都会返回被测服务，外部可以和被测服务进行交互。如果客户端没有跟被测服务绑定，那么返回一个空指针。测试用例最好对返回值做一下非空判断，assertNotNull（service），这样就可以确保客户端绑定了正确的服务。在写类似的测试用例的时候，也确保包含了这种结果校验。

返回的 IBinder 对象通常是一个复杂的接口，用 AIDL（Android 接口定义语言）来描述。通过 AIDL 定义的接口可以实现服务器端与客户端的 IPC 通信。在 Android 上，一个进程不能简单的像访问本进程内存一样访问其他进程的内存。所以，进程间想要对话，需要将对象拆解为操作系统可以理解的基本数据单元，并且有序的通过进程边界。通过代码来实现这个数据传输过程是冗长乏味的，所幸的是 Android 提供了 AIDL 工具来帮我们完成了此项工作。为了测试这种接口，你的服务必须提供 getService()方法，类似 samples.ApiDemos.app.LocalService 里面实现逻辑一样，如框 7.31 所示。

框 7.31

```
/**
* Class for clients to access. Because we know this service
* always runs in the same process as its clients,
* we don't need to deal with IPC.
*/
public class LocalBinder extends Binder {
    LocalService getService() {
        return LocalService.this;
    }
}
```

7.6 Mock 对象的用途拓展

在前面几节，我们描述并学会使用 AndroidSDK 中自带的 Mock 类。虽然说这些 Mock 类可以覆盖绝大多数咱们需要的用例场景，但是我们可能还会需要其他一些 Mock 类来完成咱们的测试用例。

目前业界提供了多种 Mock 框架来满足测试工作的需求，但是我们这里只聊 Android 应用最多的 EasyMock 框架。

这不是 EasyMock 使用指南。我们只是简单分析一下它在 Android 工程中的用法，因此，如果你对 EasyMock 的基本情况不了解，推荐你去看一下它的官方网站上的文档。

EasyMock，是一个基于 Apache2.0 协议的开源软件项目，主要为接口提供 Mock 对象。对于测试驱动开发的研发模式来说，它是一个非常完美的选择。它支持反射机制，可以录制预期，动态生成 Mock 对象。即使重命名函数或者改变函数的属性，测试代码还可以继续执行。

根据 EasyMock 的帮助文档，它最明显的优势有以下几点。

- 不需要再去手写 Mock 对象的代码了。
- Mock 对象支持安全反射。重命名函数或者重新排列参数次序的时候，测试用例在执行过程中不需要停下来。
- 支持 mock 对象返回值或者异常。
- 对于一个或者多个 mock 对象，支持 mock 对象的调用次序的检查。

下面我们就扩展一下先前的测试用例，来给大家演示下 easyMock 的用法，在后面写其他用例的时候就可以用到了。

之前的 TemperatureConverter 样例，我们打算基于 EditText 新建一个 EditNumber 类，这个类对应一个文本输入框，只允许输入带小数点的数字，EditNumber 用到了 InputFilter 来实现这一特点。在下面的用例中，我们将要执行这个 filter，并验证这个特点是否实现正确。

在新建这个测试用例的时候，我们要用到一个属性，这个属性是 EditNumber 从 EditText 中继承过来的，这个属性可以添加一个监听器，也就是一个 TextWatcher，当 EditText 输入框中的内容发生变化的时候，监听器就会调用相应的监听函数。这个 TextWatcher 可以用来配合实现测试用例，有一种方式是我们自己来单独实现这个监听器，但是这个比较烦，而且实现过程可能会引入 bug，因此我们决定采用 easyMock 工具，这样就绕过来自己写代码的过程。

在些本书的时候，支持 Android 的最新 easyMock 版本是 2.5.2。如果你用其他的版本，有可能会遇到一些问题。

也就是说，文本框发生变化的时候，我们是用一个 mock 的 TestWatcher 来检查函数唤起功能。

我们首先要做的是将 easymock-2.5.2.jar 加入到测试工程中去。下面的截图演示了如何将 easymock 的 JAR 包加入到测试工程的 Java Build Path 中，如图 7.2 所示。

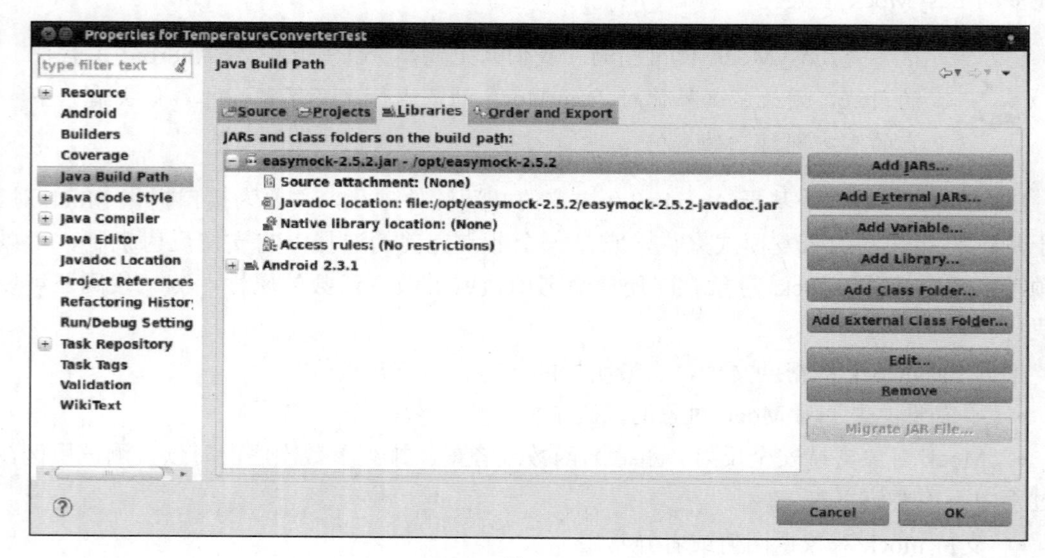

图 7.2

要在测试用例中使用 easyMock，我们只需要静态导入 org.easymockEasyMock 包中的函数，也就是 easyMock2 中非过时的内部方法：

```
Import static org.easymock.EasyMock.*;
```

这里最好使用具体要 import 的内容，而不是通配符，然而，Eclipse 不会自动导入需要引用的静态元素。如果我们在设置导入配置里使用 Source|Organize Imports 或者快捷键 shift+ctrl+O，Eclipse 就会自动导入具体需要导入的静态元素。

7.6.1 导入相关的 lib

我们已经将 EasyMock 包导入到测试工程的编译路径中了。但是经常碰到另一个问题是，有时候编译的时候经常报错说生成最终的 APK 失败，问题根源在这里，如框 7.32 所示。

框 7.32

```
[2010-10-28 01:12:29 - TemperatureConverterTest] Error generating final archive:
duplicate entry: LICENSE
```

这个问题的出现取决于你工程中依赖多少 lib 包，它们都是什么。大多数开源的包都有一个共同的内容，由自由软件工程提供的 GNU，包括一些文件，比如：执照、注意、版本变更、版权、安装指南等。如果我们要在一个工程中引入多个包来一起编译一个 APK，我们可以在这些文件里找找解决方法。

这个问题的解决方案就是重命名这些文件，然后重新打包 lib 内容；比如，license 文件可以重命名为 license.<library>。推荐大家加 lib 库做为后缀，方便以后对比找到变更点。

重命名文件，有下面几个步骤需要做：

```
$ mkdir mylib-1.0
$ (cd mylib-1.0; jar xf /path/to/mylib-1.0.jar)
$ mv mylib-1.0/META-INF/LICENSE mylib-1.0/META-INF/LICENSE.mylib
$ mv mylib-1.0/META-INF/NOTICE mylib-1.0/META-INF/NOTICE.mylib
$ (cd mylib-1.0; jar cf /path/to/mylib-1.0-android.jar .)
```

思路就是将普通的文件名变成带 lib 库后缀的文件名，这样就不会出现重名的问题。

7.6.2 文本框联动变化的测试

文本框联动变化测试，将会操作 EditNumber 行为，mock 的 TestWatcher 会调用响应函数，检查函数执行结果。

我们用 AndriodTestCase，因为我们希望在测试 EditNumber 的时候，跟其他部件或者活动隔离开。

这个测试用例定义了两个 String 数组：sai 和 sar。Sai 表示输入值数组，sar 表示输出值数组。你可能已经猜到了，sai 保存了所有文本框准备输入的数据，然后 sar 就是预期的输出值。这个输出值是输入值经过 filter 之后的响应输出。

在真实测试代码编写的时候，大家取变量名尽量描述清楚，但是本文为了节省篇幅，变量命名采用比较短的名字。saInput 和 siResult 这样的名字就可以的，如框 7.33 所示。

框 7.33

```
/**
* Test method for {@link com.example.aatg.tc.EditNumber}.
* Several input strings are set and compared against the
* expected results after filters are applied.
* This test use {@link EasyMock}
*/
public final void testTextChanged() {
   final String[] sai = new String[] {
```

```
        null, "", "1", "123", "-123", "0", "1.2", "-1.2",
        "1-2-3", "+1", "1.2.3" };
    final String[] sar = new String[] {
        "", "", "1", "123", "-123", "0", "1.2", "-1.2",
        "123", "1", "12.3" };
    // mock
    final TextWatcher watcher = createMock(TextWatcher.class);
    mEditNumber.addTextChangedListener(watcher);
    for (int i=1; i < sai.length; i++) {
        // record
        watcher.beforeTextChanged(stringCmp(sar[i-1]), eq(0),
        eq(sar[i-1].length()), eq(sar[i].length()));
        watcher.onTextChanged(stringCmp(sar[i]), eq(0),
        eq(sar[i-1].length()), eq(sar[i].length()));
        watcher.afterTextChanged(stringCmp(
        Editable.Factory.getInstance().newEditable(sar[i])));
        // replay
        replay(watcher);
        // exercise
        mEditNumber.setText(sai[i]);
        // test
        final String actual = mEditNumber.getText().toString();
        assertEquals(sai[i] + " => " + sar[i] + " => " + actual,
        sar[i], actual);
        // verify
        verify(watcher);
        // reset
        reset(watcher);
    }
}
```

我们一开始创建 sai 和 sar。就像之前解释的那样，这两个变量分别保存了输入值和预期输出。然后，我们通过 createMock（TextWatcher.class）创建了一个 mock 的 TextWatcher，并把它分配给 mEditNumber，也就是套件中的元素 mEditNumber，用来监听它的一举一动。

然后，新建了一个循环来遍历每个 sai 的元素。接下来，我列举出使用 mock 对象需要的几个关键步骤。

- 用 createMock()、createNiceMock()或者 createStrictMock()来创建一个 mock 对象。
- 录制预期行为；这里所有被调用到的方法都会被录制下来。
- 针对需要 Mock 的内容，将录制的行为改写后重放，使得行为表现得跟 Mock 目的一致。
- 通过调用被测类的函数，来训练 Mock 的内容。
- 用断言的方式来判断执行结果是否符合预期，对于简单的用例，这一步可以省略。
- 校验后面的行为是否正确。如果不是预期，我们将会抛出异常。
- 对于 Mock 对象，我们可以重置它的状态，以便反复使用。

在录制这一步，我们会在 Mock 对象中声明所有需要使用到的函数，声明函数的时候都需要带一些原始参数。对于这些入参，我们有对比校验器。

至于对比，我们会用到这个比较特别的 Comparator,strCmp()，因为我们需要对比 Android 中不同的类的 String 内容，比如：Editable，CharSequence,String 等。

另一个对比工具，eq()，它只能对比 int 型数据，看调用的 int 是否跟预期相等。Eq()这个函数是由 EasyMock 提供的，可以用来对比正整数和对象，但是我们会需要 stringCmp()来支持 Android 里面一些特殊的用法。

EasyMock 有一个预定义的监听器可以帮助我们创建自己的对比校验器，如框 7.34 所示。

框 7.34

```
public static <T> T cmp(T value, Comparator<? super T>
comparator, LogicalOperator operator)
```

这个 cmp 对比方法会利用操作符、对比校验器来对比。Operator 就是操作符，comparator 是一般的用来对比某种类型的对比函数，value 就是预期值。这个对比方法不仅可以对比两个数值是否相等，还可以对比两个数值是否是<,<=,>,>=或者==。

你可能已经意识到，这些对比操作在测试用例中经常用到，而且这块的对比很容易出错，为了更加简单，我们借助另一个叫作 StringComparator 类，如框 7.35 所示。

框 7.35

```
public static final class StringComparator<T> implements
Comparator<T> {
    /* (non-Javadoc)
 * @see java.util.Comparator#compare(
 java.lang.Object, java.lang.Object)
 *
 * Return the {@link String} comparison of the arguments.
 */
    @Override
    public int compare(T object1, T object2) {
        return object1.toString().compareTo(object2.toString());
    }
}
```

StringComparator 类实现了 Comparator<T>接口，这个接口拥有一个叫 compare()的虚函数。我们实例化这个函数，函数将传入的两个对象转换成为 String 类型，并将对比结果作为结果返回出去。注意，这里 compareTo（String string）函数的功能是将两个统一字符码的字符串作比较。它的返回结果形式如下。

- 如果字符串完全相同，顺序也一样的话，返回 0。
- 在统一字符码下，从左到右，第一个不相等的字符，如果第一个字符串比第二个字符串要小，或者说要短的情况下，返回负数。
- 在统一字符码下，从左到右，第一个不相等的字符，如果第一个字符串比第二个字符串要大，或者说字符串要长的情况下，返回正数。

我们还可以用 EasyMock.cmp()的对比方法，但是为了进一步简化使用，我们创建一个新的静态的 stringCmp 函数，如框 7.36 所示。

框 7.36

```
/**
 * Return {@link EasyMock.cmp} using a {@link StringComparator} and
 * {@link LogicalOperator.EQUAL}
 *
 * @param <T> The original class of the arguments
 * @param o The argument to the comparison
 * @return {@link EasyMock.cmp}
 */
public static <T> T stringCmp(T o) {
    return cmp(o, new StringComparator<T>(), LogicalOperator.EQUAL);
}
```

这个方法会调用 EasyMock.cmp()，用到了具体的对比模板，并将操作符定好是 Equal，相等操作符。

这样，用起来就方便多了：

```
watcher.beforeTextChanged(stringCmp(sar[i-1]), …
```

7.6.3 Hamcrest 库介绍

之前提到了一些好用的对比方法，不过 hamcrest，一个专门提供对比函数的库，提供了更多更方便的方法，本节将重点介绍 hamcrest 库。Hamcrest 库允许用户自定义对比的规则，适用于其他的架构，同样为 EasyMock2 提供一些改编方法。

下面我们用 hamcrest 库的方法再来对比下先前的例子。在用 hamcrest 之前，我们需要在 JAVA BUILD PATH 中将它添加进去。

例子中用到的是 hamcrest-1.2，这是最新发布的版本。我们这里用到的不是 hamcrest-1.2-all.jar，而是个别模块以及之前描述的方法，这样做的目的是为了避免几个许可证发生冲突。

Hamcrest 库包可以从 http://code.google.com/p/hamcrest 中下载。你需要包含下面几个 JAR 包：

- Hamcrest-core；
- Hamcrest-library；
- Hamcrest-integration。

添加 hamcrest 库之后，项目属性截图如图 7.3 所示。

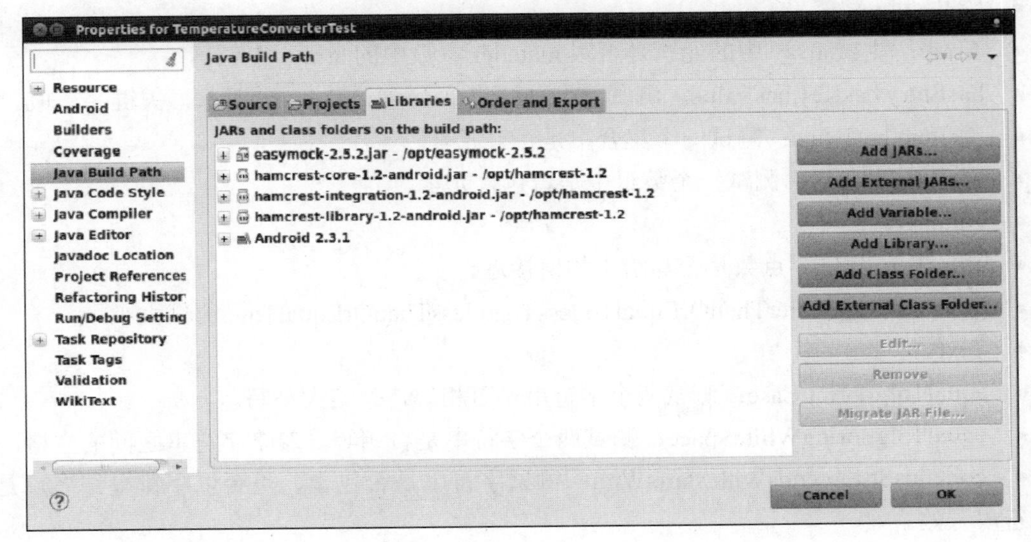

图 7.3

7.6.3.1 Hamcrest 对比函数

Hamcrest 库中有大量有用的对比函数。这里是一些最常用到的。

- Core。
- Anything：永远返回匹配上的结果；这个在 Mock 的时候，你不在乎真实值是多少的时候用。
- Described As：这是在匹配失败的时候，加一些修饰语言的描述。
- Is：用来修饰代码，提高可读性。
- Logical。
- allOf：短循环，当里面所有对比其都匹配上，返回 true。（类似 Java 中的&&）。
- anyOf：当所有对比中有一个匹配上，返回 true。（类似 Java 中的||）。
- not：匹配的结果取反。
- Object。
- equalTo：用 Object.equals 来测试被测对象是否相等。
- hasToString：测试 Object.toString。
- instanceOf, isCompatibleType：测试数据类型。
- notNullValue，nullValue：测试是否为空。
- sameInstance：测试对象的类型。
- Beans。

- hasProperty：测试 JavaBeans 的属性。
- Collections。
- Array：测试 array 中的元素是否跟 matcher 参数中的 array 相等。
- hasEntry,hasKey,hasValue：测试一个 map 是否包含一个 entry 对象，关键字，值。
- hasItem,hasItems：测试一个集合中是否有元素。
- hasItemInArray：测试一个数组中是否包含元素。
- Number。
- closeTo：测试浮点数是否与给出的值接近。
- greaterThan,greaterThanOrEqualTo,lessThan,lessThanOrEqualTo：测试大小。
- Text。
- equalToIgnoringCase：测试两个字符串是否相等，忽略大小写。
- equalToIgnoringWhiteSpace：测试两个字符串是否相等，忽略字符串之间的空格。
- containsString,endsWith,startsWith：测试字符串是否包含，是否以字符串结尾，是否以字符串开始。

7.6.3.2 hasToString 对比函数

接下来，我们就要新建一个自己的匹配函数来代替之前的stringCmp()。EasyMock2Adapter 就是 hamcrest 库提供的改写类，如框 7.37 所示。

框 7.37

```
import org.hamcrest.integration.EasyMock2Adapter;
import org.hamcrest.object.HasToString;
/**
* Create an {@link EasyMock2Adapter} using a
* {@link HasToString.hasToString}
*
* @param <T> The original class of the arguments
* @param o The argument to the comparison
* @return o
*/
public static <T> T hasToString(T o) {
    EasyMock2Adapter.adapt(
    HasToString.hasToString(o.toString()));
    return o;
}
```

这个匹配方法的实现，还需要下面几个步骤。需要将 testTextChanged()方法中用到 stringCmp()的地方替换成新建的这个对比方法，如框 7.38 所示。

框 7.38

```
// record
watcher.beforeTextChanged(hasToString(sar[i-1]), eq(0),
```

```
    eq(sar[i-1].length()), eq(sar[i].length()));
    watcher.onTextChanged(hasToString(sar[i]), eq(0),
    eq(sar[i-1].length()), eq(sar[i].length()));
    watcher.afterTextChanged(hasToString(
    Editable.Factory.getInstance().newEditable(sar[i])));
```

7.7 对视图进行独立测试

我们这里分析的测试用例，也是属于 ApiDemos 工程的。它给大家演示了在行为活动本身不被隔离的情况下，如何测试组成界面视图中的属性元素。我们下面来测试元素的聚焦。

为了避免要创建一个完整的行为活动，我们的测试用例需要 AndriodTestCase，见框 7.39 所示。

框 7.39

```
/*
 * Copyright (C) 2008 The Android Open Source Project
 *
 * Licensed under the Apache License, Version 2.0 (the "License");
 * you may not use this file except in compliance with the License.
 * You may obtain a copy of the License at
 *
 * http://www.apache.org/licenses/LICENSE-2.0
 *
 * Unless required by applicable law or agreed to in writing,
 * software distributed under the License is distributed on an
 * "AS IS" BASIS, WITHOUT WARRANTIES OR CONDITIONS OF ANY KIND,
 * either express or implied.
 * See the License for the specific language governing permissions
 * and limitations under the License.
 */
package com.example.android.apis.view;
import com.example.android.apis.R;
import android.content.Context;
import android.test.AndroidTestCase;
import android.test.suitebuilder.annotation.SmallTest;
import android.view.FocusFinder;
import android.view.LayoutInflater;
import android.view.View;
import android.view.ViewGroup;
import android.widget.Button;
```

框 7.39 跟之前的例子一样，这里先给出的是版权和导入的包：

框 7.40

```
/**
* This exercises the same logic as {@link Focus2ActivityTest} but in
* a lighter weight manner; it doesn't need to launch the activity,
```

```
 * and it can test the focus behavior by calling {@link FocusFinder}
 * methods directly.
 *
 * {@link Focus2ActivityTest} is still useful to verify that, at an
 * end to end level, key events actually translate to focus
 * transitioning in the way we expect.
 * A good complementary way to use both types of tests might be to
 * have more exhaustive coverage in the lighter weight test case,
 * and a few end to end scenarios in the functional {@link
 * android.test.ActivityInstrumentationTestCase}.
 * This would provide reasonable assurance that the end to end
 * system is working, while avoiding the overhead of
 * having every corner case exercised in the slower,
 * heavier weight way.
 *
 * Even as a lighter weight test, this test still needs access to a
 * {@link Context} to inflate the file, which is why it extends
 * {@link AndroidTestCase}.
 *
 * If you ever need a context to do your work in tests, you can
 * extend {@link AndroidTestCase}, and when run via an {@link
 * android.test.InstrumentationTestRunner},
 * the context will be injected for you.
 *
 * See {@link com.example.android.apis.app.ForwardingTest} for
 * an example of an Activity unit test.
 *
 * See {@link com.example.android.apis.AllTests} for
 * documentation on running
 * all tests and individual tests in this application.
 */
public class Focus2AndroidTest extends AndroidTestCase {
```

之前提到，测试用例继承 AndriodTestCase 而不是 ActivityInstrumentationTestCase<Activity>的目的是尽量想做的轻量级一些。或许你可能想到用 TestCase 更加轻量级，但是因为我们需要用到上下文中的 LayoutInflater 来填充 xml 界面配置，TestCase 中没有，而 andriodTextCase 却可以提供，因此框 7.40 继承的是 andriodTestCase。

框 7.41

```
private FocusFinder mFocusFinder;
private ViewGroup mRoot;
private Button mLeftButton;
private Button mCenterButton;
private Button mRightButton;
@Override
protected void setUp() throws Exception {
    super.setUp();
    mFocusFinder = FocusFinder.getInstance();
    // inflate the layout
    final Context context = getContext();
    final LayoutInflater inflater = LayoutInflater.from(context);
```

```
    mRoot = (ViewGroup) inflater.inflate(R.layout.focus_2, null);
    // manually measure it, and lay it out
    mRoot.measure(500, 500);
    mRoot.layout(0, 0, 500, 500);
    mLeftButton = (Button) mRoot.findViewById(R.id.leftButton);
    mCenterButton = (Button)
    mRoot.findViewById(R.id.centerButton);
    mRightButton = (Button) mRoot.findViewById(
    R.id.rightButton);
}
```

在框 7.41 中，这个框架 setUp 函数做了下面几件事情。

■ FocusFinder 这个类提供了一个算法可以找到下一个聚焦的视图。它就提供了一个模式，我们只需要调用 FocusFinder.getInstance()就可以获得聚焦的元素的指针。这个类提供了几个方法，可以帮助我们找到可聚焦、可触摸的元素，按照一定的方向、条件或者范围，找到最近的符合条件的元素。

■ 然后，我们得到 LayoutInflater 类，将被测的界面填充好。

■ 有一件事我们需要考虑，就是我们的测试是跟系统某些部件隔离的，因此，我们需要手工去测量和布局界面元素。

■ 然后，我们找到视图模式，将匹配的视图分配到界面元素上。

框 7.42

```
/**
 * The name 'test preconditions' is a convention to signal
 * that if this test doesn't pass, the test case was not
 * set up properly and it might explain any and all failures
 * in other tests. This is not guaranteed to run before
 * other tests, as junit uses reflection to find the tests.
 */
@SmallTest
public void testPreconditions() {
    assertNotNull(mLeftButton);
    assertTrue("center button should be right of left button",
    mLeftButton.getRight() < mCenterButton.getLeft());
    assertTrue("right button should be right of center button",
    mCenterButton.getRight() < mRightButton.getLeft());
}
```

当框架都设置好了，我们开始写准备函数的校验了，也就是 testPreconditions，之前提到过，见框 7.42。不过呢，因为框架是通过反射机制来找测试用例的，用例之间的执行顺序保证不了，因为所有的测试用例都是用 test 开头，但是没有顺序。对于框架来说所有的用例都是一样的。

事前检查工作包括了屏幕上周边相关元素的布局位置。因此在这个用例中，父类的边缘坐标需要被用到。

前面一章，我们列举了所有库中可用的断言，你可能还记得视图位置的断言，我们有一整套断言类，ViewAsserts 类。不过，这取决于布局的定义方式，如框 7.43 所示。

框 7.43

```
@SmallTest
public void
testGoingRightFromLeftButtonJumpsOverCenterToRight() {
    assertEquals("right should be next focus from left",
    mRightButton, mFocusFinder.findNextFocus(
    mRoot, mLeftButton, View.FOCUS_RIGHT));
}
@SmallTest
public void testGoingLeftFromRightButtonGoesToCenter() {
    assertEquals("center should be next focus from right",
    mCenterButton, mFocusFinder.findNextFocus(
    mRoot, mRightButton, View.FOCUS_LEFT));
}
}
```

testGoingRightFromLeftButtonJumpsOverCenterToRight()函数，跟它的名字一样，测试的是当焦点从右边按钮转移到左边按钮的时候，焦点的位置。要达到这个目的，setUp()函数中用到了 FocusFinder 类来获得焦点。这个类中 findNextFocus()方法是用来获得在指定方向上，预测下一个获得焦点的元素。获得的最后结果会跟我们的预期做对比。

同样，testGoingLeftFromRightButtonGoesToCenter()，测试焦点往另一个方向移动。

7.8　对转化器的测试

很多情况下，被测的应用程序需要用到外部 XML，JSON 信息，或者从 Web 上获得的别的服务。我们需要用到这些文档内容跟本地应用和服务作数据交换。也有很多场景下，需要把本地应用产生的 XML 或者 JSON 文档传送到服务器上。理想情况下，这些活动唤起的处理函数会在一个孤立的环境下测试，有真实的单元测试。在测试过程中，我们需要 mock 一些文件放在 APK 里面来达到这个测试的目的。

那么，问题来了，mock 的文件放在哪里呢？

下面我们来找找看。

7.8.1　Android 资源

我们用 AndroidSDK 文档中有一段关于资源的定义，作为本节的开场白，见框 7.44。

框 7.44

resources”和“assets”的区别可不仅仅是表面含义上。通常，你会更多利用 resources 来存储外部数据内容。它们之间的本质区别是，用“resources”目录来存放的东西，可以通过 R 类来访问，很轻松简单，R 文件就是 Android 工程编译出来的类。然而，如果你用 assets 来存放的东西，只能获得它原始格式的内容，如果要读里面的数据，你还需要用 AssetManager 类来解析里面的字符流。因此，把文件和数据放在 res/也就是 resources 里，是为了访问更便捷。

很明显，资源就是我们用来保存文件的地方，用来保存测试转换的资源。

因此，我们的 XML 和 JSON 文件都放在一个 assets 文件夹下，这个文件夹的内容在编译的时候不会发生变化，因此在测试执行或者应用启动的时候，可以访问他们原始的内容。

值得注意的是，我们需要把文件放在测试工程的 asset 文件夹里面，因为它们不是应用程序的一部分，我们不需要把它们打包在一起。

7.8.2 行为转换

这里有一个特别简单的例子来给大家演示下行为转换。我们的行为是从一个服务器上获得一个 XML 或者 JSON 文件，然后处理转换。我们假设已经有了这个 parseXML 函数，如框 7.45 所示：

框 7.45

```
package com.example.aatg.parserexample;
import org.xmlpull.v1.XmlPullParser;
import org.xmlpull.v1.XmlPullParserFactory;
import android.app.Activity;
import android.os.Bundle;
import java.io.InputStream;
import java.io.InputStreamReader;
public class ParserExampleActivity extends Activity {
    /** Called when the activity is first created. */
    @Override
    public void onCreate(Bundle savedInstanceState) {
        super.onCreate(savedInstanceState);
        setContentView(R.layout.main);
    }
    public String parseXml(InputStream xml) {
        try {
            XmlPullParserFactory factory =
            XmlPullParserFactory.newInstance();
            factory.setNamespaceAware(true);
            XmlPullParser parser = factory.newPullParser();
            parser.setInput(new InputStreamReader(xml));
            int eventType = parser.getEventType();
            StringBuilder sb = new StringBuilder();
            while (eventType != XmlPullParser.END_DOCUMENT) {
                if(eventType == XmlPullParser.TEXT) {
                    sb.append(parser.getText());
                }
```

```
            eventType = parser.next();
        }
        return sb.toString();
    }
    catch (Exception e) {
        // TODO Auto-generated catch block
        e.printStackTrace();
    }
    return null;
  }
}
```

这是一个超级简单的行为样例，仅仅包含了一个处理函数，就是为了说明 asserts 的用法。真实的应用程序看上去会非常不一样，因为你的转换函数可能会作为一个外部类来实现，而转换的函数可以在隔离的环境下测试，并且在后面阶段再继承进来。

7.8.3 针对转化的测试

这个测试用例实现了对 parseExampleActivity 类的测试类 ActivityInstrumentationTestCase2，见框 7.46 所示。

框 7.46

```
package com.example.aatg.parserexample.test;
import com.example.aatg.parserexample.ParserExampleActivity;
import android.test.ActivityInstrumentationTestCase2;
import java.io.IOException;
import java.io.InputStream;
public class ParserExampleActivityTest extends
ActivityInstrumentationTestCase2<ParserExampleActivity> {
    public ParserExampleActivityTest() {
        super(ParserExampleActivity.class);
    }
    protected void setUp() throws Exception {
        super.setUp();
    }
    protected void tearDown() throws Exception {
        super.tearDown();
    }
    public final void testParseXml() {
        ParserExampleActivity activity = getActivity();
        String result = null;
        try {
            InputStream myxml = getInstrumentation().getContext().
            getAssets().open("my_document.xml");
            result = activity.parseXml(myxml);
        } catch (IOException e) {
            fail(e.getLocalizedMessage());
```

```
        }
        assertNotNull(result);
    }
}
```

这里所有的函数都是用默认的实现方式，除了 testParseXML()，我们要关注的也是这个函数。首先，通过调用 getActivity()函数来获得活动对象。然后，获得 InputStream 对象，通过 getInstrumentation().getContext().getAsserts 从 assets 中打开 my_document.xml 文件。注意 Context 上下文是从测试包中获取的，而不是从被测应用中获取的上下文。

接下来，用最新获得的 InputStream 来调用 parseXML()函数。如果说这里抛了异常，用例就会调用 fail()函数来停止测试，以失败告终。如果一切执行正常，那么我们得到的结果就不是空的。

我们现在准备一下测试要用到的 XML 文件，名字叫 my_document.xml，它的内容如框 7.47 所示。

框 7.47

```
<?xml version="1.0" encoding="UTF-8"?>
<!-- place this file in assets/my_document.xml -->
<my>This is my document</my>
```

7.9 对内存泄露的测试

有时候，被测目标的内存耗用量是衡量性能的一个重要方面，包括行为活动、服务、内容提供者或者其他部件，都有内存耗用量这个属性。

为了达到这一测试目的，我们可以写一个测试用例，循环调用另一个测试用例，如框 7.48 所示。

框 7.48

```
Public final void assertNotInLowMemoryCondition() {
    //Verification: check if it is in low memory
    ActivityManager.MemoryInfo mi = new
    ActivityManager.MemoryInfo();
    ((ActivityManager)getActivity().getSystemService(
    Context.ACTIVITY_SERVICE)).getMemoryInfo(mi);
    assertFalse("Low memory condition", mi.lowMemory);
}
```

可以在另一个被调的测试用例中写这个断言。在这个测试用例里面，一开始，就先从 ActivityManager 那通过 getMemryInfo()函数获得 MemoryInfo，然后用 getSystemService()获取实例。如果系统认为此时内存还维持在一个低占用的水平，lowMemory 的值就是 true。

有一些场景下，我们希望更加深入测试资源占用情况，可以从进程表中获得更多更详细的信息。

新建另一个帮助获得进程信息的函数，然后在测试用例中使用，如框 7.49 所示。

框 7.49

```
public final String captureProcessInfo() {
    String cmd = "ps";
    String memoryUsage = null;
    int ch; // the character read
    try {
        Process p = Runtime.getRuntime().exec(cmd);
        InputStream in = p.getInputStream();
        StringBuffer sb = new StringBuffer(512);
        while ((ch = in.read()) != -1) {
            sb.append((char) ch);
        }
        memoryUsage = sb.toString();
    } catch (IOException e) {
        fail(e.getLocalizedMessage());
    }
    return memoryUsage;
}
```

为了获得这一信息，可以用 Runtim.exec()这个命令，这个例子用的是 ps，你可以自行选择。命令执行后，会以 string 的形式返回结果。测试用例中，我们将返回的结果打印在 logs 里面或者后面将获得的内容处理下。

通过 log 打印输出的代码如下：

```
Log.d(TAG, captureProcessInfo());
```

测试用例执行好了之后，可以看到进程详细结果是这样的，如框 7.50 所示。

框 7.50

```
11-12 21:10:29.182: DEBUG/ActivityTest(1811): USER PID PPID VSIZE RSS
WCHAN PC NAME
11-12 21:10:29.182: DEBUG/ActivityTest(1811): root 1 0 312 220 c009b74c
0000ca4c S /init
11-12 21:10:29.182: DEBUG/ActivityTest(1811): root 2 0 0 0 c004e72c
00000000 S kthreadd
11-12 21:10:29.182: DEBUG/ActivityTest(1811): root 3 2 0 0 c003fdc8
00000000 S ksoftirqd/0
11-12 21:10:29.182: DEBUG/ActivityTest(1811): root 4 2 0 0 c004b2c4
00000000 S events/0
11-12 21:10:29.182: DEBUG/ActivityTest(1811): root 5 2 0 0 c004b2c4
00000000 S khelper
11-12 21:10:29.182: DEBUG/ActivityTest(1811): root 6 2 0 0 c004b2c4
00000000 S suspend
11-12 21:10:29.182: DEBUG/ActivityTest(1811): root 7 2 0 0 c004b2c4
00000000 S kblockd/0
```

```
11-12 21:10:29.182: DEBUG/ActivityTest(1811): root 8 2 0 0 c004b2c4
00000000 S cqueue
11-12 21:10:29.182: DEBUG/ActivityTest(1811): root 9 2 0 0 c018179c
00000000 S kseriod
[]
```

输出结果只截取了一部分，在真实情况下，系统会打印出完整的运行中的进程列表。下面简单解释一下获得的信息中每个字段的含义，如表 7.1 所示。

表 7.1

列名	描述
USER	这是本文的用户 ID
PID	进程编号
PPID	父进程号
VSIZE	进程在 KiB 中的虚拟内存占用量。这是进程占用的虚拟内存
WCHAN	这是进程正在等待所在的渠道。也是系统调用的地址，如果你需要一个名称，你可以在名称列表里面找到自己进程的名称
PC	现在 EIP 步进指针
State	进程状态： S 表示被中断，在休眠 R 表示执行中 T 表示已终止 Z 表示僵尸进程了
Name	命令名称。Android 应用进程的名称是按包名来重命名的

7.10 小结

本章讲解了几个测试用例实例，涵盖了大多数现有的测试场景。在写测试用例的时候，你可以用它们作为起始模板。

本章还涉及到大量的测试技巧供大家以后测试使用。我们用到了 mock 上下文，演示了如何用 RenamingDelegatingContext 在不同场景下改变测试用例中获得的数据。我们还分析了把这些 mock 的上下文注入到独立测试对象中。

然后，我们用 ActivityUnitTextCase 来测试行为活动，使得测试在一个完全独立的环境下进行。我们用 AndriodTestCase 在孤立环境中测试视图。演示了 EasyMock2 来 mock 对象和 Hamcrest 库一起使用来编写不同的对比校验器。最后我们分析了潜在的内存泄露情况。

我们将在第 8 章重点讲持续集成中的自动化测试。

第8章 持续集成

持续集成是软件工程中敏捷测试技术，它的目的在不断迭代、持续更新的项目中，通过频繁测试来保证产品质量，减少回归时间。它反对传统测试中在项目后端才开始测试。2000 年 MartinFowler 写了一篇关于持续集成的文章，文章描述了如何将持续集成应用到大型软件项目中去。

近些年来，持续集成倍受关注，被广泛采用。一些持续集成的再生商业工具和开源项目就是它成功的见证。有一点不难理解，在传统测试行业，用传统方式进行测试的人都经历过“集成地狱”。把变化点集成起来的时间，比代码变化的时间要多多了。

而集成测试就相反，持续集成的优势在于可以频繁集成变化，每次变化一点点。每一次改变都很微小，即便是不立刻投入测试，在持续集成下都不会引起大的问题。每次代码改变之后，只需要 build 一下，跑下测试代码就可以。

持续集成，除了从 VCS 版本控制系统中获取源代码编译之外，还有一些测试需求。

- 编译是通过命令行自动触发的。这个功能通过 make 工具支持了很长一段时间，不过最近用 ant 和 maven 的逐渐多了。
- 编译后，会自动执行测试用例，确保新编译后的应用满足开发者预期，这也是这本书的终极目标。
- 跑出来的结果应该能很方便地找到并查阅。

在前面章节，我们已经编写了很多 Android 测试用例，现在把持续集成考虑进来。为了达到目的呢，我们创建一个适用于传统 Eclipse 和 AndroidADT 环境的模板，这样我们的源码树可以支持两种应用的持续集成。

本章，我们会讨论以下内容：

- 自动构建过程；
- 介绍版本控制器；
- 用 hudson 持续集成；
- 自动化测试。

8.1 用 ant 手工编译 Android 应用

我们的目标是在软件开发过程中，配合做持续集成。第一步需要手工编译 Android 工程，因为我们可以通过这个持续集成来自动化编译。

在编译的时候，我们需要考虑兼容传统 Eclipse 和 AndroidADT 两种应用。在我看来，能够自动化编译，加速构建过程，然后把发现的错误和 bug 立刻展示在大家面前，是一种很大的进步。在编辑资源和中间类生成的其他文件的时候，这种自动编译的方式也是很棒的，否则，如果不自动编译，一些简单的错误就会在后面手工编译的时候发现，时间上相对来说比较晚。幸运的是，Android 编译还可以用其他现有的工具，而且花不了太多时间，把两种方法合在一起使用。Ant 就可以自动编译。不过还有其他选择，像 maven 和 make，虽然支持力度没有 ant 好，但是也可以自持自动编译。

ant 是一个命令行工具，是一个 Java 库，用来做自动化的软件构建，通过在 XML 文件中配置需要的目标和依赖。

详细信息可以在它的官方网站上看到 http://ant/apache.org/.

要构建 Android 系统平台，需要 ant 1.8 或者以上。

这里需要注意的是，整个 Android 平台是由编写好的非常复杂的文件构建出来的，而这种方法甚至可以编译类似于 Calculator、Contracts、Browser 等平台。

如果你已经在使用 Eclipse 编译一个工程，你可以用 Android 工具来转换。Android 可以在 AndroidSDK 的工具中找到。如果你在用微软 Windows 平台，你可以跟着这里的例子，把路径换成 Windows 的，并且要替换例子中不存在的变量，像 PWD。

首先，我们将工程中目录地址换成自己的地址；严格来讲，不一定需要，但是这样理解起来简单一些。

然后，用 andriod 命令来完成 build.xml 文件：

```
$ cd <path/to>/TemperatureConverter
$ android update project --path $PWD --name TemperatureConverter
```

得到的结果是：

```
Updated local.properties
Added file <path/to>/TemperatureConverter/build.xml
Updated file <path/to>/TemperatureConverter/proguard.cfg
```

完成这些步骤之后，我们准备手工执行命令行再编译工程。Build 文件中一些功能属性如

表 8.1 所示。

表 8.1

目的	描述
Help	展示一个帮助列表
Clean	把其他目标创建的输出文件清理掉
Compile	将.java 文件编译成.class 文件
Debug	用 debug 关键字打标编译好的应用程序版本
Release	编译应用。生成的.apk 文件在发布之前需要签名
Install	在运行设备或者模拟器上，安装/重新安装 debug 包。如果程序之前已经安装过，那两个版本的签名必须一致
uninstall	卸载运行设备或者模拟器上的应用程序

有一些目标机器只是一台设备或者模拟器。如果有多个设备或者模拟器要连到编译的机器上的话，我们需要用命令行指定具体的目标机器。目标机器都有一个名称，我们用变量 adb.device.arg 来方便我们辨认目标：

```
$ ant -Dadb.device.arg='-s emulator-5554' install
```

输出结果如框 8.1 所示。

框 8.1

```
Buildfile: build.xml
[setup] Android SDK Tools Revision 9
[setup] Project Target: Android 2.3.1
[setup] API level: 9
[setup] Importing rules file: platforms/android-8/ant/ant_rules_r2.xml
-compile-tested-if-test:
-dirs:
[echo] Creating output directories if needed...
[mkdir] Created dir: TemperatureConverter/bin/classes
-resource-src:
[echo] Generating R.java / Manifest.java from the resources...
-aidl:
[echo] Compiling aidl files into Java classes...
compile:
[javac] Compiling 6 source files to TemperatureConverter/bin/classes
-dex:
[echo] Converting compiled files and external libraries into
TemperatureConverter/bin/classes.dex...
-package-resources:
[echo] Packaging resources
[aaptexec] Creating full resource package...
```

```
-package-debug-sign:
[apkbuilder] Creating TemperatureConverter-debug-unaligned.apk and signing it
with a debug key...
[apkbuilder] Using keystore: .android/debug.keystore
debug:
[echo] Running zip align on final apk...
[echo] Debug Package: TemperatureConverter/bin/TemperatureConverterdebug.
apk
install:
[echo] Installing TemperatureConverter/bin/TemperatureConverter-debug.apk
onto default emulator or device...
[exec] 371 KB/s (18635 bytes in 0.049s)
[exec] pkg: /data/local/tmp/TemperatureConverter-debug.apk
[exec] Success
BUILD SUCCESSFUL
Total time: 6 seconds
```

执行上面所说的命令之后，会执行下面这些操作。

- 环境初始化，包括这个代码版本用到的具体规则的初始化。
- 如果需要会新建输出目录。
- 编译资源，包括资源文件，aidl 和 Java 文件。
- 将编译好的文件放到目标机器中。
- 打包构建产物和签名。
- 安装到给定的设备和模拟器中。

一旦安装好了 APK，我们就可以启动 TemperatureConverterActivity 了。由于我们这里所做的所有事情都是命令行，那么我们用 am start 命令，intent 指定 main 和 Acitivy 这两个我们要启动的部件，命令行格式如框 8.2 所示。

框 8.2

```
$ adb -s emulator-5554 shell am start -a android.intent.action.MAIN -n  com.example.aatg.
tc/.TemperatureConverterActivity
```

在模拟器里面，你可以验证下活动是否启动成功。然后，我们用相同的方法来启动测试工程。

框 8.3

```
$ cd </path/to>/TemperatureConverterTest
$ android update test-project --path $PWD --main <path/to>/
TemperatureConverter
```

执行完这个命令，如果一切正常，会获得下面的输出，见框 8.4 所示。

框 8.4

```
Updated default.properties
Updated local.properties
Added file <path/to>/TemperatureConverterTest/build.xml
Updated file <path/to>/TemperatureConverterTest/proguard.cfg
Updated build.properties
```

跟主工程的操作一样，我们可以构建、安装测试工程。当我们测试工程已经转化好了，我们就可以用 ant 来编译。编译和安装命令如下：

```
$ ant -Dadb.device.arg='-s emulator-5554' install
```

这里值得注意的是为了成功编译，我们需要把所有用到的库重新放到 libs 文件夹中。如果你喜欢的话，也可以新建超链接到原始位置。

Eclipse 和 Ant 编译同步进行是一个很好的做法，因此，你可以将需要的库放到 libs 中，也可以在 Eclipse 中到 Properties|JavaBuildPath|Libraries 改变库的读取位置。

现在我们用命令行来执行测试用例：

```
$ adb -e shell am instrument -w com.example.aatg.tc.test/android.test.
InstrumentationTestRunner
```

我们将获得以下测试结果报告。

框 8.5

```
Com.example.aatg.tc.test.EditNumberTests:........
com.example.aatg.tc.test.TemperatureConverterActivityTests:..........
com.example.aatg.tc.test.TemperatureConverterApplicationTests:.....
com.example.aatg.tc.test.TemperatureConverterTests:....
Test results for InstrumentationTestRunner=............................
Time: 12.125
OK (28 tests)
```

我们所有的操作都是用命令行来执行的，这么做的目的是为了把这些操作放到持续集成中去。

8.2 Git-快速版本控制系统

Git 是一个免费的、开源的分布式版本控制系统。Git 可以用来处理大小项目的效率问题。它的安装过程十分简单，甚至可以用来管理个人的项目工程，十分推荐使用。再简单的工程，也可以从这个 Git 工具中受益。

另一方面，版本控制系统或者VCS（源代码管理）对于一个多开发者团队来说，是一个不可或缺的元素。即使持续集成不需要版本控制，项目也需要用版本控制。

另外，在版本控制行业，含有一些别的传统的工具，比如subVersion和CVS，如果你觉得这两个用起来更加顺手，也是个不错的选择。不管怎么说，Git现在在Android工程中已经广泛使用着，因此需要大家花一些时间来理解它的基本原理和用法。

在这本书里证明Git好用会花掉大量的篇幅，当然，还有很多其他的好书中有提到。我们这里只聊一些最基本的话题，如果你还没用过 Git，我们提供了一些例子作为入门参考。

创建一个本地git代码库

这里有一些简单的命令，创建一个本地代码库，将工程源文件下载更新。又以之前创建的 TemperatureConverter 和 TemperatureConverterTest 两个工程为例。我们选择一个叫 git-repos 的文件夹作为两个工程的父目录，然后把之前的代码复制到这个目录下面，手工构建如下程序。

框 8.6

```
$ cd <path/to>/git-repos
$ mkdir TemperatureConverter
$ cd TemperatureConverter
$ git init
$ cp -a <path/to>/TemperatureConverter/. .
$ ant clean
$ rm local.properties
$ git add .
$ git commit -m "Initial commit"
```

这段代码的意思是，为代码库新创建一个父文件夹，创建工程目录，初始化代码库，把源代码拷贝过来，清理之前的构建结果，删除 local.properties 文件，然后把所有东西都放到代码库中，最后上传提交。

local.properties 文件必须要加入到版本管理当中去，因为它里面包含了很多本地设置依赖。

然后，对测试工程也是一样的操作。

框 8.7

```
$ cd <path/to>/git-repos
$ mkdir TemperatureConverterTest
```

```
$ cd TemperatureConverterTest
$ git init
$ cp -a <path/to>/TemperatureConverterTest/. .
$ ant clean
$ rm local.properties
$ git add .
$ git commit -m "Initial commit"
```

此时，我们就拥有了两个工程的源代码库 Temperatureconverter 和 TemperatureConverter Test。我们还没有把代码的结构调整为 Eclipse 和 AndroidADT 都可以编译的形式，还是在 IDE 里开发的样子。

下一步就是要做到，一旦代码提交两个工程都会构建并且自动化测试。

8.3 用 hudson 持续集成

Hudson 是一个开源的，可扩展的持续集成服务，它有构建和执行测试用例以及模拟外部任务的能力。Hudson 安装、配置简单，做事情也很方便，这也是我为什么用 hudson 为例子的原因。

最近（2011 年 1 月）为避免法律上的纠纷，Hudson 已经更名为 jenkins，因为 Oracle 已经提交了 hudson 的商标注册权。结果现在这两个名称的版本都有。虽然大多数例子都是基于 hudson 的，不过你可以两种都尝试一下，看看哪个更加适合你自己的项目。

8.3.1 安装、设置 hudson

我们之前提到，安装、配置简单是 hudson 的优点之一。确实，安装过程再不能更简单了。

从 hudon-ci 网站中选择你对应的操作系统并下载本地安装包。有适用于 Debian/Ubuntu，RedHat/Fedora/Centos，openSUSE，OpenSolaris/Nevada 和 FreeBSD，或者下载最新的通用的 hudson.war（Mac 和 Windows 系统都适用）。下面的例子，我们用的是 hudson 2.0。这个版本不需要管理员权限就可以安装、设置和执行。

完工之后，把它复制到一个事先准备好的目标文件夹中，假设是~/hudson，然后执行下面的命令：

```
$ java -jar hudson-2.0.0.war
```

这个命令会解压缩并启动 hudson。默认监听 8080 端口。因此，你在浏览器中访问 http://localhost:8080 就可以看到本地 hudson 主页配置。

如果需要的话，你可以修改 hudson 运行参数，通过 hudson 的管理页面可以修改。为了让 Git 集成编译支持 Android 模拟器，需要在设置里面添加插件。这些插件名称是 hudson Git 插件和 andriod emulator 插件。

下面这个截图 8.1 展示了在 hudson 管理页面上你可以看到插件的超链接。

在安装和重起 hudson 之后，这些插件就可以用了。我们下一步就是创建一个编译工程的任务。

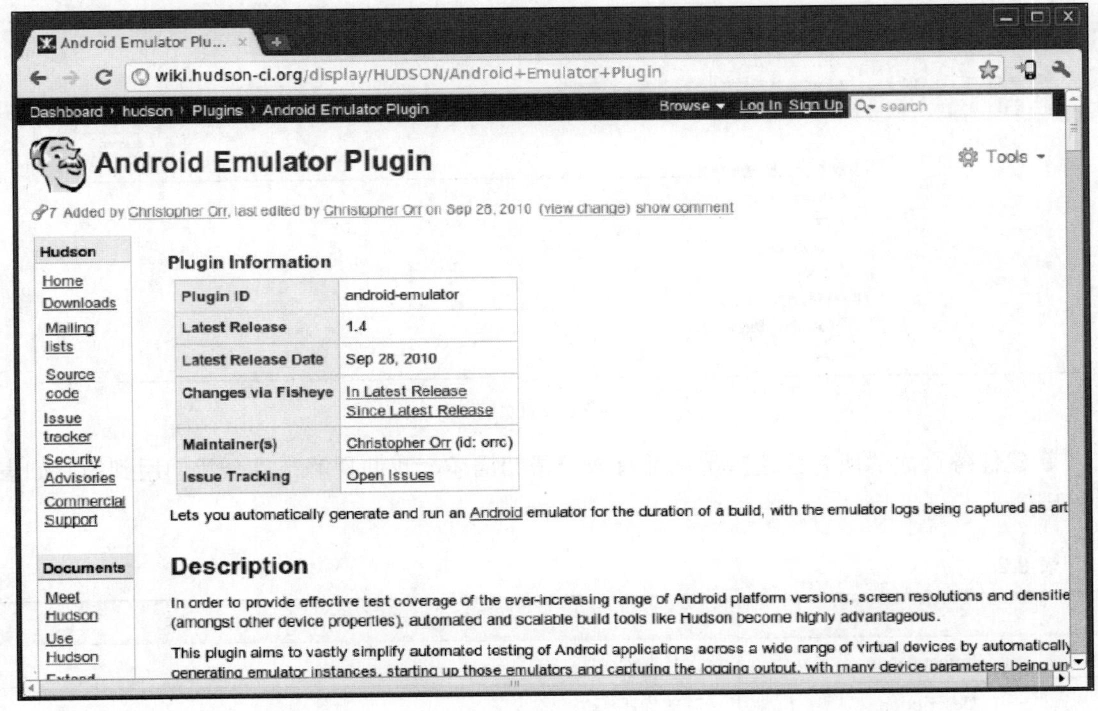

图 8.1 超链接

8.3.2 新建 hudson 任务

我们在 hudson 主页用新建命令来创建一个 TemperatureConverter 任务。这里可以创建不同的任务类型；在这个例子中，我们选择新建一个自由类型的软件工程，这样你可在任意系统上编译，连接任意目标机器。

在单击 OK 按钮之后，会看到这个任务的设置页面，如图 8.2 所示。

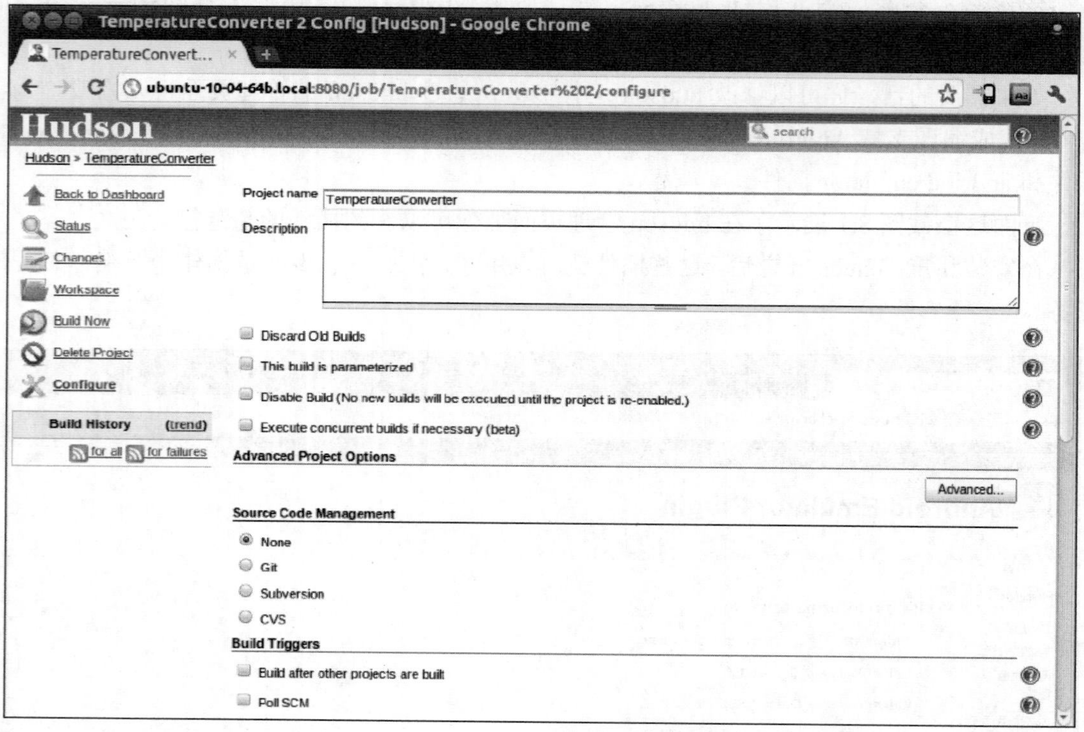

图 8.2 设置页面

新建任务页面的所有的这些选项都有一个帮助描述，我们只解释几个我们用到的，如表 8.2 所示。

表 8.2

选　　项	描　　述
Project name	给工程取的名字
Description	选项的描述
Discard Old Builds	这个选项是帮助你保存最近几个构建的版本
This build is parameterized	这个选项使得你可以将构建变成带参数的构建，构建时有参数传入
DisableBuild	暂时停止构建，除非这个任务重新打开
Execute concurrent builds if necessary	这个允许同时启动好几个构建
Souce code management	也是 VCS，代码版本管理。 那么工程的源代码在哪里呢？在这个例子中，填写之前我们创建的代码库地址。比如，/home/diego/aatg/git-repos/TemperatureConverter

续表

选　项	描　述
Build Triggers	工程想要如何自动编译。在这个用例中，我们希望每当代码变化，都触发，因此我们选择 POLL　SCM。 另一个选项是 build periodically。选择这个的意思就相当于把 hudson 当作一个 cron 定时任务执行器，这不是持续集成的理想选择。大家开始使用持续集成的时候，都是喜欢选择每天晚上或者每周跑一次。但是，持续集成的精髓其实是一旦代码放生变化，就要立刻发现问题
Schedule	这个字段是按照 cron 的格式。特别的是，每一行用空格或者 tab 来间隔五个字段，分别表示： 分钟 小时 星期 月份 年份 比如：如果我们想要每 30 分钟执行一次： 30 * * * * 完整的解释，大家可以自己看下文档
Build environment	为 Android 模拟器设置特殊的编译环境
Build	这里描述了编译步骤。我们选用 ant，就跟之前手工编译工程那样。 我们要测试的是 debug 版本的，我们只想编译，然后生成 APK，不想安装和运行。 我们用 Advanced…选项，指定 AndroidSDK 目录，以及目标版本属性。 Sdk.dir=/opt/android-sdk Target=android-9
Post build actions	编译过后，还有很多工作可以设置。我们这里想把每次编译的 APK 保存下来，单击 archive the artifacts，然后定义好路径和保存文件名，这里我们定义为 **/*-debug.apk

现在我们有两个选择：一个是你可以单击 Build now 现在就强行编译，或者改变几行源代码，让刚才设定的 hudson 任务检测到变化，自动触发编译任务。这两种方式，我们都可以编译好工程，作为测试或者依赖我们工程的其他工程使用。

到目前为止，我们还没有执行任何测试用例。下面我们就展示下用例的执行。Hudson 有处理工程之前的依赖关系的能力，因此我们可以创建一个测试任务，TemperatureConverter Test，依赖于特命 peratureConverter。

执行过程跟之前一样。我们在这里只指出初始化两个工程的不同的地方，见表 8.3。

表 8.3

选　项	描　述
Build Triggers	触发编译工程的方式。我们选择了 Build after other projects are built，因此当其它依赖的工程完成编译的时候，才会新起任务编译当前的工程。测试工程的编译就要放在 TemperatureConverter 之后。 就像例子中一样，这种方法适用于测试工程，一般都依赖于被测工程都完成编译之后

续表

选　　项	描　　述
Build environment	我们的目的是在模拟器上安装和执行测试用例，因此，对于编译环境，我们用 Andirod Emulator Plugin 提供的配置。如果你希望在编译执行前就启动 Android 模拟器，在编译之后停掉模拟器，那就需要你手工设置一下 你可以选择启动预定义，在 AVDAndroid 模拟器中存在 另外一种方法，插件可以选择一台 slave 机器，自动创建一个新的模拟器 在这个用例中，logcat 会获取所有的输出 然后，再 AndroidOS 版本中选择 2.3，屏幕密度选择 240 像素，分辨率殉葬 WVGA 大家可以尝试不同的选项，最后再决定最适合的
Common emulator options	有时候可能需要重置模拟器状态来清洗用户数据，或者禁用模拟器窗口，因此模拟器窗口就不会在执行测试用例的时候显示出来
Build	在编译的时候，选择 Ant，然后编译目标。就像编译 TemperatureConverter 一样，我们要设置一些环境变量来编译和安装现在的任务。用 Advanced…选项设置： Sdk.dir=/opt/android-sdk Target=android-9 Tested.project.dir=../../TemperatureConverter/workspace/ Adb.device.arg=-s$ANDRIOD_AVD_DEVICE 跟之前一样，我们设置了 AndroidSDK 的目录和目标版本。另外，设置了目标文件夹，也就是安装 APK 的地方。我们用 Android 模拟器插件来设置特殊的变量，指定 ADV，也就是目标设备地址

完成这些配置后再编译，就可以在目标模拟器上安装 APK 了。这里有一些步骤我们跳过了，比如说执行测试用例，将用例执行的结果显示在 hudson 的结果报告中。

8.4 获得 Android 测试结果

想要把测试结果显示出来，需要把原始的 XML 结果保存在测试执行器上。默认的 andriod.test.InstrumentationTestRunner 不支持保存原始 XML 结果，因此需要扩展下这个缺失的功能。

我发现在 nbandriod-utils（http://code.google.com/p/nbandriod-utils/）工程提供了我们需要的这个功能。

Com.neenbedankt.andriod.test.InstrumentationTestRunner 类继承了 Android 执行器，因此，测试结果 XML 文件可以在执行用例的时候保存在设备中。

我们还想要一个功能，文件名可以以测试参数的形式传入，可以将文件存储在外存中，为了预防测试结果过大，设备保存不了。因此我们简单地将这个类功能扩展修改下，满足现在的需求。我们重新命名这个类为 XMLInstrumentationTestRunner，如框 8.8 所示。

框 8.8

```
package com.neenbedankt.android.test;
import java.io.File;
import java.io.FileWriter;
import java.io.IOException;
import java.io.Writer;
import org.xmlpull.v1.XmlPullParserFactory;
import org.xmlpull.v1.XmlSerializer;
import android.os.Bundle;
import android.util.Log;
/*
* Copyright (C) 2010 Diego Torres Milano
*
* Base on previous work by
* Copyright (C) 2007 Hugo Visser
*
* Licensed under the Apache License, Version 2.0 (the "License");
* you may not use this file except in compliance with the License.
* You may obtain a copy of the License at
*
* http://www.apache.org/licenses/LICENSE-2.0
*
* Unless required by applicable law or agreed to in writing,
* software distributed under the License is distributed on an
* "AS IS" BASIS,WITHOUT WARRANTIES OR CONDITIONS OF ANY KIND,
* either express or implied.
* See the License for the specific language governing permissions
* and limitations under the License.
*/
/**
* This test runner creates an xml in the files directory of
* the application under test. The output is compatible with
* that of the junitreport ant task, the format that is
* understood by Hudson. Currently this implementation does not
* implement the all aspects of the junitreport format, but
* enough for Hudson to parse the test results.
*/
public class XMLInstrumentationTestRunner extends android.test.
InstrumentationTestRunner {
    private Writer mWriter;
    private XmlSerializer mTestSuiteSerializer;
    private long mTestStarted;
```

这里，我们设计了带默认值的变量来保存输出文件名。

我们还定义了一个测试执行器需要用到的参数来接收这个入参，如框 8.9 所示。

框 8.9

```
/**
* Output file name.
```

```
 */
private String mOutFileName;
/**
 * Outfile argument name.
 * This argument can be passed to the instrumentation using
<code>-e</code>.
 */
private static final String OUT_FILE_ARG = "outfile";
/**
 * Default output file name.
 */
private static final String OUT_FILE_DEFAULT = "test-results.xml";
```

在 onCreate（）方法里，我们要对入参进行校验，判断是否传入，如果传入我们就在先前定义的字段中把这个值保存下来，如框 8.10 所示。

框 8.10

```
@Override
public void onCreate(Bundle arguments) {
    if ( arguments != null ) {
        mOutFileName = arguments.getString(OUT_FILE_ARG);
    }
    if ( mOutFileName == null ) {
        mOutFileName = OUT_FILE_DEFAULT;
    }
    super.onCreate(arguments);
}
```

在 onStart（）方法里，我们新建了文件然后在 Junit 输出里面用到了这个文件，如框 8.11 所示。

框 8.11

```
@Override
public void onStart() {
    try {
        File dir = getTargetContext().getExternalFilesDir(null);
        if ( dir == null ) {
            dir = getTargetContext().getFilesDir();
        }
        final File outFile = new File(dir, mOutFileName);
        startJUnitOutput(new FileWriter(outFile));
    } catch (IOException e) {
        throw new RuntimeException(e);
    }
    super.onStart();
}
```

框 8.12 中这段代码是这个测试执行器的源代码。

框 8.12

```
void startJUnitOutput(Writer writer) {
    try {
        mWriter = writer;
        mTestSuiteSerializer = newSerializer(mWriter);
        mTestSuiteSerializer.startDocument(null, null);
        mTestSuiteSerializer.startTag(null, "testsuites");
        mTestSuiteSerializer.startTag(null, "testsuite");
    } catch (Exception e) {
        throw new RuntimeException(e);
    }
}
private XmlSerializer newSerializer(Writer writer) {
    try {
        XmlPullParserFactory pf =
        XmlPullParserFactory.newInstance();
        XmlSerializer serializer = pf.newSerializer();
        serializer.setOutput(writer);
        return serializer;
    } catch (Exception e) {
        throw new RuntimeException(e);
    }
}
@Override
public void sendStatus(int resultCode, Bundle results) {
    super.sendStatus(resultCode, results);
    switch (resultCode) {
    case REPORT_VALUE_RESULT_ERROR:
    case REPORT_VALUE_RESULT_FAILURE:
    case REPORT_VALUE_RESULT_OK:
        try {
            recordTestResult(resultCode, results);
        } catch (IOException e) {
            throw new RuntimeException(e);
        }
        break;
    case REPORT_VALUE_RESULT_START:
        recordTestStart(results);
    default:
        break;
    }
}
void recordTestStart(Bundle results) {
    mTestStarted = System.currentTimeMillis();
}
void recordTestResult(int resultCode, Bundle results)
throws IOException {
```

```
        float time = (System.currentTimeMillis() -
        mTestStarted) / 1000.0f;
        String className = results.getString(REPORT_KEY_NAME_CLASS);
        String testMethod = results.getString(REPORT_KEY_NAME_TEST);
        String stack = results.getString(REPORT_KEY_STACK);
        int current = results.getInt(REPORT_KEY_NUM_CURRENT);
        int total = results.getInt(REPORT_KEY_NUM_TOTAL);
        mTestSuiteSerializer.startTag(null, "testcase");
        mTestSuiteSerializer.attribute(null, "classname", className);
        mTestSuiteSerializer.attribute(null, "name", testMethod);
        if (resultCode != REPORT_VALUE_RESULT_OK) {
            mTestSuiteSerializer.startTag(null, "failure");
            if (stack != null) {
                String reason = stack.substring(0,
                stack.indexOf('\n'));
                String message = "";
                int index = reason.indexOf(':');
                if (index > -1) {
                    message = reason.substring(index+1);
                    reason = reason.substring(0, index);
                }
                mTestSuiteSerializer.attribute(null,
                "message", message);
                mTestSuiteSerializer.attribute(null, "type", reason);
                mTestSuiteSerializer.text(stack);
            }
            mTestSuiteSerializer.endTag(null, "failure");
        } else {
            mTestSuiteSerializer.attribute(null,
            "time", String.format("%.3f", time));
        }
        mTestSuiteSerializer.endTag(null, "testcase");
        if (current == total) {
            mTestSuiteSerializer.startTag(null, "system-out");
            mTestSuiteSerializer.endTag(null, "system-out");
            mTestSuiteSerializer.startTag(null, "system-err");
            mTestSuiteSerializer.endTag(null, "system-err");
            mTestSuiteSerializer.endTag(null, "testsuite");
            mTestSuiteSerializer.flush();
        }
    }
    @Override
    public void finish(int resultCode, Bundle results) {
        endTestSuites();
        super.finish(resultCode, results);
    }
    void endTestSuites() {
        try {
            if ( mTestSuiteSerializer != null ) {
                mTestSuiteSerializer.endTag(null, "testsuites");
```

```
            mTestSuiteSerializer.endDocument();
            mTestSuiteSerializer.flush();
        }
        if ( mWriter != null) {
            mWriter.flush();
            mWriter.close();
        }
    } catch (IOException e) {
        throw new RuntimeException(e);
    }
}
}
```

要完成任务，还有几步要走。第一就是将我们的测试执行器添加到项目中，这里要用到 git add/git commit。可以简单地执行下面的命令：

```
$ git add src/com/neenbedankt/
$ git commit -a -m "Added XMLInstrumentationTestRunner"
```

然后，我们需要在 andriodManifest.xml 里面用测试执行器声明下设备。也就是用最新创建的测试执行器 com.neenbedankt.andriod.test.XMLInstrumentationTestRunner 作为 com.example.aatg.tc 包的设备，如框 8.13 所示。

框 8.13

```
<instrumentation
    android:targetPackage="com.example.aatg.tc"
    android:label="TemperatureConverter tests"
    android:name="com.neenbedankt.android.test.
    XMLInstrumentationTestRunner"
/>
```

在代码库的其他文件中，也用相同的方式添加。

最后，我们可以在构建过程中添加额外的操作，通过 add build step 功能来执行框架提供的命令行 shell 脚本，我们在一个任务的设置页面中，将需要执行的 shell 脚本添加进去。我们用的是一些 shell 变量，以便其他工程也可以使用这些工具脚本，如框 8.14 所示。

框 8.14

```
PKG=com.example.aatg.tc
OUTDIR=/data/data/${PKG}/files/
OUTFILE=test-results.xml
ADB=/opt/android-sdk/platform-tools/adb
$ADB -s $ANDROID_AVD_DEVICE install -r "$WORKSPACE/../../
    TemperatureConverter/lastSuccessful/
    archive/bin/TemperatureConverter-debug.apk"
$ADB -s $ANDROID_AVD_DEVICE shell am instrument -w -e
```

```
outfile "$OUTFILE" $PKG.test/com.neenbedankt.android.test.
XMLInstrumentationTestRunner
$ADB -s $ANDROID_AVD_DEVICE pull "$OUTDIR/$OUTFILE"
"$WORKSPACE/$OUTFILE"
```

下面解释一下这些步骤的具体情况。

- 我们先是将 PKG 变量设置了一个具体工程的包名。
- OUTDIR 是一个目录的名称，用来保存测试执行器的输出文件 OUTFILE。注意，这是在设备或者模拟器上的路径，不是一个本地路径。
- 将被测包安装到设备或者模拟器上。
- 用命令行执行设备，就像我们之前看到的一样，但是在这个用例中，我们额外添加了-e outfile，带上了一个输出文件名作为输出对象，用来保存我们测试的结果。
- 从这个输出文件中获得测试结果，将文件从设备传到本地工作目录下。

现在，万事俱备只欠东风了，唯一没有做的事情就是告诉 Hudson 结果文件在哪里。我们还是在任务设置页面的 Post Build Actions 里面设置，如表 8.4 所示。

表 8.4

选项	描述
Publish Junit test results report	当这个选项设置好了，Hudson 就可以提供测试结果的信息了，比如历史测试用例执行情况、测试报告的 UI 图、失败的原因等 要用到这些功能，第一步需要执行你的用例，然后用 com.neenbedandkt.andriod.test. XMLINstrumentaiontTestRunner 作为测试执行器，将输出文件的地址用-e outfile 设置好，然后把同样的名称告诉 Hudson 以便它找到结果文件。Ant 的语法格式文件，比如**/build/test-reports/*.xml 也可以用 确保这个路径下面没有其他非报告类文件 简而言之，这个 test-result.xml 就是我们之前设置的 OUTFILE 的变量值 一旦执行了几次测试，你就可以看看测试趋势图了

已经完成所有讲过的步骤之后，只要强制执行一下编译就可以看结果了。单击 Build now，等几分钟你就会看到测试结果，结果分析就与图 8.3 一样。

从这张图，我们可以清楚看到现在项目的状态，知道有多少测试用例失败了以及失败的原因。要深挖这些测试失败的用例，我们可以看扩展信息，在 Error message 和 Statck trace 堆栈信息里面。

从各中不同的角度观察测试用例结果报告，可以对项目的进展有一个比较直观的了解。Hudson 就可以提供这样多种纬度的报告。每一个工程都有现状的健康标记，图标用的是天气，类似晴天表示测试用例执行通过了 80%，下雨天表示项目的健康情况在 20%一下。另外，每个工程的详情里面，都有用例执行情况的趋势图，展示失败用例的比例，如图 8.4 所示。

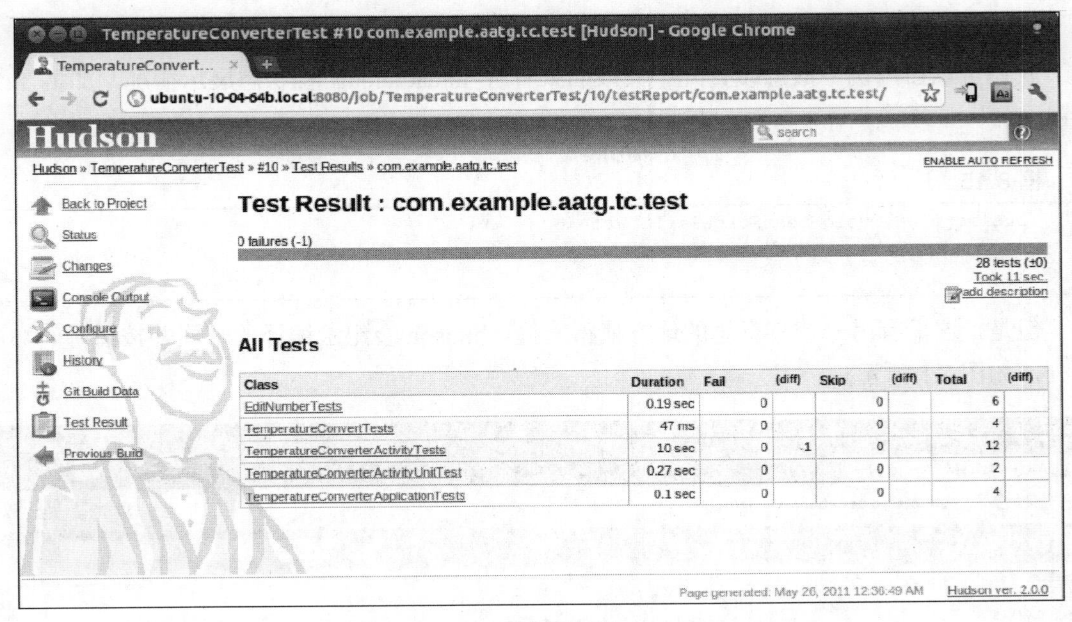

图 8.3 结果分析

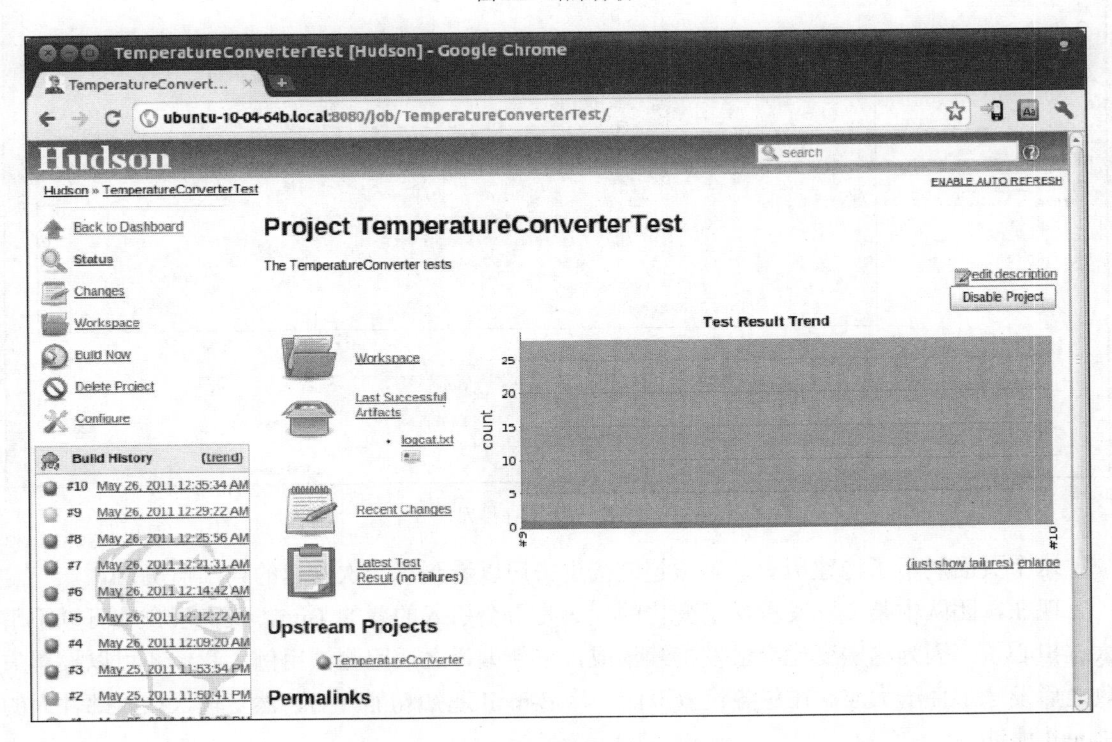

图 8.4 用例的比例

在这个例子中，我们可以看到从上一次编译开始，慢慢有失败用例了。

我们可以在用例中故意设置几个失败的来看看 hudson 的工程状态展示情况，如框 8.15 所示。

框 8.15

```
public final void testForceFailure1() {
    fail("Forced fail");
}
```

但是，这里有另一个有意思的地方值得一提，hudson 会纪录编译的时间并按照时间顺序排列，如图 8.5 所示。

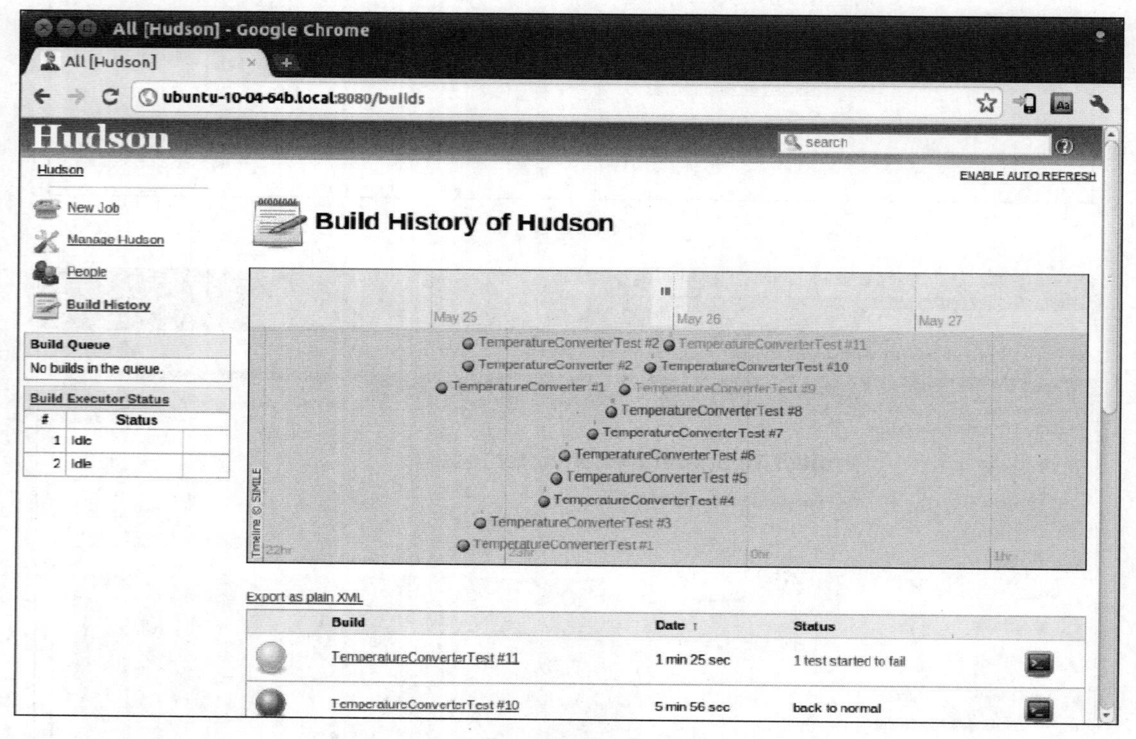

图 8.5 时间顺序排列

这个页面展示了构建历史，单击超链接进去可以看到每一次构建的详细情况。

现在，团队中某个开发提交了变化的代码是否会引入的新的 Bug，我们现在就可以不用太过担心了。因为这些变化会触发持续集成，重新编译之后跑测试用例。我们还可以设置失败之后发送邮件给大家。在任务设置页面，将 E-mail 通知功能开启，然后输入接收邮件人的 E-mail 地址。

8.5 小结

本章我们介绍了持续集成的使用，不管你项目的大小，无论你是一个小的 solo 开发，还是一个大的公司团队，都可以开始使用。

本章重点展示了 Android 项目的特殊技术，以及对 Eclipse 和 AndroidADT 开发工具的支持。

我们以真实场景为例，演示了海量开源库里面的工具的用法。用 ant 来自动化编译，用 git 来做源代码的版本控制，控制变更，最后通过 hudson 的安装和配置来完成持续集成的工作。

在这一课程中，我们以 TemperatureConverter 为例，一步步教大家创建自动化编译和测试的任务，并且我们重点讲了工程之间的关系。

最后，我们分析了一种从 Android 测试得到 XML 结果的方法，实现了获得模拟测试用例执行结果的接口以及趋势图。

我们将在第 9 章从不同的角度测试性能，根据我们应用的特点，在正常运行的情况下，将一些数据、性能测试的步骤归档。

第 9 章　性能和压力测试

在前面几章，我们学习了如何写 Android 应用的测试用例。这些测试用例帮助我们衡量一些具体需求是否得到满足，让我们用校验的方式来判断应用是否能够编译通过，应用的行为是否正确、符合标准。如果测试用例失败，我们就要修复 bug，直到用例全部通过为止。

在许多场合，虽然功能测试已经完成，确定应用满足了所有客户的需求时，我们还需要进一步了解应用能够多大程度上满足需求。也就是说，在不同的情况下，系统的表现如何，需要分析其他类似利用率、速度、响应时间、可靠性等因素。

根据 Android 开发者指南（http://developer.andriod.com），衡量一个应用性能的有下面几个例子：

- 测试应用的表现；
- 测试应用的反应性；
- 测试应用的无缝性。

我们照着这些很好的样例去实践一下是非常重要的，测试思路从一开始的功能测试转变为性能和响应测试。由于承载应用程序执行的无线设备资源有限，我们需要在应用构建之后，找到需要优化的地方进行改进优化。因此，就需要通过后面讨论的性能测试来定位资源瓶颈。

几年前，唐纳德.克努斯说过一句流行的话："过早的优化是一切破坏的根源"。这些基于猜测、直觉甚至迷信的优化，会干扰短期的功能设计，对长期的代码可读性和可维护性也是一个破坏。相反，轻度优化是基于已经识别出来的瓶颈或者资源热点进行代码改变，事后，还有一些衡量优化好坏的标准。因此，我们关注的点是测量优化后代码的性能。

本章会介绍一系列跟性能、压力衡量标准有关的概念：

- 传统纪录状态的方法；
- 创建 Android 性能测试用例；
- 压力工具的使用；
- 游标卡尺基准。

9.1　叶奥尔德记时法

叶奥尔德纪录法，有时候真实操作起来实在简单，不过这并不代表在这些场景下，这种记时法没有作用。在前面章节已经描述过在自动化过程或者申请持续集成后，可以很方便看到结果。这种记录方法需要执行几分钟，不过只需要在 logcat 输出就可以分析测试用例的结果，十分方便。

这个方法会计算一个函数执行的时间，或者部分代码执行时间，通过在执行前和执行后插入两个取时间的函数，并在执行后把时间差打印在 log 里，具体实现如框 9.1 所示。

框 9.1

```
/* (non-Javadoc)
* @see android.text.TextWatcher#onTextChanged(
* java.lang.CharSequence, int, int, int)
*/
public void onTextChanged(CharSequence s, int start,
int before, int count) {
    if (!mDest.hasWindowFocus() || mDest.hasFocus() ||
        s == null ) {
        return;
    }
    final String str = s.toString();
    if ( "".equals(str) ) {mDest.setText("");
        return;
    }
    final long t0;
    if ( BENCHMARK_TEMPERATURE_CONVERSION ) {
        t0 = System.currentTimeMillis();
    }
    try {
        final double temp = Double.parseDouble(str);
        final double result = (mOp == OP.C2F) ?
        TemperatureConverter.celsiusToFahrenheit(temp) :
        TemperatureConverter.fahrenheitToCelsius(temp);
        final String resultString = String.format("%.2f", result);
        mDest.setNumber(result);
        mDest.setSelection(resultString.length());
    } catch (NumberFormatException e) {
        // WARNING
        // this is generated while a number is entered,
        // for example just a '-'
        // so we don't want to show the error
    } catch (Exception e) {
        mSource.setError("ERROR: " + e.getLocalizedMessage());
    }
    if ( BENCHMARK_TEMPERATURE_CONVERSION ) {
        long t = System.currentTimeMillis() - t0;
        Log.i(TAG, "TemperatureConversion took " + t +
        " ms to complete.");
    }
}
```

这种方法很直接。在起点和终点取时间，然后算出时间差，记录日志。记录日志的时候，我们用到了 Log.i()方法，在运行应用的时候，再看看 logCat 的输出。你可以通过设置

BENCHMARK_TEMPERATURE_CONVERSION 的值来控制是否打印这个时间，这个常量是在别的地方定义，在这里附值的。

当 BENCHMARK_TEMPERATURE_CONVERSION 的值被设置成 true 的时候，每次活动启动的时候，我们都会收到这个版本的日志，如框 9.2 所示：

框 9.2

```
INFO/TemperatureConverterActivity(392): TemperatureConversion took 55 ms to
complete.
INFO/TemperatureConverterActivity(392): TemperatureConversion took 11 ms to
complete.
INFO/TemperatureConverterActivity(392): TemperatureConversion took 5 ms to
complete.
```

这里需要注意，在编译发布版本的时候，这个常量开关需要设置成 false，跟其他用来 debug 或者打日志用的开关一样，要设置成无效的。为了避免犯错，你可以在持续集成的用例中，对这些常量值进行校验，通过 Ant 或者 Make 让它自动构建检测。

这个不需要再举更复杂的例子了，用法十分简单。

9.2 Android SDK 性能测试

如果 9.2 节中，通过添加日志状态这种衡量函数响应时间的方法不适合你的项目，这里还有另一种得到应用性能结果的方法。

不幸的是，基于 Android SDK 的性能测试还是个半成品（写这本书的时候，最新的版本只是 Android 2.3）。我们没有办法从 Android SDK 应用中直接获取性能测试结果，因为 Android 测试用例用到的类是隐藏在 Android SDK 里面的，只有系统程序可以获取到，哪些程序是系统程序呢？就是那些作为主编译或者系统图像的一部分应用。由于这种策略不适合 SDK 应用，因此我们在那个方向上不再深挖了，需要再寻找别的可用的方法。

9.2.1 启动性能测试

这些性能测试用例跟用来测试系统应用的功能用例写法类似。思路就是继承 andriod.app.Instrumentation 并扩展几个功能函数，提供性能截图功能，自动创建的框架能够满足其他性能测试的需求。由于本书篇幅有限，这里就展示一个简单的用例。

9.2.1.1 新建 LaunchPerformanceBase 设备

第一步，需要扩展 Instrumentation 类，满足我们性能测试的工具需要。我们这里用了一个新的包，名叫 com.example.aatg.tc.test.launchperf，以便组织好测试用例，如框 9.3 所示。

框 9.3

```
package com.example.aatg.tc.test.launchperf;
import android.app.Instrumentation;
import android.content.Intent;
import android.os.Bundle;
import android.util.Log;
/**
* Base class for all launch performance Instrumentation classes.
*/
public class LaunchPerformanceBase extends Instrumentation {
   public static final String TAG = "LaunchPerformanceBase";
   protected Bundle mResults;
   protected Intent mIntent;
   /**
* Constructor.
*/
   public LaunchPerformanceBase() {
      mResults = new Bundle();
      mIntent = new Intent(Intent.ACTION_MAIN);
      mIntent.setFlags(Intent.FLAG_ACTIVITY_NEW_TASK);
      setAutomaticPerformanceSnapshots();
   }
   /**
* Launches intent {@link #mIntent}, and waits for idle before
* returning.
*/
   protected void LaunchApp() {
      startActivitySync(mIntent);
      waitForIdleSync();
   }
   @Override
   public void finish(int resultCode, Bundle results) {
      Log.v(TAG, "Test reults = " + results);
      super.finish(resultCode, results);
   }
}
```

我们这里扩展了 Instrumentation。构造函数初始化了两个字段：mResults 和 mIntent。在最后，我们调用 setAutomaticPerformanceSnapshots()函数，这个函数是性能测试用例的关键。

LaunchApp()函数负责启动被测行为活动，然后等待返回结果。

Finish()函数是把输出结果打印在日志中，然后调用 Instrumentation 的 finish()函数。

9.2.2 新建 TemperatureConverterActivityLaunchPerformance 类

这个类通过 Intent 对象调用 TemperatureConverterActivity，然后通过 LaunchPerformanceBase 类来测试已经启动的活动的性能，提供基本测试设施，如框 9.4 所示。

框 9.4

```
package com.example.aatg.tc.test.launchperf;
import com.example.aatg.tc.TemperatureConverterActivity;
import android.app.Activity;
import android.os.Bundle;
/**
* Instrumentation class for {@link TemperatureConverterActivity}
launch performance testing.
*/
public class TemperatureConverterActivityLaunchPerformance extends
LaunchPerformanceBase {
    /**
* Constructor.
*/
    public TemperatureConverterActivityLaunchPerformance() {
        super();
    }
    @Override
    public void onCreate(Bundle arguments) {
        super.onCreate(arguments);
        mIntent.setClassName("com.example.aatg.tc",
        "com.example.aatg.tc.TemperatureConverterActivity");
        start();
    }
    /**
* Calls LaunchApp and finish.
*/
    @Override
    public void onStart() {
        super.onStart();
        LaunchApp();
        finish(Activity.RESULT_OK, mResults);
    }
}
```

这里，onCreate()会调用父类中的 onCreate()，这是 Android 生命周期开始的要求。然后，设置好 Intent 对象，执行类名和包名。接下来，调用 Instrumentation 的一个方法，start()，这个方法会新建并启动一个新的线程来运行设备。这个新线程会调用 onStart()，就在这里运行设备。接着，调用 LaunchApp()和 finish()函数。

9.2.3 执行测试用例

为了执行这个测试用例，我们还需要再 AndriodManifest.xml 文件中的 TemperatureConverter Test 项目中定义一下 Instrumentation。

我们会在配置中添加下面这段代码，如框 9.5 所示。

框 9.5

```
<?xml version="1.0" encoding="utf-8"?>
<manifest xmlns:android="http://schemas.android.com/apk/res/android"
   package="com.example.aatg.tc.test" android:versionCode="1"
   android:versionName="1.0">
   <application android:icon="@drawable/icon"
      android:label="@string/app_name">
      <uses-library android:name="android.test.runner" />
   </application>
   <uses-sdk android:minSdkVersion="9" />
   <instrumentation android:targetPackage="com.example.aatg.tc"
      android:name="android.test.InstrumentationTestRunner"
      android:label="Temperature Converter Activity Tests"
      android:icon="@drawable/icon" />
   <instrumentation android:targetPackage="com.example.aatg.tc"
      android:label="Temperature Converter Activity Launch Performance"
      android:name=".launchperf.TermeratureConverterActivity
      LaunchPerformance" />
   </manifest>
```

当所有的工作都完成后，我们就开始执行用例了。首先，安装一下包含所有这些改动点的 APK。接下来，我们回忆下前面章节提到的几种执行测试用例的方法。在这个例子中，我们用下命令行，因为它是获得所有细节输出的最简单的方法。实际操作时，你要替换掉应用程序的序列号：

```
$ adb -s emulator-5554 shell am instrument -w com.example.aatg.tc.test/.
launchperf.TermeratureConverterActivityLaunchPerformance
```

然后，我们会得到下面一系列的输出，都是标准输出，如框 9.6 所示。

框 9.6

```
INSTRUMENTATION_RESULT: other_pss=13430
INSTRUMENTATION_RESULT: java_allocated=2565
INSTRUMENTATION_RESULT: global_freed_size=16424
INSTRUMENTATION_RESULT: native_private_dirty=504
INSTRUMENTATION_RESULT: native_free=6
INSTRUMENTATION_RESULT: global_alloc_count=810
INSTRUMENTATION_RESULT: other_private_dirty=12436
INSTRUMENTATION_RESULT: global_freed_count=328
INSTRUMENTATION_RESULT: sent_transactions=-1
INSTRUMENTATION_RESULT: java_free=2814
INSTRUMENTATION_RESULT: received_transactions=-1
INSTRUMENTATION_RESULT: pre_sent_transactions=-1
INSTRUMENTATION_RESULT: other_shared_dirty=5268
INSTRUMENTATION_RESULT: pre_received_transactions=-1
INSTRUMENTATION_RESULT: execution_time=4563
INSTRUMENTATION_RESULT: native_size=11020
INSTRUMENTATION_RESULT: native_shared_dirty=1296
```

```
INSTRUMENTATION_RESULT: cpu_time=1761
INSTRUMENTATION_RESULT: java_private_dirty=52
INSTRUMENTATION_RESULT: native_allocated=11013
INSTRUMENTATION_RESULT: gc_invocation_count=0
INSTRUMENTATION_RESULT: java_shared_dirty=1860
INSTRUMENTATION_RESULT: global_alloc_size=44862
INSTRUMENTATION_RESULT: java_pss=1203
INSTRUMENTATION_RESULT: java_size=5379
INSTRUMENTATION_RESULT: native_pss=660
INSTRUMENTATION_CODE: -1
```

这里我们高亮度显示了感兴趣的两个值：执行时间和 cpu 时间。它们分别代表了总的执行时间和 CPU 处理用的时间。 在模拟器上执行测试用例会增加性能指标衡量不准的风险，因为宿主机器有可能在运行其他程序，它们也会占用 CPU，因此模拟器并不能真实反映一块真正的硬件的性能表现。

基于这个原因，我们考虑下这两个衡量指标。Execution_time 给出了真实运行的时间，而 cpu_time 给出了代码的 cpu 计算时间。

不用说，不管是这个用例还是其他场景用例，当你需要衡量跟时间相关的指标的时候，你应该先选用一个衡量指标，然后在不同的状态下执行多次，最后取平均或者方差。

不幸的是，虽然 launchperf.temperaturConverterActivityLaunchPerformance 又继承扩展了 LauchPerformaceBase，LauchPerformaceBase 继承了 Instrumentation，现在 AndroidADT 的实现只可以用扩展 andriod.test.InstrmentationTestRunner 设备，还是不能用的。

下面的截图 9.1 展示了试图在 Eclipse 运行配置中定义这个 Instrumention 的报错。

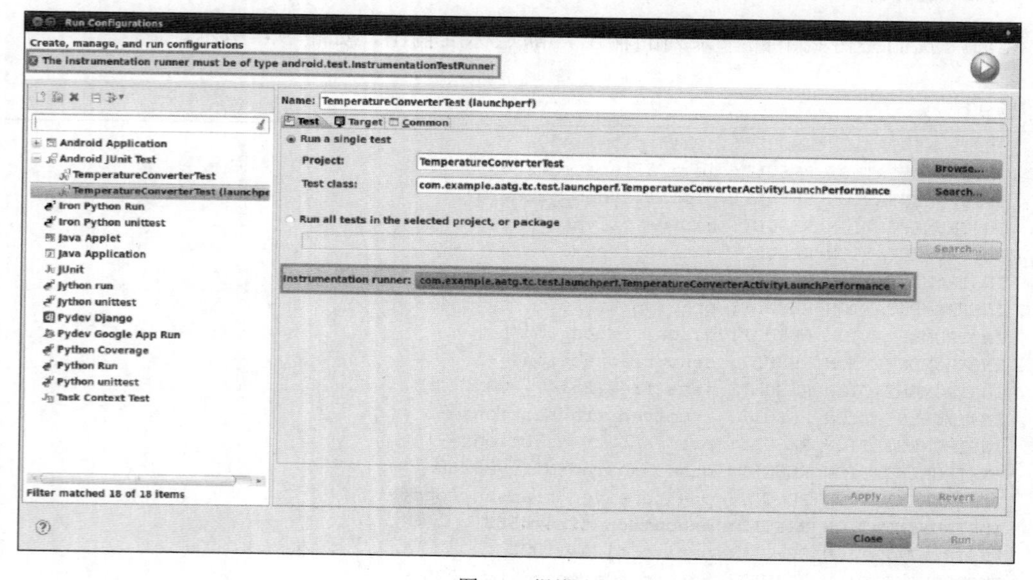

图 9.1　报错

9.2.4 TraceView 和 DmtraceduMP 平台工具的使用

AndroidSDK 中有大量的工具，其中两个是专门用来分析性能问题和找到潜在的需要优化地方的工具。

这两个工具比起其他工具来有一个优点：不需要对源代码进行改写就可以找到优化点和性能瓶颈。但是，如果是特别复杂的场景，也还是需要插入一些代码，不过，也还是特别简单，待会儿我们会看到。

如果启动跟踪监控和停止跟踪监控不需要很精确，你可以用 Eclipse 命令行来驱动。比如，你可以用下面的命令行来启动监控跟踪。记住要替换掉序列号，换成你自己应用的序列号：

```
$ adb -s emulator-5554 am start -n com.example.aatg.tc/.
TemperatureConverterActivity
$ adb -s emulator-5554 shell am profile com.example.aatg.tc start /mnt/
sdcard/tc.trace
```

这时候，我们随便干点什么，操作一下，比如，在摄氏温度字段填写一个温度。

```
$ adb -s emulator-5554 shell am profile com.example.aatg.tc stop
$ adb -s emulator-5554 pull /mnt/sdcard/tc.trace /tmp/tc.trace
1132 KB/s (2851698 bytes in 2.459s)
$ traceview /tmp/tc.trace
```

另外，如果你想让归档启动的时间更精确点，你可以不用之前的方式，添加一点代码，如框 9.7 所示。

框 9.7

```
@Override
public void onTextChanged(CharSequence s, int start,
int before, int count) {
    if (!dest.hasWindowFocus() || dest.hasFocus() || s == null ) {
        return;
    }
    final String ss = s.toString();
    if ( "".equals(ss) ) {
        dest.setText("");
        return;
    }
    if ( BENCHMARK_TEMPERATURE_CONVERSION ) {
        Debug.startMethodTracing();
    }
    try {
        final double result = (Double) convert.invoke(
        TemperatureConverter.class, Double.parseDouble(ss));
        dest.setNumber(result);
        dest.setSelection(dest.getText().toString().length());
```

```
        } catch (NumberFormatException e) {
            // WARNING
            // this is generated while a number is entered,
            //for example just a '-'
            // so we don't want to show the error
        } catch (Exception e) {
            dest.setError(e.getCause().getLocalizedMessage());
        }
        if ( BENCHMARK_TEMPERATURE_CONVERSION ) {
            Debug.stopMethodTracing();
        }
    }
```

这段代码会新建一个跟踪文件保存在 SD 卡中，默认名字是 dmtrace.trace，然后调用 Debug.startMethodTracing()，这个方法会跟踪默认的日志文件和缓存大小。完成这些之后，我们调用 Debug.stopMethodTracing()来停止监控归档。

为了能写入 SD 卡，应用程序需要在手册中加入 andriod.permission.WRITE_EXTERNAL_STORAGE 权限

这时候，你需要运行被测应用来获得监控数据文件。可以在开发机器上用 traceView 来拉这个文件作进一步分析：

```
$ adb -s emulator-5554 pull /mnt/sdcard/dmtrace.trace /tmp/dmtrace.trace
375 KB/s (50664 bytes in 0.131s)
$ traceview /tmp/dmtrace.trace
```

执行完这个命令，traceView 的窗口会展示出所有收集到的信息，如图 9.2 所示。

msec: 34.422 max msec: 104
2 android/widget/TextView.setText (Ljava/lang/CharSequence;)V
[1] main

Name	Incl %	Inclusive	Excl %	Exclusive	Calls+Recur Calls/Total	Time/Call
2 android/widget/TextView.setText (Ljava/lang/CharSequence;)V	64.2%	65.643	0.1%	0.065	1+0	65.643
Parents						
1 com/example/aatg/tc/EditNumber.setNumber (D)V	100.0%	65.643			1/1	
Children						
self	0.1%	0.065				
3 android/widget/EditText.setText (Ljava/lang/CharSequence;Landroid/widget/TextView$BufferType;)V	99.9%	65.578			1/1	
3 android/widget/EditText.setText (Ljava/lang/CharSequence;Landroid/widget/TextView$BufferType;)V	64.2%	65.578	0.2%	0.185	1+0	65.578
4 android/widget/TextView.setText (Ljava/lang/CharSequence;Landroid/widget/TextView$BufferType;)V	64.0%	65.393	0.0%	0.033	1+0	65.393
5 android/widget/TextView.setText (Ljava/lang/CharSequence;Landroid/widget/TextView$BufferType;Z)V	64.0%	65.360	1.0%	1.028	1+0	65.360
6 android/text/SpannableStringBuilder.setSpan (Ljava/lang/Object;III)V	42.7%	43.625	0.9%	0.932	7+0	6.232
7 android/text/SpannableStringBuilder.setSpan (ZLjava/lang/Object;III)V	41.8%	42.693	5.4%	5.521	7+0	6.099
8 android/text/Selection.setSelection (Landroid/text/Spannable;I)V	33.4%	34.102	0.1%	0.082	2+0	17.051
9 android/text/Selection.setSelection (Landroid/text/Spannable;II)V	33.3%	34.020	0.4%	0.418	2+0	17.010
10 android/widget/TextView.checkForRelayout ()V	28.9%	29.512	0.4%	0.365	1+0	29.512
11 android/widget/TextView.spanChange (Landroid/text/Spanned;Ljava/lang/Object;IIII)V	28.2%	28.827	1.4%	1.390	7+0	4.118
12 android/widget/TextView.makeNewLayout (IILandroid/text/BoringLayout$Metrics;Landroid/text/BoringLayout$Met	24.4%	24.924	0.2%	0.204	1+0	24.924

Find:

图 9.2 收集到的信息

> 记住，开启归档会拖慢应用程序的速度，因此，在衡量的时候，应该以权重的方式，而不是绝对值。

图 9.2 窗口最上面部分展示了时间线，每个函数都对应一种特殊的颜色。时间是从左往右增加的。在颜色块下面，还有很多小行展示了所有被调函数的详细信息。

我们把应用程序的主线程在运行情况归档。在归档的时候，即使其他线程还在跑，这些信息还是可以展示的。

下面的模块展示了归档信息、每个函数执行情况、父子函数关系。我们倾向于把被调函数叫做子函数，把调用函数叫做父函数。单击图标，函数会展开详细信息，包括父函数和子函数。父函数以紫色的背景展示，子函数以黄色的背景展示。

至于函数对应的颜色，是以轮循的方式，在函数前面显示的。

最后，底部我们有个 Find 模块：我们在里面输入一些关键字，就会筛选出我们想要的信息来。比如，如果我们只想看 com.example.aatg.tc 包里面的方法，那么我们应该输入 com/example/aatg/tc。单击列的时候，列表就会按照这一列倒序或者顺序排列。

表 9.1 中的可以看到的列的描述如下。

表 9.1

列名	描述
Name	方法的名称，格式包括上面的包名，用“/”来分隔。输入参数和输出返回类型都会展示
Incl%	所占用的时间，这个函数花费时间与占用总时间的百分比来表示。这个时间包括所有子函数的执行时间
Inclusive	此函数的执行时间，用毫秒表示。这个时间包括所有子函数的执行时间
Excl%	此函数的占用时间，占总时间的百分比。这里不包括所有子函数的时间
Exclusive	此函数的占用时间，用毫秒的形式表示。这里不包括所有子函数的执行时间
Calls+Recur	这一列展示了调用这个函数的所有次数，以及循环调用的次数
Calls/total	跟所有函数的调用次数比，这个函数被调用到的次数占比
Time/Call	每一次调用花费的毫秒数 就是用 Inclusive/被调次数

9.3 微观标准检测

标准检测，通常是通过执行一系列测试用例或者对被测应用进行试验，来产生一些可量化的结果，从而将结果进行对比。

标准检测通常分为两类。

- 宏观检测。
- 微观检测。

宏观标准检测作为一个衡量工具，目的是为了对比在不同平台上的特殊指标，比如：处理器速度，单位时间内浮点数操作的次数、图像和 3D 的性能等。这些指标通常是跟硬件相关的，但是也可以用来衡量软件的特殊性，比如编译优选或者算法。

跟传统的宏观衡量基准相对应，微观衡量标准的重点是衡量很小一段代码的性能，通常是针对一个接口函数。获得的结果可以用来对比同一种功能的不同实现，从结果上选择优化路径。

微测量一个东西跟你想象的测量不同。这点风险区别需要考虑在内，特别是在用 JIT 编译器的时候，AndroidFroyo2.2 版本开始就用了 JIT。JIT 编译器可能会以微测量的标准来编译和优化你的代码，使得它跟之前风格不同。因此，选择的时候，小心一点。

这个跟前一节谈到的用图来描述策略不同，这种方法并不会考虑整个应用，而是在一个时间内专注于一个方法或算法。

微测量 Caliper 框架

Caliper 是谷歌开源代码框架，用来编写、执行和查看微测量结果的。在 http://code.google.com/p/caliper 网站上有很多样例和操作指南。

这是一项进行中的研究，但是在很多场合下还是派得上用场的。我们这里只探索下基本的用法，会在下一节介绍更多的在 Android 上相关的用途。

Caliper 的中心思想就是对方法进行微测量，主要是想了解被测方法的工作效率；我们可能在通过 traceView 的图像进行分析之后，决定选择这个函数作为优化的目标。

Caliper 微测量用例通常是扩展了 com.google.caliper.SimpleBenchmak 类，这个类实现了 Benchmark 接口。在 Junit 3 测试中，测试框架也是类似的风格，不同点在于这里测试用例是用时间作为前缀开头的，而不是 test。然后，每一个检测都会接收一个 int 类型的参数，通常叫做 reps，测量的内部有一段循环代码，会反复执行被测函数，而输入的这个参数就是循环执行的次数。

这里也有 setUp()方法。

我们需要在计算机上安装 caliper 软件。在编写这本书的时候，caliper 软件还不是二进制的软件，而是一个源代码文件，你需要下载后自己编译。按照网站上介绍的操作来，下载源代码，然后自己编译就可以了。

我们操作下非常简单的方法，用这些命令行。你需要用到已经安装好的 Subversion 和 Ant：

```
$ svn checkout http://caliper.googlecode.com/svn/trunk/ caliper-read-only
```

```
$ cd caliper-read-only
$ ant
```

可以在 build/caliper-0.0/lib 的子目录中找到 Caliper-0.0.jar 和 allocation.jar。

1. 新建一个 TemperatureConverterBenchmark 工程

我们在 Eclipse 里面新建一个 Java 工程。注意，这次是 Java 工程，不是 Android 工程。按照惯例，我们用 com.example.aatg.tc.benchmark 作为主包地址。

添加 caliper 库和现有的 TemperatureConverter 项目到项目属性的 Java 编译路径里。

然后创建 TemperatureConverterBenchmark 类，里面包含了我们的检测代码，如框 9.8 所示。

框 9.8

```
package com.example.aatg.tc.benchmark;
import java.util.Random;
import com.example.aatg.tc.TemperatureConverter;
import com.google.caliper.Param;
import com.google.caliper.SimpleBenchmark;
/**
* Caliper Benchmark.<br>
* To run the benchmarks in this class:<br>
* {@code $ CLASSPATH=... caliper com.example.aatg.tc.
* benchmark.TemperatureConverterBenchmark.
* CelsiusToFahrenheitBenchmark} [-Dsize=n]
*
* @author diego
*
*/
public class TemperatureConverterBenchmark {
    public static class CelsiusToFahrenheitBenchmark extends
    SimpleBenchmark {
        private static final double T = 10; // some temp
        @Param
        int size;
        private double[] temps;
        @Override
        protected void setUp() throws Exception {
            super.setUp();
            temps = new double[size];
            Random r = new Random(System.currentTimeMillis());
            for (int i=0; i < size; i++) {
                temps[i] = T * r.nextGaussian();
            }
        }
        public final void timeCelsiusToFahrenheit(int reps) {
            for (int i=0; i < reps; i++) {
                for (double t: temps) {
                    TemperatureConverter.celsiusToFahrenheit(t);
                }
```

```
            }
        }
    }
    public static void main(String[] args) {
        System.out.println("This is a caliper benchmark.");
    }
}
```

跟 Junit 测试类似，我们有一个 setUp()函数，这个函数会在测量之前执行。这个函数初始化了测量中要用到的随机温度数组。数组的大小作为参数传给 caliper，并且加上@Param 标签。Caliper 框架会自动将数组里面的值依次提供。

随机的温度值，我们选用的是高斯分布，高斯分布数据是真实场景的很好模型。

然后，开始测量了。跟我们之前提到的一样，这里需要用时间作为前缀开始，在这个例子中是 timeCelsiusToFahrenheit()。在这个方法里面，我们循环调用 TemperatureConverter.celsiusToFahrenheit()，也就是要被测量的函数。

2. 运行 caliper

我们用了一段脚本来执行 caliper，这段脚本是用来作分布式执行的。确保这个脚本放的位置在 PATH 环境变量中可以找到，或者用绝对路径来执行，如框 9.9 所示。

框 9.9

```
#!/bin/bash
VERSION=0.0
CALIPER_DIR=/opt/caliper-$VERSION
export PATH=$PATH:$JAVA_HOME/bin
exec java -cp ${CALIPER_DIR}/lib/caliper-${VERSION}.jar:$CLASSPATH
com.google.caliper.Runner "$@"
```

根据你自己的需要选择执行。在执行之前，记住我们要设置下 classpath，因此 caliper 就可以找到 TemperatureConverter 和测量文件。比如：

```
$ export
CLASSPATH=$CLASSPATH:~/workspace/TemperatureConverter/bin:~/
workspace/TemperatureConverterBenchmark/bin
```

然后，我们执行 caliper，如下：

```
$ caliper
com.example.aatg.tc.benchmark.TemperatureConverterBenchmark.
CelsiusToFahrenheitBenchmark -Dsize=1
```

这些命令可以运行测试，如果执行顺利，我们会得到下面结果，如框 9.10 所示。

框 9.10

```
0% Scenario{vm=java, benchmark=CelsiusToFahrenheit, size=1} 8.95ns; σ=0.11ns
@ 10 trials
.caliperrc found, reading properties...
```

```
ns logarithmic runtime
9 XXXXXXXXXXXXXXXXXXXXXXXXXXXXXX
vm: java
benchmark: CelsiusToFahrenheit
size: 1
```

另外，我们可以用不同的数量来测量，看看值的多少是否会对性能有影响。这种情况下，我们执行下面的命令：

```
$ caliper
com.example.aatg.tc.benchmark.TemperatureConverterBenchmark.
CelsiusToFahrenheitBenchmark -Dsize=1,10,100
```

这里，我们为温度数组设置了不同的大小，针对不同大小的结果如框 9.11 所示。

框 9.11

```
0% Scenario{vm=java, trial=0, benchmark=CelsiusToFahrenheit, size=1} 3.47 ns;
σ=0.19 ns @ 10 trials
33% Scenario{vm=java, trial=0, benchmark=CelsiusToFahrenheit, size=10} 11.67
ns; σ=1.20 ns @ 10 trials
67% Scenario{vm=java, trial=0, benchmark=CelsiusToFahrenheit, size=100} 63.06
ns; σ=3.83 ns @ 10 trials
size ns linear runtime
1 3.47 =
10 11.67 =====
100 63.06 ==============================
vm: java
trial: 0
benchmark: CelsiusToFahrenheit
```

为了把这些结果可视化，在谷歌 AppEngine 有个服务（http://microbenchmarks. appspot.com）。你把数据输入，它会让你的数据以更好的形式展现出来。要使用这个服务，你需要通过谷歌的登录名获得一个 API 密钥。一旦获得这个密钥，将它放在主目录的.caliperrc 文件中，再次启动测量的时候，结果就会上传到这个服务上。

你粘贴 API 密钥后的.caliperrc 文件的片断如下：

```
# Caliper API key for myuser@gmail.com
postUrl: http://microbenchmarks.appspot.com:80/run/
apiKey: 012345678901234567890123456789012
```

现在，用跟之前相同的命令来执行这个测量：

```
$ caliper
com.example.aatg.tc.benchmark.TemperatureConverterBenchmark.
CelsiusToFahrenheitBenchmark -Dsize=1,10,100
```

除了得到些文字输出外，你会收到一些访问在线结果的说明。你可以通过下面的地址访问到这次测试和之前测试的结果，如图 9.3 所示。

```
http://microbenchmarks.appspot.com/run/user@gmail.com/com.
example.aatg.tc.benchmark.TemperatureConverterBenchmark.
CelsiusToFahrenheitBenchmark.
```

前面的 URL 中的 Email 地址，user@gail.com，你要换成自己的，这样就可得到你自己的 API 秘钥。

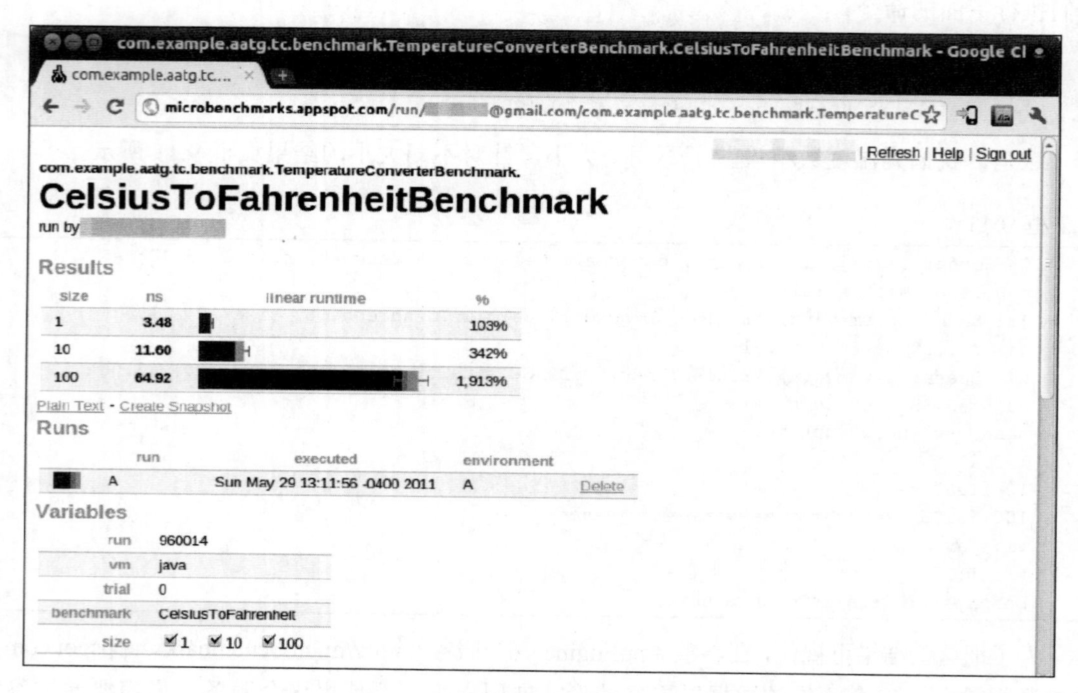

图 9.3　结果

9.4　小结

在本章，我们剖析了测试应用性能的几种方式，用测试和图形化的方式展现代码的性能。

虽然在写本书的时候，AndroidSDK 还没有提供一些用于性能测试的方案，没办法实现 AndroidPerformanceTestCases，因为有一些代码是隐藏在 SDK 内部，不对外提供，因此我们分析并选用了其他方法。

在这些选择方法中，我们发现可以简单地将执行状态打印在日志中，也可复杂点，扩展 Instrumentation 类。

紧接着，我们分析了图形化结果的选择，这里描述并举例说明了 traceView 和 dmtracedump 两种工具的用法。

最后，我们发现 caliper —— 一个测量工具，能够支持 Android。不过，我们只是介绍了一些它的基本用法，会在下一章解读更加具体的 Android 和 Dalvik VM 用法。

我们在第 10 章会用源代码来编译 Android，以便得到我们代码的覆盖率 EMMA 结果。我们还会介绍一些非传统测试技巧和工具的使用。

第 10 章　其他测试策略

到这个时候，我们已经研究了最通用的测试软件的方法。然而，完整的拼图似乎还缺少几块，而且 Android SDK 现有版本（在写本书的时候，还是 Android 2.3）中有些功能还未实现。不过，无论如何，并非所有功能都缺失。Android 的最强大的优势是开源的，正因为如此，我们可以在这里准备探索一些新功能，并且在完整的源代码基础上进行一些更改，以便满足我们自身的需求。

大家不要害怕从源代码开始编译 Android 平台。只是在最开始需要对 Android 环境进行了解，会花很多时间，另外会需要磁盘空间和时间。举个例子说明，一个简单版本的构建，多的时候需要 10G 的硬盘空间，在 4 核机器上大概需要 1 小时。我并不是想要吓唬你，只是提醒一下，同时请大家做好心理准备。

在这章节，我们会谈到：

- 从源代码构建 Android 平台；
- 用 EMMA 来评估代码覆盖率；
- 将代码覆盖率添加到我们的温度转换工程中；
- 介绍 Robotium；
- 在宿主 JVM 上测试；
- 介绍 Robolectric。

10.1　从源代码编译 Android 应用

如果说 Android 有致命要害，那可能就是缺少说明文档。当你要找一个东西的时候，需要访问好几个地方才能得到一个完整的版本。更糟的是，很多情况下，官方文档并不正确，或者很多文档已经过时了，跟现有最新版本不匹配。比如说，用源代码编译 Android 的需求文档，里面讲不支持 Java 6，可以用 Ubuntu 8.1.0 32bit，这是完全错误的。很搞笑的是，必须要安装 Java6，而 Ubuntu 至少要 10.04 64 位。从 Android 2.3 开始，已经不支持 32 位机器了。虽然没有授权，但是我在个人博客里有这些文档。当然，如果说官方文档是完整的、正确的，那就没有写这本书的必要了，我可能会写一本关于 Windows Phone7 的书。

开玩笑了，我相信文档错误在不久的将来是不会出现的。

10.1.1 代码覆盖率

下面，我们的目标之一就是从源代码构建 Android，并且通过 EMMA 支持覆盖率分析。

覆盖率是软件测试的一个衡量指标，它是用一定的标准来描述测试用例执行到的源代码的占比。因为代码覆盖率是直接检测代码的，因此，它算是一种白盒测试。

Java 代码覆盖率分析的工具有很多，我们这里选用 EMMA，它是一个开源的工具，用来衡量 Java 代码覆盖率，发送覆盖率报告。EMMA 支持 Android 工程，因此，你的 Android 程序框架天然支持 EMMA，实现覆盖率分析代价很小。EMMA 在使用的时候，会通过开源生态系统往代码中插入一些代码，这个开源系统没有现成的带证书的覆盖率工具，而 EMMA 是基于 IBM 公有证书 v1.0，因此，开源和商业开发都免费可用。

EMMA 和其他工具的不同点在于有一个独特的特征：即支持大型企业软件开发，又能够保持小型个体开发工作，快速迭代。对于一个工程来说，无论 Android 工程的大小，EMMA 都能够以最好的方式提供代码覆盖率分析，这是基本要素。

Emma 特征

Android 2.3 包含了 EMMA v2.0，5312 构建版本。这个文档重点描述了最特别的功能点，这些在网页上也能找到。

- EMMA 可以在线或者离线分析类的覆盖率。离线的时候，这些类要实现上传。在线的时候，EMMA 会用到一个类的加载器。
- 支持的覆盖分析粒度有：类、方法、行、基础块覆盖率。EMMA 还可以检测到一行代码是否是部分执行。
- 覆盖率状态也是按照方法、类、包以及所有类的水平来展示的。
- 输出报告的类型：纯文本，HTML，XML。所有类型的报告都支持从上到下，用户单击展开细节的模式。HTML 报告支持源代码的超链接。
- 输出报告会高亮度显示低于用户设置的阈值的代码行。
- 覆盖率数据可以从不同的设备中汇总到一起。
- EMMA 不需要访问源代码，它是在输入类的 debug 信息中获得的增量数据。
- EMMA 对于个别.class 文件或者整个.jar 包文件提交报告。还可以对有效的覆盖率子集进行筛选。
- 可以和制造、ANT 编译一起集成起来。

EMMA 执行非常快：增加一个设备总共用的时间很少，5%～20%，二进制代码执行本身也非常快（速度取决于文件输入输出的速度）。总共占用的内存也就几百个字节。

EMMA 是一个 100%纯 Java 工程，没有任何外部依赖库，在 Java2JVM 上就可以执行，甚至 1.2x 上都能运行。

Android 工程要使用 EMMA，需要一点点变化，这样就可以支持 Android 覆盖率。

- 把 core/res/emma_default.properties 下的 coverage.out.file 的位置放到/data/coverage.ec 中。
- 删除 core/java14/com/vladium/util/IJREVersion.java 中对 sun.misc.*的引用。
- 从 core/java13/com/vladium/util/exit/ExitHookManager.java 中删除对 sun.misc.*和 Sun JREExitHookManager 类的引用。
- 在 core/java12/com/vladium/emma/rt/InstrrClassLoader.java 中添加 java.security.cert. Certificate 修复编译问题。
- 将 out/core/res/com/vladium/emma/rt/RTExitHook.closure 从 pregenerated/文件夹中删除，因为这个文件不需要编译到 Android 构建中去，不过这个文件也不会影响 Emma 的构建。

10.1.2　对系统的要求

Android 构建需要一个 64 位编译环境和一些其他工具：

需要的包。

- Git、JDK、flex 和其他开发包。
- Java 6。
- 32 位跨系统编译环境。
- X11 开发环境。

如果你想执行命令，推荐使用 Ubuntu 10.04 LTS 64 位命令，如下：

```
$ sudo apt-get install git-core gnupg flex bison gperf libsdl-dev \libesd0-dev
libwxgtk2.6-dev build-essential zip curl libncurses5-dev \zlib1g-dev
$ sudo apt-get install gcc-multilib g++-multilib libc6-dev-i386 \lib32ncurses5-dev
ia32-libs x11proto-core-dev libx11-dev \lib32readline5-dev lib32z-dev
```

为系统设置正确的 Java 版本，默认情况下：

```
$ sudo update-java-alternatives -s java-6-sun
```

其他情况，参考 AOSP 的网站（http://source.andriod.com/source/download.html），看看最新的指令。

10.2　下载 Android 源代码

Android 平台是一个很多独立相关工程的集合，全部都在 Android 这个保护伞下运作。所有工程都是用 Git 作为版本控制工具。你可以访问 GitwebAndroid 工程接口来了解一下我所说的。

你可以看到这里列出了很多工程，需要这些所有工程在一起才能编译出一个完整的平台。为了简化处理大量 Git 工程这一过程，谷歌创建了 repo 工具，它在 Git 上帮助构建、管理所有 Git 工程，并把结果上传到版本控制中心，将 Android 开发流程的部分工作自动化掉了。

Repo 是 Git 的一个补充工具，并不能代替 Git。它使得 Git 能够更加适用于 Android。Repo 命令是用 Python 执行的，因此可以用 shell 脚本写，把它放在任何地方都可以执行。

更多关于 Git 和 Repo 在 Android 工程中的使用细节，可以参考网站 http://source.andriod.com/source/git-repo.html。

10.2.1 安装 repo

我们在之前提到，repo 是 Android 开源代码世界的关键部分，因此我们首先安装好 repo。用下面的命令：

```
$ curl http://android.git.kernel.org/repo > ~/bin/repo
$ chmod a+x ~/bin/repo
```

这个命令会新建并初始化一个 repo 脚本文件，这个脚本会初始化完整的代码库，代码库里面包含了 repo.git 工程，所以说 repo 是自动下载的。一旦你本地代码和代码库的不一样，必要情况下 repo 自己会上传。这是这个工具中一个非常聪明的用法。

10.2.2 新建一个工作目录

在本机的任何地方，都可以创建代码库的在本地拷贝。只要记住大概需要 10G 的工作空间，如果你要编译不同的目标项目，还需要更多的空间。

假设我们决定在~/android/android-2.3 下面建立工作目录，用下面的命令即可：

```
$ mkdir ~/android/android-2.3
$ cd ~/android/android-2.3
$ repo init -u git://android.git.kernel.org/platform/manifest.git
```

这些简单的步骤就可以创建好我们的工作目录，只需要同步下代码即可。记住，上传和下载量会很大，时间取决于你和服务器之间的网速。因此，比较明智的做法是在大的发布之后等几天，再从服务器上下载。

当你准备同步的时候，在工作目录下运行下面的命令：

```
$ repo sync
```

当你执行 repo sync 后，会发生什么呢？

- 如果这个工程从来没有同步过，repo sync 就等价于 git clone。所有的远程代码库里面的分支都会下载在本地目录中。
- 如果之前同步过，那么 repo sync 等价于。

（1）Git 更新。

（2）源代码/分支 rebase。

（3）体的分支，就是所在的目录对应的 check-out 分支。如果远程代码库中没有这个本地的分支，那么就不会发生任何代码同步。

- 如果 git rebase 结果有冲突，你需要用 Git 命令来解决这些冲突。（比如，git rebase --continue）。

这些都完成之后，完整的 Android 源代码就导入到本地工作目录了。我们还没有具体的分支，因此我们只是下载了 Android 开源项目的主分支。

10.2.3 编译步骤

我们已经准备启动编译，以便支持覆盖率分析了。有下面几个步骤需要操作，设置环境和选择我们的套餐，如框 10.1 所示。

框 10.1

```
~/android/android-2.3$ source build/envsetup.sh
including device/htc/passion/vendorsetup.sh
including device/samsung/crespo/vendorsetup.sh
~/android/android-2.3$ lunch
You're building on Linux
Lunch menu... pick a combo:
1. full-eng
2. full_x86-eng
3. simulator
4. full_passion-userdebug
5. full_crespo-userdebug
Which would you like? [full-eng]
```

在这个例子中选择 full-eng，结果如框 10.2 所示：

框 10.2

```
============================================
PLATFORM_VERSION_CODENAME=AOSP
PLATFORM_VERSION=AOSP
TARGET_PRODUCT=full
TARGET_BUILD_VARIANT=eng
TARGET_SIMULATOR=false
TARGET_BUILD_TYPE=release
TARGET_BUILD_APPS=
```

```
TARGET_ARCH=arm
TARGET_ARCH_VARIANT=armv5te
HOST_ARCH=x86
HOST_OS=linux
HOST_BUILD_TYPE=release
BUILD_ID=OPENMASTER
============================================
```

这个例子中我们还有几步需要操作。我们想要启动 EMMA 覆盖率，就需要在环境中设置下面的信息：

```
~/android/android-2.3$ export EMMA_INSTRUMENT=true
```

设置好了之后，再执行：

```
~/android/android-2.3$ make -j4
```

命令中的-j 或者—jobs 选项可以让你同时运行多个任务。这个选项很有用，可以在多处理器或者多核机器上加速编译过程。如果 j 后面不带参数，那么，并发任务就会没有限制，最大程度地同步进行。

一会之后，我们会得到很多信息，就可以构建了。如果一切顺利，在这些输出信息的最后，你会看到类似下面的信息，如框 10.3 所示。

框 10.3

```
Target system fs image: out/target/product/generic/obj/PACKAGING/
systemimage_intermediates/system.img
Install system fs image: out/target/product/generic/system.img
Installed file list: out/target/product/generic/installed-files.txt
```

这是因为我们在最后一步创建了一个系统图像以及一系列已经安装好的文件。如果编译失败，我们需要按照下面的建议，解决修复，或者在 AOSP 网页（http://source.andriod.com/ource/building.html）中找答案。如果有些问题比较棘手，这里有一些小提示，你可以用来还原环境。

小提示：如何避免编译失败

Clean 命令，用 make clean，然后再次翻译。

有时候，减少并发任务个数也很有帮助，make-j 或者 make-jobs。

有时候，编译失败后什么都不做再次编译就能成功。当然，这听上去很不可思议。不过如果你尝试了所有其他方法都不行的话，就试试这个吧。

现在，我们构建好了之后，就可在测试工程中获得代码覆盖率分析了。因此，这也是我们下一步要做的。

10.3 TemperatureConveter 代码覆盖率

我们之所以要从源代码编译 Android 平台以便获得覆盖率报告，主要有两个原因：

（1）我们需要一个 EMMA 构建，这就是前一节做的。

（2）为了能够装备我们的应用，使得应用可以作为主编译树的一部分，这也是我们现在要做的我们应用和测试工程，在 Android 树中的位置可能是 development/samples，因此，我们准备用这个文件。如果你想换个不同的位置，需要在文件和命令中修改一点命令。

我们已经现成有一个 TemperatureConverter 项目，它的测试工程 TemperatureConverterTests 也在我们文件系统上。如果你想要的话，可以把测试工程加入版本控制中，因此，可以选择在同一个目录下导出工程，也可选择新建一个代表测试工程的链接。在这个简单的例子中，我们选择后者，如框 10.4 所示。

框 10.4

```
~/android/android-2.3/development/samples$ ln -s ~/workspace/
TemperatureConverter .
~/android/android-2.3/development/samples$ ln -s ~/workspace/
TemperatureConverterTest .
```

接下来，我们需要添加一些编译好的文件。用 Eclipse 编译好工程，然后添加 ant 支持。现在，我们用第三方构建系统中的一些功能支持：make。

Android 的构建过程是通过这个 make 命令达成的。我们用这个命令来转换，使得应用和测试工程成为 Android 构建的一部分。

在 TemperatureConverter 工程里面新建一个 Andriod.mk 文件，如框 10.5 所示。

框 10.5

```
LOCAL_PATH:= $(call my-dir)
include $(CLEAR_VARS)
LOCAL_MODULE_TAGS := samples
# Only compile source java files in this apk.
LOCAL_SRC_FILES := $(call all-java-files-under, src)
LOCAL_PACKAGE_NAME := TemperatureConverter
LOCAL_SDK_VERSION := current
include $(BUILD_PACKAGE)
```

如果执行的话，这个 makefile 文件会被包含在主构建过程中。

要分开编译，我们可以用到一个帮助函数，当我们用 envsetup.sh 来初始化的时候，这个帮助函数在环境中就定义好了：

框 10.6

```
mm ()
{
   if [ -f build/core/envsetup.mk -a -f Makefile ]; then
   make $@;
   else
   T=$(gettop);
   local M=$(findmakefile);
   local M='echo $M|sed 's:'$T'/::'';
   if [ ! "$T" ]; then
   echo "Couldn't locate the top of the tree.
Try setting TOP.";
   else
   if [ ! "$M" ]; then
   echo "Couldn't locate a makefile from the
current directory.";
   else
   ONE_SHOT_MAKEFILE=$M make -C $T all_modules $@;
   fi;
   fi;
   fi
}
```

框 10.6 中，这个函数提供了定位和引入需要部件的公式化代码。用它来构建应用程序，只需要在我们需要构建的工程所在的文件夹中，简单地调用这个函数。

```
~/android/android-2.3/development/samples/TemperatureConverter$ EMMA_
INSTRUMENT=true mm
```

在环境变量中，我们通过命令设置 EMMA_INSTRUMENT=true，也就是设置 EMMA 可用，然后就可以看到下面的信息，如框 10.7 所示。

框 10.7

```
EMMA: processing instrumentation path ...
EMMA: instrumentation path processed in 149 ms
EMMA: [14 class(es) instrumented, 4 resource(s) copied]
EMMA: metadata merged into [/home/diego/android/android-2.3/out/target/
common/obj/APPS/TemperatureConverter_intermediates/coverage.em] {in 16 ms}
```

这就意味着构建已经设备化了。我们可以用同样的方法来编译和装备测试用例。在 TemperatureConverterTest 工程中新建相应的 makefile 文件：Andriod.mk，这次包含的信息，跟主工程的有点不同，如框 10.8 所示。

框 10.8

```
LOCAL_PATH:= $(call my-dir)
include $(CLEAR_VARS)
# We only want this apk build for tests.
LOCAL_MODULE_TAGS := tests
```

```
LOCAL_JAVA_LIBRARIES := android.test.runner
LOCAL_STATIC_JAVA_LIBRARIES := easymock hamcrest-core \
hamcrest-integration hamcrest-library
# Include all test java files.
LOCAL_SRC_FILES := $(call all-java-files-under, src)
LOCAL_PACKAGE_NAME := TemperatureConverterTest
LOCAL_INSTRUMENTATION_FOR := TemperatureConverter
LOCAL_SDK_VERSION := current
include $(BUILD_PACKAGE)
LOCAL_PREBUILT_STATIC_JAVA_LIBRARIES := \
easymock:libs/easymock-2.5.2.jar \
hamcrest-core:libs/hamcrest-core-1.2-android.jar \
hamcrest-integration:libs/hamcrest-integration-1.2-android.jar \
hamcrest-library:libs/hamcrest-library-1.2-android.jar
include $(BUILD_MULTI_PREBUILT)
```

这里有一点复杂，因为用例需要用到外部库，我们需要在构建过程中定义这些库。我们还用 mm 函数来构建：

```
~/android/android-2.3/development/samples/TemperatureConverterTest \
$ EMMA_INSTRUMENT=true mm
```

现在，我们已经成功编译了 TemperatureConverter 应用以及对应的测试工程，作为主 Android 编译的一部分。此时，我们准备好看代码覆盖率分析报告了，只需要按照下面几步走就行。

10.3.1 生成代码覆盖率分析报告

已经走到这步，TemperatureConverter 和测试用例都已经装备和编译好了，就在我们输出目录中，这里是 out/target/common/obj/APPS/。

我们在装备构建中有一个模拟器实例。这个模拟器也在 out 目录中。

这个情况中，我们将默认的系统分区大小升级到 256MB，还需要事先新建一个 SD 卡图像。在执行测试用例的时候，需要一些空间保存和收集测试结果数据。

```
~/android/android-2.3$ ./out/host/linux-x86/bin/emulator -sdcard ~/tmp/sdcard.img
-partition-size 256
```

这里的目的就是将模拟器上的数据变化同步到图像上。

做这些步骤的时候，要避免在数据发生变化或者更新的时候，只是将改变的文件部分反应在新建的图像上。因此，我们首先需要将写系统图像的权限打开：

```
~/android/android-2.3$ adb remount
```

这个命令如果成功运行的话，就会有下面的输出：

```
remount succeeded
```

紧接着更新就会同步：

```
~/android/android-2.3/development/samples/TemperatureConverterTest$ adb sync
```

这里显示了所有复制到模拟器的图片中的列表。一旦所有更新都完成了，我们可以用 am instrument 来执行测试用例，跟我们之前做的一样。我们第 2 章提到，Android 测试，我们重新看一下这个命令的选项，-e 可以用来设置变量值。在这个例子中，我们用它来打开覆盖率统计：

```
~/android/android-2.3$ adb shell am instrument -e coverage 'true' \
-w com.example.aatg.tc.test/android.test.InstrumentationTestRunner
```

下面这些信息说明了测试程序正在收集覆盖率数据：

```
EMMA: collecting runtime coverage data ...
```

最后的一行信息，告诉我们这些数据保存在哪里：

```
Generated code coverage data to /data/data/com.example.aatg.tc/files/coverage.ec
```

我们在开发机器上新建一个目录文件来保存这个项目的覆盖率报告。在这个目录中，我们还应该把离线的覆盖率数据复制出来，然后生成报告：

```
~/android/android-2.3$ mkdir -p out/emma/tc
~/android/android-2.3$ cd out/emma/tc
```

然后，我们从设备中把覆盖率报告复制出来：

```
~/android/android-2.3/out/emma/tc$ adb pull /data/data/com.example.aatg.tc/files/coverage.ec
coverage.ec
```

数据传完之后，我们会得到下面的信息：

```
200 KB/s (22840 bytes in 0.110s)
```

以及离线覆盖率数据：

```
~/android/android-2.3/out/emma/tc$ cp
~/android/android-2.3/out/target/common/obj/APPS/TemperatureConverter_intermediates/cover
age.em .# not the dot (.) at the end
```

工作目录下，有了所有这些文件，就更容易将命令行的选项具体化。如果你喜欢，还可以用别的组织结构，将文件保存在别的地方，甚至新建相应的链接。

读过所有这些之后，我们可以启动 EMMA 来生成报告了。默认的报告会显示所有的覆盖率概要，紧跟着是包的降解细分。在这个例子里，我们用了 HTML 输出，能链接到资源文件。

> 如果你的 TemperatureConverter 主工程的资源文件夹地址不是~/workspace/TemperatureConverter/src 而是其他的，别忘了执行下面这个命令，否则，就会失败：~/android/android-2.3/out/emma/tc$ java -cp~/android/android-2.3/external/emma/lib/emma.jar emma

当我们看到下面的信息时，表明正在创建报告，如框 10.9 所示。

框 10.9

```
EMMA: processing input files ...
EMMA: 2 file(s) read and merged in 20 ms
EMMA: writing [html] report to [/home/diego/android/android-2.3/out/emma/tc/
coverage/index.html] ...
```

这样就在覆盖率报告目录里面新建了报告文件，因此我们可以通过调用这个命令再打开索引：

```
~/android/android-2.3/out/emma/tc$ firefox coverage/index.html
```

然后，覆盖率报告就展示出来了，见图 10.1 所示。

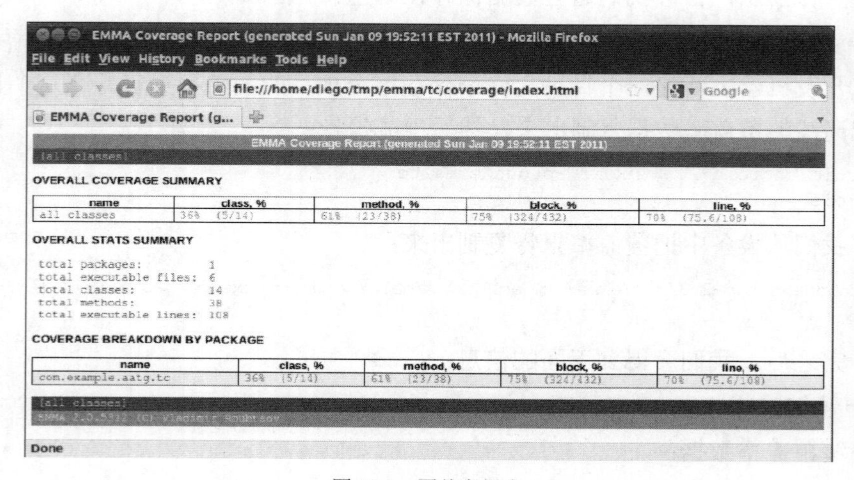

图 10.1 覆盖率报告

这个报告主要包括 3 个主要部分。

（1）全部覆盖率概要：所有的类的概要都在这里展示出来。

（2）所有的静态检查概要：静态检查的覆盖率也在这里展示，比如，包、类以及行都展示在这里。

（3）包的覆盖率降解：在更大的应用中，这里会展示特殊的包覆盖率。在这个例子中，跟总的是一致，因为就一个包。

覆盖率报告中包含的信息是以从上到下、从总到分的方式来展现的，最开始是所有类的覆盖率，然后逐渐降解细化到函数级别和代码行级别（HTML 报告形式）。

EMMA 的覆盖率的最基本单元是基础模块；其他的覆盖率指标都是从基础模块覆盖率上继承扩展的。行覆盖率经常被用来链接到源代码。

表 10.1 描述了 EMMA 覆盖率报告中的重要信息点。

表 10.1

标签	描述
name	类或者包的名字
Class,%	所有类的覆盖率占比
Method,%	所有方法的覆盖率占比。这是一个基础的 Java 方法，是由很多基础模块组成的
Block，%	所有模块的覆盖率占比。一个模块的定义就是一系列指令集合，指令中不含任何跳转和跳转目标
Line,%	所有行的覆盖率，这个通常链接到源代码级别

当这些覆盖率指标低于给定的某个阈值的时候，就会以红色的形式展示在报告中。默认情况下，指标的阈值是。

- 方法覆盖率：70%。
- 模块覆盖率：80%。
- 行覆盖率：80%。
- 类覆盖率：100%。

所有这些指标阈值都可以更改，在配置文件中或者用带参数的命令行来改。

我们可以展开包覆盖率来看每个方法和行覆盖率，覆盖到的行就是绿色的，没有覆盖的是红色，部分覆盖到的是黄色。

举个例子，图 10.2 所示是 TempreatureConverter 类的报告图。

在这个报告中，我们可以看到 TemperatureConverter 类并不是 100%覆盖到的，但是所有内部基础模块却 100%覆盖了。

这是为什么呢？

想一下.....

是的，因为内部的默认构造函数没有测到。但是，等一下；这个工具类并不需要实例化。在这里我们可以看到覆盖率分析不仅仅能够帮助测试，还能够发现潜在的 Bug，改善优化代码设计。

避免这个 TemperatureConverter 类被实例化，可以将构造函数变成私有的，如框 10.10 所示。

框 10.10

```
public TemperatureConverter {
    …
    private TemperatureConverter() {
    }
    ...
}
```

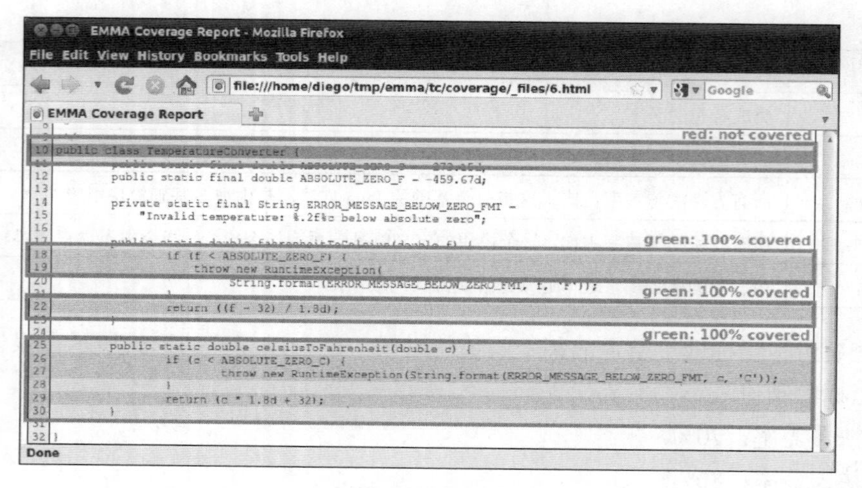

图 10.2 报告图

当我们将构造函数变成私有的之后，执行测试用例、更新报告，我们可以看到，虽然并非所有类都是 100%覆盖到，但是我们可以保证其他类不可能再调用到这个构造函数了。

10.3.2 实例恢复的覆盖状态

另外有一个情况需要分析一下。在 TemperatureConverterActivity 报告中，我们可以看到有一些模块没有覆盖到，是红色的。其中一个模块的作用是恢复一个先前添加和保存好的实例，虽然这个模块不是功能性的，但是日志信息让我们认为必须用个用例来覆盖到。

刚提到的 TemperatureConverterActivity.java 代码如框 10.11 所示。

框 10.11

```
/** Called when the activity is first created. */
@Override
public void onCreate(Bundle savedInstanceState) {
    super.onCreate(savedInstanceState);
    setContentView(R.layout.main);
    if ( savedInstanceState != null ) {
        Log.d(TAG, "Should restore state from " +
        savedInstanceState);
    }
    …
```

要测试这段代码，我们必须控制 onCreate()函数的调用，并且注入一个 mock 的 Bundle 来模拟真实 Android 生命周期。

你可能会想到利用之前我们创建的类来添加测试用例，但是，如果你还记得的话，在之前的章节，我们提到，如果我们需要对被测活动对象进行更高层次的控制，就应该用 ActivityUnitTestCase<T>，而不是 ActivitiInstrumentationTestCase2<T>，这两个类都是继承 InstrumentationTestCase（第 3 章，在 AndroidSDK 上构建块，里面有 ActivityInstrumentationTest Case2<T>的 UML 图）。

基于 ActivityUnitTestCase<T>的测试用例，可以让我们在 onCreate()中注入想要的值，通过用 startActivity（Intent intent,Bundle savedInstanceState,Object lastNonConfigureationInstance）来启动活动。

下面这段代码片段展示了我们添加到现有 TemperatureConverterActivityUnitTests 中的测试用例，如框 10.12 所示。

框 10.12

```
package com.example.aatg.tc.test;
import com.example.aatg.tc.TemperatureConverterActivity;
import com.example.aatg.tc.TemperatureConverterApplication;
import android.app.Instrumentation;
import android.content.Intent;
import android.os.Bundle;
import android.test.ActivityUnitTestCase;
public class TemperatureConverterActivityUnitTests extends
ActivityUnitTestCase<TemperatureConverterActivity> {
    public TemperatureConverterActivityUnitTests(String name) {
        super(TemperatureConverterActivity.class);
        setName(name);
    }
    protected void setUp() throws Exception {
        super.setUp();
        mStartIntent = new Intent(Intent.ACTION_MAIN);
        mInstrumentation = getInstrumentation();
        setApplication(new TemperatureConverterApplication());
    }
    protected void tearDown() throws Exception {
        super.tearDown();
    }
    // other tests not displayed here …
    public final void testOnCreateBundle() {
        Bundle savedInstanceState = new Bundle();
        savedInstanceState.putString("dummy", "dummy");
        setApplication(new TemperatureConverterApplication());
        Intent intent = new Intent(mInstrumentation.getTargetContext(),
        TemperatureConverterActivity.class);
        startActivity(intent, savedInstanceState, null);
        TemperatureConverterActivity activity = getActivity();
        assertNotNull(activity);
    }
}
```

框 10.12 这里，我们创建了一个只包含 dummy 变量的 Bundle，在这个活动中，没有任何预期。另外，我们注入一个真实的 TemperatureconverteApplication 对象，而不是 mock 的应用，因为在活动的 onCreate()函数中，如果用到这个 mock 的对象来计算，就肯定会失败。

在这个类中没有添加其他的测试用例，因为在状态存储的时候，没做什么特别的事情。如果你的应用有别的特殊的地方，可以在校验结果中加上。

现在可以重新跑一下覆盖率测试，然后看到我们这个代码块已经覆盖到了。

10.3.3 覆盖异常情况

继续看一下样例的覆盖率报告，大家可以发现一些其他没有被用例覆盖到的代码块。这个代码块就是 TemperatureConverterActivity 中跟在 try-catch 后面的最后一个 catch 模块，如框 10.13 所示。

框 10.13

```
try {
    final double temp = Double.parseDouble(str);
    final double result = (mOp == OP.C2F) ?
    TemperatureConverter.celsiusToFahrenheit(temp) :
    TemperatureConverter.fahrenheitToCelsius(temp);
    final String resultString = String.format("%.2f", result);
    mDest.setNumber(result);
    mDest.setSelection(resultString.length());
} catch (NumberFormatException e) {
    // WARNING
    // this is generated while a number is entered,
    // for example just a '-'
    // so we don't want to show the error
} catch (InvalidTemperatureException e) {
    mSource.setError("ERROR: " + e.getLocalizedMessage());
}
```

我们应该再提供一个测试用例，最好是一对测试用例，其中一个用来测试异常的温度值，来验证错误能够正常捕获到。这个是 TempreatureConverterActivityTests 中的用来测试摄氏温度的用例，你可以很容易改编成其他用例，如框 10.14 所示。

框 10.14

```
Public void testInvalidTemperatureInCelsius() throws Throwable {
    runTestOnUiThread(new Runnable() {
        @Override
        public void run() {
            mCelsius.clear();
```

```
            mCelsius.requestFocus();
        }
    });
    // temp less than ABSOLUTE_ZERO_C
    assertNull(mCelsius.getError());
    sendKeys("MINUS 3 8 0");
    assertNotNull(mCelsius.getError());
}
```

我们清除下被测字段的内容，然后把焦点设置在这个字段。跟之前一样，需要通过 UI 线程来做，否则，会收到异常。然后，检查下没有环境的错误，设置异常温度值，就会收到一个错误信息，验证下错误信息不为空。再一次执行端到端的进程，通过完整的覆盖率可以证明这段代码已经被覆盖到了。

这是一个可以循环的过程，你可以不断新增用例，使得代码尽量都覆盖到，变成绿色。理想情况应该是 100%覆盖，但是有时候有的代码在测试过程中很难执行到。

10.3.4 绕过访问限制

有一段为了满足需求添加的代码，很难通过测试用例覆盖到，私有构造函数 TemperatureConverter，它始终是红色的。这种情况下，是放任不管还是采用一个更加复杂的解决方案，利用反射来绕过访问限制，通过这种方式写一个测试用例。虽然这种方式不推荐使用，但是严格地说，测试只能覆盖到公有的接口，我们在这里只是想给大家演示下这种技术。

我们在 TemperatureConverterTests 类中添加这个用例，如框 10.15 所示。

框 10.15

```
public final void testPrivateConstructor() throws
SecurityException, NoSuchMethodException,
IllegalArgumentException, InstantiationException,
IllegalAccessException, InvocationTargetException {
    Constructor<TemperatureConverter> ctor =
    TemperatureConverter.class.getDeclaredConstructor();
    ctor.setAccessible(true);
    TemperatureConverter tc = ctor.newInstance((Object[])null);
    assertNotNull(tc);
}
```

这个例子演示了如何利用反射来绕过访问限制，新创建一个 TempreatureConstrunctor 实体，然后验证创建结果是成功的。

如果你对这个技术不熟悉，可以参考 Java 指南中的进阶部分，关于 Java 反射（http://download.oracle.com/javase/tutorial/reflect/）。

10.3.5 覆盖可选菜单的测试

再看一眼覆盖率报告，你会发现测试用例还有一个方法没有覆盖到。这就是 TEmperatureConverterAcitivity.onCreateOptionsMenu()，这个方法的作用是我们在特殊的环境下，新建一个菜单，包含很多选项。做法十分简单和直接。它创建了一个 MenuItem，单击的时候，通过对应的响应，会调用 TemperatureconverterPreferences 活动。这就是我们要测试的东西。从之前的经验来讲，如果我们想知道一个活动是否是被测活动唤起的，那么我们需要一个 ActivityMonitor，因此，新建的测试用例是要基于这个部件来做的。

下面这个是我们添加到 TemperatureConverterActivityTests 类中的新用例，如框 10.16 所示。

框 10.16

```
public final void testOnCreateOptionsMenu() {
    final Instrumentation instrumentation = getInstrumentation();
    final ActivityMonitor preferencesMon =
    instrumentation.addMonitor(
    "com.example.aatg.tc.TemperatureConverterPreferences",
    null, false);
    assertTrue(instrumentation.invokeMenuActionSync(
    mActivity, TemperatureConverterActivity.
    MENU_ID_PREFERENCES, 0));
    final Activity preferences =
    preferencesMon.waitForActivityWithTimeout(3000);
    assertNotNull(preferences);
    preferences.finish();
}
```

首先，跟其他用例一样，我们先获得 Instrumentation 对象。然后，用 addMonitor()来添加一个监控，这个方法作了很方便的封装，创建 AcitivityMonitor 并返回。用这个方法新建的 Monitor 是以活动命名的，第一个参数就是对应的活动，第二个参数表示这个监控对象为空，因为我们这里不关心，第三个参数 false 表示监控不要阻碍对应的活动启动。一旦这个类型的活动启动了，监控就会执行。

接下来，我们调用选择菜单中 ID 为 0 的元素，不传任何标识，元素的 ID 在 onCreateOptionsMenu()中定义的。如果在这个用例中 invokeMenuActionSync()返回 true，表示调用成功。

等活动开始的时候，我们可以验证活动真的被唤起了，用 waitForActivityWithTimeout()的返回来判断，如果返回结果 null，说明活动启动超时了。最后，用 finishing()来结束活动。

这是一个很好的 AcitivityMonitor 使用的例子。不过，如果要在真实的功能测试中继续测试新的活动，单击一些特殊的按钮，这种方法还是有很大局限性的。因此，肯定还有另一种方式，是的，还有另外的方式！

我们在下面一节来探索新的方式。

10.4 没有归档的 ant 覆盖率目标

如果用 make 方法来编译对于你来说没啥吸引力，这里还有另外一种方式。Android 工具最新的版本包含了一个未归档的选择，归档的命令之前提到过有：help、clean、compile、debug、release、install 和 uninstall。

这里想说的是 coverage，可以在 temperatureConverterTest 工程中这样用：

```
$ ant coverage
```

为了让所有的子任务都成功执行，应该选择一个合适的设备或者模拟器。

然后，会看到下面的输出（由于篇幅有限，有的部分已经被修剪了），如框 10.17 所示。

框 10.17

```
Buildfile: <path/to>/TemperatureConverterTest/build.xml
[setup] Android SDK Tools Revision 11
[setup] Project Target: Android 2.3.1
...
-set-coverage-classpath:
-install-instrumented:
...
-package-with-emma:
...
-install-with-emma:
...
coverage:
[echo] Running tests ...
[exec]
[exec] com.example.aatg.tc.test.EditNumberTests:.......
[exec] com.example.aatg.tc.test.
TemperatureConverterActivityTests:..............
[exec] com.example.aatg.tc.test.
TemperatureConverterActivityUnitTest:...
[exec] com.example.aatg.tc.test.
TemperatureConverterApplicationTests:....
[exec] com.example.aatg.tc.test.TemperatureConverterTests:.......
[exec] com.example.aatg.tc.test.robotium.
TemperatureConverterActivityTests:..
[exec] Test results for
InstrumentationTestRunner=..........................
```

```
[exec] Time: 61.931
[exec]
[exec] OK (38 tests)
[exec]
[exec]
[exec] Generated code coverage data to
/data/data/com.example.aatg.tc/files/coverage.ec
[echo] Downloading coverage file into project directory...
[exec] 14 KB/s (751 bytes in 0.050s)
[echo] Extracting coverage report...
...
[echo] Saving the report file in <path/to>/
TemperatureConverterTest/coverage/coverage.html

BUILD SUCCESSFUL
Total time: 1 minute 31 seconds
```

这几个自动化步骤之前描述过。但是因为这个命令没有归档，有可能在不久的将来会删掉或者发生变化。另一方面，如果工程非常复杂或者依赖好多项目，这种编译目标会失败，而 makefile 肯定会成功，因此，coverage 要慎用。

10.5 Robotium 介绍

新型的大型机器人其中一个组件就是 Robotium（http://code.google.com/p/robotium/），它是一个测试框架，用来简化编写测试用例的过程，需要了解被测应用的最小知识集合。Robotium 主要是面向写一些强大的、自动化的黑盒 Android 测试用例。它可以覆盖功能型、系统、验收测试场景，甚至可以在同一个应用中，自动操作多个 Android 行为。

Robotium 还可以用来测试那些我们不知道源代码的应用，甚至预设应用。

Robotium 支持所有的行为、对话、弹出框，菜单以及上下文菜单。

我们现在就用 Robotium 来为 TemperatureConverter 新建一些测试用例。为了测试用例的组织结构好一点，我们给新建的包命名叫做 com.example.aatg.tc.tests.robotium，放在 TemperatureConverterTest 工程里面。在这个包下面，我们正在给测试用例新建一个类，因为要开始测试 TemperatureConverterActivity 了。我们可以取名为 TemperatureConverterActivityTests，虽然在另外一个包也有同样名字的类，那个类扩展了 ActivityInstrmentationTestCase2，不过因为不在同一个包下面，名字相同也没事。毕竟，这两个测试类都是用来测试同一个活动的。

10.5.1 下载 Robotium

我们需要下载 robotoim-solo 的 JAR 包文件以及它对应的 Javadoc 文件，把这两个文件添加到工程中去。访问 Robotium 下载页面（http://code.google.com/p/robotium/downloads/list），然后选一个最新的版本，在本书编写的时候，最新版本是 robotium-solo-2.1.jar。

10.5.2 工程设置

我们需要在 TemperatureConverterTest 工程属性的 JAVA Build Path|libraries 中添加这个 jar 包。添加好了之后，你展开这个节点，选中 JAVAdoc in archive 选项，添加 Javadoc 的地址，指向压缩的 JAR 文件。

10.5.3 新建测试用例

从前面的章节，我们知道如果为活动创建了测试用例，这些测试用例应该连接到系统的基础设施上执行，因此我们要将测试用例继承 ActivitInstrumentationTestCase2，这也是接下来要做的事情。

10.5.4 testFahrenheitToCelsiusConversion()测试

测试用例的结构跟基于 Instrumentation 类写的测试用例或多或少有点类似。不同之处在于我们需要实例化 Robotium 的 Solo，在测试用例的 setUp()中实例化，然后再 tearDown()中 finalize()掉，如框 10.18 所示。

框 10.18

```
package com.example.aatg.tc.test.robotium;
import android.test.ActivityInstrumentationTestCase2;
import com.example.aatg.tc.TemperatureConverterActivity;
import com.jayway.android.robotium.solo.Solo;
/**
* @author diego
*
*/
public class TemperatureConverterActivityTests extends
ActivityInstrumentationTestCase2<TemperatureConverterActivity> {
    private Solo mSolo;
    private TemperatureConverterActivity mActivity;
    /**
* @param name
*/
    public TemperatureConverterActivityTests(String name) {
        super(TemperatureConverterActivity.class);
        setName(name);
```

```
    }
    /* (non-Javadoc)
  * @see android.test.ActivityInstrumentationTestCase2#setUp()
  */
    protected void setUp() throws Exception {
        super.setUp();
        mActivity = getActivity();
        mSolo = new Solo(getInstrumentation(), mActivity);
    }
    /* (non-Javadoc)
  * @see android.test.ActivityInstrumentationTestCase2#tearDown()
  */
    protected void tearDown() throws Exception {
        try {
            mSolo.finalize();
        }
        catch (Throwable ex) {
            ex.printStackTrace();
        }
        mActivity.finish();
        super.tearDown();
    }
}
```

要实例化 Solo，我们需要把引用传给 Instrumentation 和被测的活动。

另一方面，要结束 Solo，我们可以调用 finalize()方法，然后结束掉这个行为，最后调用 super.tearDown()。

Solo 提供了很多方法来驱动 UI 测试和断言。让我们从重写 testFahrenheitToCelsiusConversion()开始，之前采用的是传统方法，但是这个用例中用 Solo 提供的方法，如框 10.19 所示。

框 10.19

```
public final void testFahrenheitToCelsiusConversion() {
    mSolo.clearEditText(CELSIUS);
    mSolo.clearEditText(FAHRENHEIT);
    final double f = 32.5d;
    mSolo.clickOnEditText(FAHRENHEIT);
    mSolo.enterText(FAHRENHEIT, Double.toString(f));
    mSolo.clickOnEditText(CELSIUS);
    final double expectedC =
    TemperatureConverter.fahrenheitToCelsius(f);
    final double actualC =
    Double.parseDouble(mSolo.getEditText(CELSIUS).
    getText().toString());
    final double delta = Math.abs(expectedC - actualC);
    final String msg = "" + f + "F -> " + expectedC +
    "C but was " + actualC + "C (delta " + delta + ")";
    assertTrue(msg, delta < 0.005);
}
```

这里很类似，不过你注意到的第一个不同点在于，这个用例我们没有像之前那样获取 UI 元素指针，之前是在 setUp()方法中用 findViewById()来定位视图的。这里，我们利用了 Solo 最大的一个优势，就是用一些标准来定位视图。这个用例中，标准就是他们在屏幕上展示的顺序，因为他们的索引都分配好了。mSolo.clearEditTest（int index）方法入参是元素在屏幕上的位置，用 int 索引表示，从 0 开始计算。因此，我们在测试用例中给这些常量赋值，对应 UI 上的元素，摄氏度这个字段是在最上面，华氏温度区域是在下面：

```
private static final int CELSIUS = 0;
private static final int FAHRENHEIT = 1;
```

另一个方法也是同样的方式，必要的时候就会提供这些常量。这个测试用例跟 com.example.aatg.tc.test.TemperatureConverteerActivityTest 很像，但是仔细观察，你会发现细小的不同点。这里我们站在一个更高的角度，不用去担心交互或者执行细节；比如，在我们之前的测试用例中，调用 mCelsius.requestFocus()来触发温度转换，但是这里，我们只是模拟了用户操作，调用 mSolo.clickOnEditTest(CelSius)。

正因为这点，我们也同样不想用 EditNumber.getNumber()。我们只需要获得屏幕上文本框中的数据，转换成 Double 型，然后跟预期值对比。

我们切合实际地简化了测试用例，但是 Solo 的最大优势还没有显示出来，即将开始。

10.5.5 再访 testOnCreateOptionsMenu()

自从宣布要实现 testOnCreteOptionsMenu()以来，你可能等这一刻已久。这次我们要站在更高的角度，不处理这些细节。在单击菜单选项的时候，唤起一个新的活动，这已经不是我们的问题了；我们只需要从 UI 的视觉角度来处理这个用例。

下面截图展示了小数点区域的对话框，如图 10.3 所示。

我们的目的是将小数点区域的值变成 5，然后验证这个变化的真实发生效果。

下面这段代码片段描述了测试用例的详细情况，如框 10.20 所示。

框 10.20

```
public final void testOnCreateOptionsMenu() {
    final int decimalPlaces = 5;
    final String numberRE = "^[0-9]+$";
    mSolo.sendKey(Solo.MENU);
    mSolo.clickOnText("Preferences");
    mSolo.clickOnText("Decimal places");
    assertTrue(mSolo.searchText(numberRE));
    mSolo.clearEditText(DECIMAL_PLACES);
    assertFalse(mSolo.searchText(numberRE));
    mSolo.enterText(DECIMAL_PLACES,
```

```
    Integer.toString(decimalPlaces));
    mSolo.clickOnButton("OK");
    mSolo.goBack();
    mSolo.sendKey(Solo.MENU);
    mSolo.clickOnText("Preferences");
    mSolo.clickOnText("Decimal places");
    assertTrue(mSolo.searchText(numberRE));
    assertEquals(decimalPlaces, Integer.parseInt(
    mSolo.getEditText(DECIMAL_PLACES).
    getText().toString()));
  }
```

你是不是已经看到不同的地方了？这里没有“这些步骤如何实现的”细节，我们只是测试它的功能。我们在一开始的时候按下MENU键，然后单击Preferences选项。哇，我们只需要具体到菜单选项的标题，就这么简单！

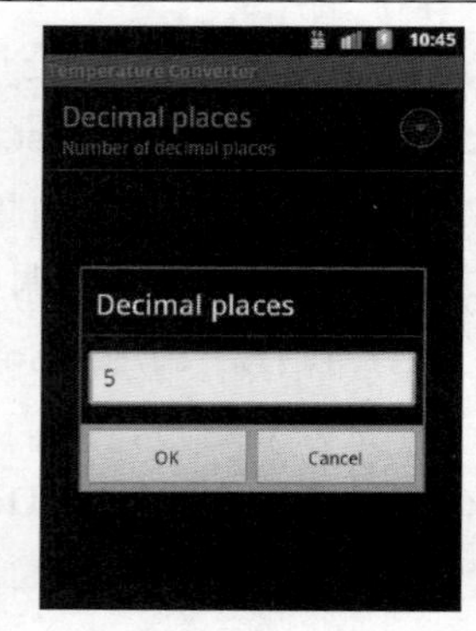

图10.3 对话框

然后，新的活动行为被触发了，不过我们不需要担心它。我们继续，单击Decimal places。

验证一些别的包含数据的区域，也就是这个数值的引用，也发生了变化。你还记得我说过正则表达式么：它们不是在这里要用就是那里要用，而且很方便；这里用来匹配小数（带0个或者多个小数位）。然后，我们清除这个字段，然后验证下真的被清除了。

我们输入一个string类型的代表数字的字符，比如5。单击OK按钮，然后这个数字保存好了。

剩下就是验证真的保存下来了。验证过程同样是获取menu以及字段区域，最后校验数字真的在里面。

我们可能在想，DECIMAL_PLACES是从哪里来的？我们在之前定义了CELSIUS和FAHRENHEIT常量，作为屏幕上区域的索引，这里也一样，由于这是第三个文本框，我们在类中定义：

```
Private static final int DECIMAL_PLACES = 2;
```

可以根据你自己的偏好，从Eclipse或者命令行来执行用例。

我希望你跟我一样也享受这种简化，现在你的大脑满是如何实现自己的用例了。

10.6 在主机JVM上测试

我们将这一主题放在本章的最后一部分，因为它对Android平台很重要。

你肯定知道 Android 的诞生：它是在冰岛的一个村庄里面，基于一个名叫 Dalvik 的虚拟机，为了优化有限的移动资源而创造出来的。比如有限的内存含量和处理器速度。这当然跟在开发机上的环境大不一样，开发机可以享用足够的内存和处理器速度。

通常，我们都是在模拟器或者设备上运行应用和测试用例。这些目标设备都是很慢的真机或者模拟的 CPU。如果工程开始壮大，测试驱动开发技术强迫我们实现成百上千条用例，来保证不断变化的代码质量，在这种情况下，执行测试用例是一项十分耗时的活动。

值得注意的是，这种技术仅仅适合在研发阶段的备选，以便提高研发效率。它不能代替最终的真机测试。因为 Dalvik 和 JavaSE，在真机和模拟器上的表现还是有兼容性差异的。

接下来，我们要找到一条出路，让我们放弃标准的运行方式，不在模拟器或者设备集合上执行，而是直接在主机上运行。

10.6.1 新建一个 TemperatureConverterJVMTest 工程

这里我们将这个想法付诸于实践。这次，我们在 Eclipse 里面新建一个 Java 工程，跟之前不一样，之前是新建一个 Android 工程。

这里有几步要做。

1. 首先，我们新创建一个工程，选择 JavaSE-1.6 作为执行环境，如图 10.4 所示。

单击 Next 按钮，然后选择工程的 Java Settings，因为我们的目的是为 Temperature Converter 工程新建用例，于是将这个工程添加到 Requierd project on the build path，如图 10.5 所示。

图 10.4 创建新工程

然后，我们在这个工程里面新创建一个新的包来放测试用例，命名为 com.example.aatg.tc.test。在这个包里面，新创建一个 JUnit Test Case，命名为 TemperatureConverterTests，用 JUnit 4 版本，而标准的 Android 测试用例之前用的是 JUnit 3 版本。在 Class Under Test 选项中选择 TermperatureConverter，如图

10.6 所示。

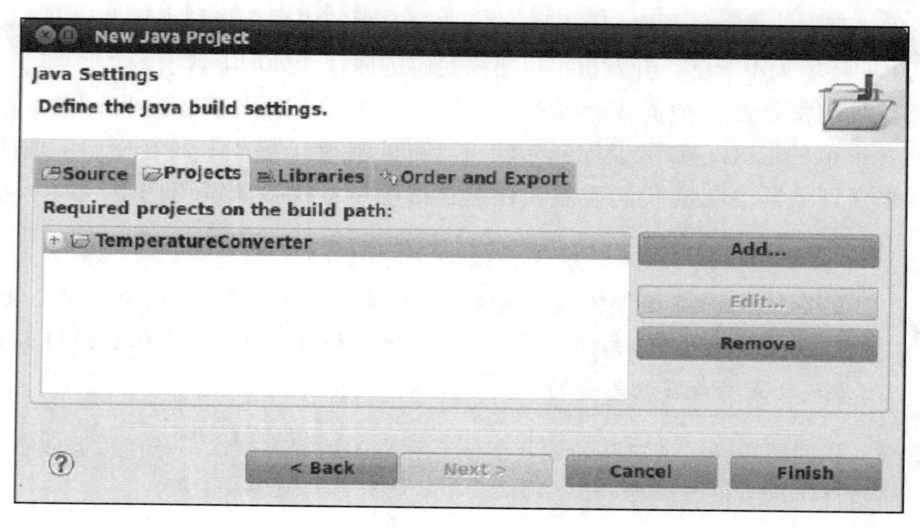

图 10.5　添加

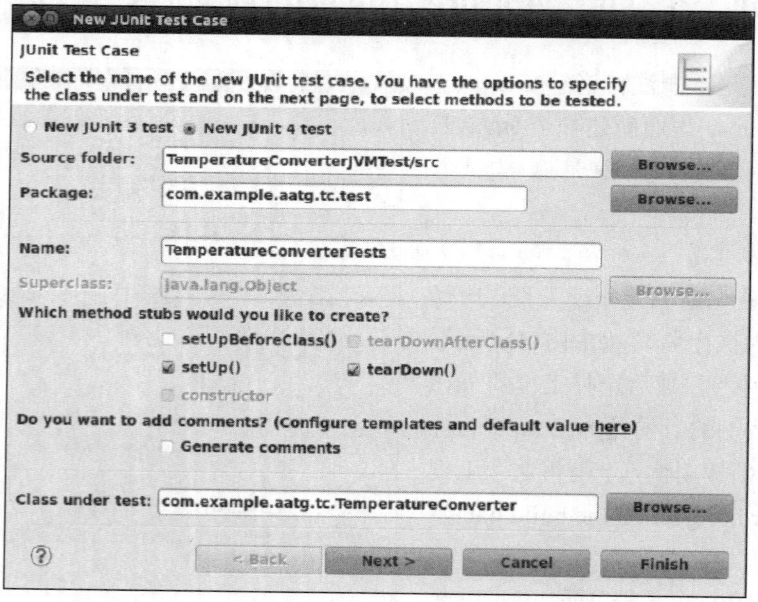

图 10.6　选择

2. 单击 Next 按钮，这次我们选择要测试的方法，方法节点会在这里自动生成，如图 10.7 所示。

现在，已经生成了测试用例的模板和桩函数。现在我们只需要在 TemperatureConverter 的这些桩函数中，输入测试的代码，这些代码在前面一章已经写过，如框 10.21 所示。

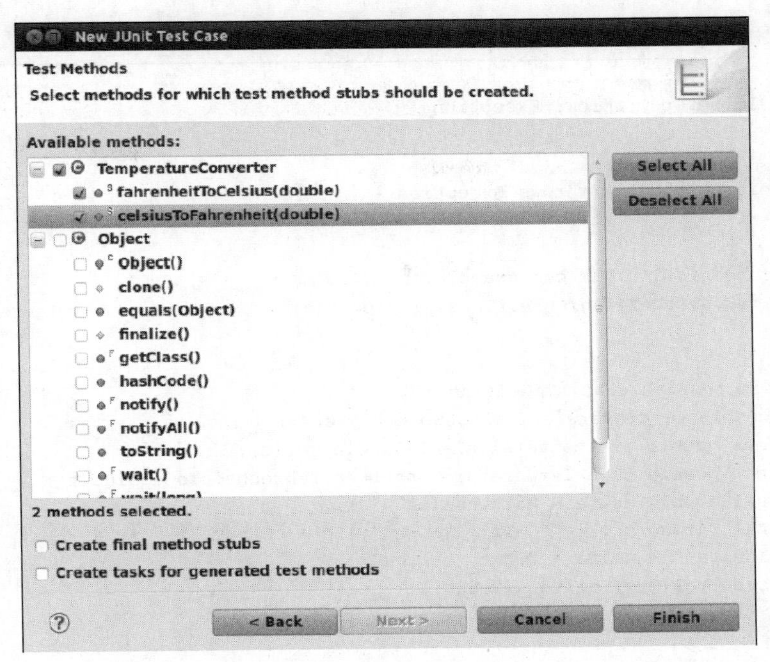

图 10.7 自动生成

框 10.21

```
package com.example.aatg.tc.test;
import static org.junit.Assert.*;
import java.util.HashMap;
import org.junit.After;
import org.junit.Before;
import org.junit.Test;
import com.example.aatg.tc.TemperatureConverter;
public class TemperatureConverterTests {
    private static final HashMap<Double, Double> conversionTableDouble =
    new HashMap<Double, Double>();
    static {
        // initialize (c, f) pairs
        conversionTableDouble.put(0.0, 32.0);
        conversionTableDouble.put(100.0, 212.0);
        conversionTableDouble.put(-1.0, 30.20);
        conversionTableDouble.put(-100.0, -148.0);
        conversionTableDouble.put(32.0, 89.60);
        conversionTableDouble.put(-40.0, -40.0);
        conversionTableDouble.put(-273.0, -459.40);
    }
```

上面这段代码片段展示的是 TemperatureConveneterTests 的包导入以及声明。这些大多跟之前的一样，只有 Junit 4 标签不一样，如框 10.22 所示。

框 10.22

```
@Before
public void setUp() throws Exception {
}
@After
public void tearDown() throws Exception {
}
/**
* Test method for {@link com.example.aatg.tc.
TemperatureConverter#fahrenheitToCelsius(double)}.
*/
@Test
public void testFahrenheitToCelsius() {
    for (double c: conversionTableDouble.keySet()) {
        final double f = conversionTableDouble.get(c);
        final double ca = TemperatureConverter.fahrenheitToCelsius(f);
        final double delta = Math.abs(ca - c);
        final String msg = "" + f + "F -> " + c + "C but is " + ca +
        " (delta " + delta + ")";
        assertTrue(msg, delta < 0.0001);
    }
}
/**
* Test method for {@link com.example.aatg.tc.
TemperatureConverter#celsiusToFahrenheit(double)}.
*/
@Test
public void testCelsiusToFahrenheit() {
    for (double c: conversionTableDouble.keySet()) {
        final double f = conversionTableDouble.get(c);
        final double fa = TemperatureConverter.celsiusToFahrenheit(c);
        final double delta = Math.abs(fa - f);
        final String msg = "" + c + "C -> " + f + "F but is " + fa +
        " (delta " + delta + ")";
        assertTrue(msg, delta < 0.0001);
    }
}
```

同样，这段代码也跟之前的测试用例没什么区别，只是 JUnit 4 的标签不一样，如框 10.23 所示。

框 10.23

```
@Test
public final void testExceptionForLessThanAbsoluteZeroF() {
    try {
        final double c = TemperatureConverter.fahrenheitToCelsius(
        TemperatureConverter.ABSOLUTE_ZERO_F-1);
        fail("Less than absolute zero F not detected");
```

```
        }
        catch (InvalidTemperatureException ex) {
            // do nothing
        }
    }
    @Test
    public final void testExceptionForLessThanAbsoluteZeroC() {
        try {
            final double f = TemperatureConverter.celsiusToFahrenheit(
            TemperatureConverter.ABSOLUTE_ZERO_C-1);
            fail("Less than absolute zero C not detected");
        }
        catch (RuntimeException ex) {
            // do nothing
        }
    }
    }
```

这段代码除了几个微小的不同之外，也几乎没变化。其中一个变化点就是测试方法用 @Test 标注，这是 JUnit 4 找测试方法的标记，是通过标签而不是方法名称。因此，在这个例子中，我们用了相同的测试方法名，但是严格地讲，还是有一些不同，比如：把 testExceptionForLEssThanAbsoluteZeorC 换成了 shouldRaiseExceptionForLessThanAbsoluteZeroC。

10.6.2 对比下获得的性能

完成这个测试用例之后，就可以通过在 Eclispe 中选择合适的测试执行器 Eclipse Junit Launcher 来运行，如图 10.8 所示。

这里有证据证明差别。这里不会启动模拟器，不会跟设备交互，因此执行速度提升十分明显。分析下这些证据，我们可以看出有这些不同。

在开发机器上执行所有的用例需要 0.005 秒，有的用例占用时间很少，几乎可以忽略不计，显示为 0.000 秒，如图 10.9 所示。

对比一下在模拟器上执行耗时结果，会发现很大不同，如图 10.10 所示。

相同的测试用例花费了 0.443 秒执行，大概 100 多倍。想想看，如果成百上千个测试用例，每天运行十次，那将会有多大的不同。

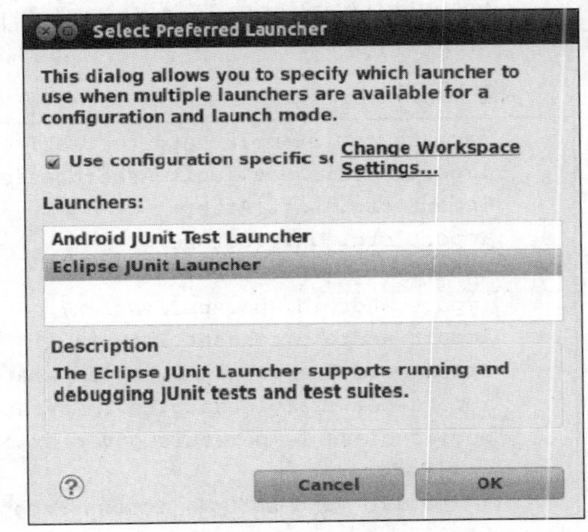

图 10.8 运行

除了速度之外，还发现存在其他的优势，他们是一些 mock 框架和代码覆盖率工具。

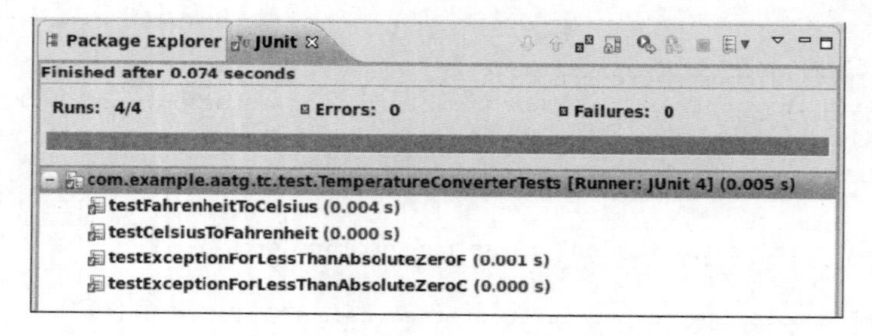

图 10.9　结果（1）

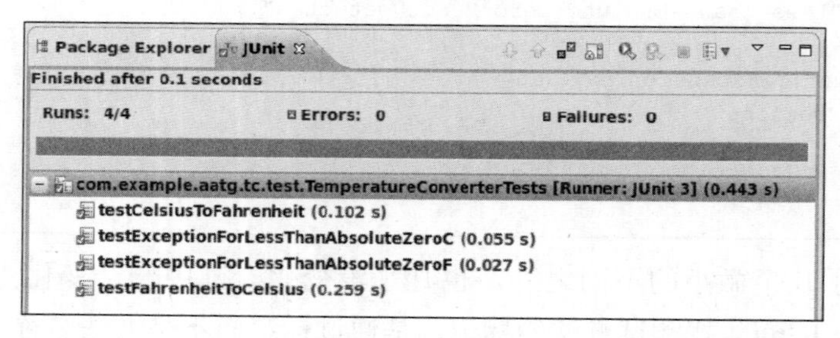

图 10.10　结果（2）

10.6.3　将 Android 加入到蓝图中

我们故意将 Android 放在蓝图之外。让我们分析下，如果有个 Android 测试用例，将会发生什么事情。记住，要将这些测试用例编译成功，需要将 SDK 的 andriod.jar 包加入到工程库中。

将这些测试添加到一个命名如下的 Junit 用例中，如框 10.24 所示。

框 10.24

```
package com.example.aatg.tc.test;
import static org.junit.Assert.assertNotNull;
import org.junit.After;
import org.junit.Before;
import org.junit.Test;
import android.app.Application;
import android.content.Intent;
import com.example.aatg.tc.TemperatureConverterActivity;
import com.example.aatg.tc.TemperatureConverterApplication;
public class TemperatureConverterActivityUnitTests {
    @Before
    public void setUp() throws Exception {
    }
    @After
    public void tearDown() throws Exception {
    }
```

```
    @Test
    public final void testApplication() {
        Application application = new TemperatureConverterApplication();
        assertNotNull(application);
    }
}
```

这里我们将获得框 10.25 的结果。

框 10.25

```
java.lang.RuntimeException: Stub!
at android.content.Context.<init>(Context.java:4)
at android.content.ContextWrapper.<init>(ContextWrapper.java:5)
at android.app.Application.<init>(Application.java:6)
at com.example.aatg.
tc.TemperatureConverterApplication.<init>(TemperatureConverterApplication.
java:27)
…
```

抛异常的原因是 andriod.jar 包提供了 API，不包含实现部分。所有的方法在被调用的时候，都抛出 java.lang.RuntimeException:Stub！

想要避免这个错误，测试 Android 操作系统之外的一些类，我们应该创建一个 andriod.jar 包将所有的 class 都 mock 掉。但是，像 TEmperatureConverterApplication 这样的 Android 类的子类也会有同样的问题，但又是一份很重要的工作。因此，我们要另寻出路。

10.7 Robolectric 介绍

Robolectric 是一个单元测试框架，它会拦截 Android 类，然后重写方法的实现。Robolectric 重定义了 Android 方法，因此它们都会返回默认值，比如 null、0 又或者 false。并且，如果把他们方法调用，它会唤起影子对象，提供 Android 的行为活动。

这里提供了大量的影子对象，不过不可能全部覆盖，而是一步步改善。因此，你应该把它当做一个不断演进的开源工程，你也可以对它进行改进。不过，用这个东西也要小心，因为你会发现你想用的一些功能可能还没实现。不过，即使这样，也不能掩盖它未来的光芒。

10.7.1 安装 Robolectric

Robolectric 可以在 Maven 中心文档中下载 robolectric-<version>-jar-with-dependencies.jar 来完成安装。在写这本书的时候，最新可下载的版本是 robolectric-0.9.8-jar-with-dependencies.jar，下面也是基于这个版本来举例的。

你还可以很方便地下载相应的 Javadoc，把它放到工程属性的库中，因此你可以从 Eclipse 里打开文档。

10.7.2 新建一个 Java 工程

为了保持组织结构一致，我们跟前面章节一样，新建一个 Java 工程。这次我们会加入下面的库。

- Robolectric-<version>-jar-with-dependencies.jar。
- AndroidSDK 中的 Android.jar。
- AndroidSDK 中的 maps.jar 包。注意这是安装 SDK 时，选择性安装的包。
- Junit 4。

10.7.3 编写一些测试用例

我们再重写几个之前的用例来熟悉 Robolectric 的用法。

EditNumber 的测试用例是重写的一个好例子。我们先新建一个 EditNumberTests 类，这次是在新建的工程中，然后把 TemperatureConverterTest 工程中的 EditNumberTests 文件复制过来，如框 10.26 所示。

框 10.26

```
package com.example.aatg.tc.test;
import static org.junit.Assert.assertEquals;
import static org.junit.Assert.assertNotNull;
import org.junit.After;
import org.junit.Before;
import org.junit.Test;
import org.junit.runner.RunWith;
import com.example.aatg.tc.EditNumber;
import com.xtremelabs.robolectric.RobolectricTestRunner;
@RunWith(RobolectricTestRunner.class)
public class EditNumberTests {
    private static final double DELTA = 0.00001d;
    private EditNumber mEditNumber;
```

在前面的代码片段，我们定义了包。在这个用例中，我们这里还是跟之前一样，定义为 com.example.aatg.tc.test。用@RunWith 标签来声明测试执行器。接下来，定义 mEditNumber 字段来保存 EditNumber 的值，如框 10.27 所示。

框 10.27

```
@Before
public void setUp() throws Exception {
```

```
    mEditNumber = new EditNumber(null);
    mEditNumber.setFocusable(true);
}
@After
public void tearDown() throws Exception {
}
@Test
public final void testPreconditions() {
    assertNotNull(mEditNumber);
}
/**
* Test method for {@link com.example.aatg.tc.EditNumber#
EditNumber(android.content.Context, AttributeSet attrs,
int defStyle)}.
*/
@Test
public final void testEditNumberContextAttributeSetInt() {
    final EditNumber e = new EditNumber(null, null, -1);
    assertNotNull(e);
}
```

这段代码包含了平常的 setup()和 tearDown()方法，接着是 testPreconditions()测试。在 setUp()方法中，我们新建一个 EditNumber 变量，初始化是 null 值，然后将焦点设置在 EditNumber 上面，如框 10.28 所示。

框 10.28

```
/**
* Test method for {@link com.example.aatg.tc.EditNumber#clear()}.
*/
@Test
public final void testClear() {
    final String value = "123.45";
    mEditNumber.setText(value);
    mEditNumber.clear();
    String expectedString = "";
    String actualString = mEditNumber.getText().toString();
    assertEquals(expectedString, actualString);
}
/**
* Test method for {@link com.example.aatg.tc.EditNumber#
setNumber(double)}.
*/
@Test
public final void testSetNumber() {
    mEditNumber.setNumber(123.45);
    final String expected = "123.45";
    final String actual = mEditNumber.getText().toString();
```

```
        assertEquals(expected, actual);
    }
    /**
    * Test method for {@link com.example.aatg.tc.EditNumber#
    getNumber()}.
    */
    @Test
    public final void testGetNumber() {
        mEditNumber.setNumber(123.45);
        final double expected = 123.45;
        final double actual = mEditNumber.getNumber();
        assertEquals(expected, actual, DELTA);
    }
    }
```

最后一段，我们是最基本的测试用例，跟之前例子中的 EditNumber 测试用例一样。

我们将最重要的变化高亮度显示。第一个高亮度显示的是用@RunWith 来标记测试用例，这样 JUnit 框架就会制定代理执行器来执行。在这个用力中，我们需要利用 RobolectricTestRunner.class 作为执行器。然后我们新建了一个 EditText，赋值为 null，因为这个类不能被初始化。最后，在 testGetNumber 中用 assertEquals 来判断 DELTA 值，因为 Junit4 中需要用到这个浮点数。另外，我们用@Test 标签来标记方法作为测试用例。

另一个测试方法是在原始的 EditNumberTests 中，它们都是没有实现的或者因为各种原因失败了。比如，跟我们之前提到的一样，Robolectric 类返回默认值，像 null、0、false 等，而这种情况下，Editable.Factory.getInstance()会返回 null，这导致用例失败；由于没有办法创建一个可编辑的对象，我们走到了死胡同。

同样，EditNumber 设置的 InputFilter 是没有功能的。因此，创建的用例中，预期判断也是无效的。

对于这些不足之处，有一个办法就是创建影子类，但是这需要对 Robolectric 资源进行变更，创建一个 Robolectric.shadownOf()方法。这个过程在文档中有详细描述，如果你对这个方法感兴趣可以参考文档，应用到你的用例中。

在执行用例之前，你还需要为 TemperatureConverter 工程的 AndriodManifest.xml 创建标志链接，还需要创建 Robolectric 需要用到的资源，如框 10.29 所示。

框 10.29

```
$ cd ~/workspace/TemperatureConverterJVMTests
$ ln -s ../TemperatureConverter/AndroidManifest.xml
$ ln -s ../TemperatureConverter/res . # note the dot at the end
```

已经完成这些问题之后，我们可以继续进行，在 Eclipse 内部执行用例，他们会在主机的 JVM 上执行，不需要启动模拟器或者设备。

10.8 小结

本章比前一章更加深入，唯一的主题就是在现实情况下谈论 Android 测试的艺术。

一开始我们分析了需求，从源代码开始编译 Android 平台。这个方法需要通过 EMMA 来获得代码覆盖率，随后，我们执行了测试用例，并获得了一份详细的代码覆盖率报告。

接着，我们通过覆盖率报告来改进测试用例，对于那些老用例没有覆盖到的地方，新建用例去覆盖它。这使得测试更加全面，有时候还可以改善被测项目的设计。

我们介绍了 Robotium，一个非常有用的工具。它简化了创建 Android 应用的测试用例的过程，我们用它来改进测试。

然后，我们分析了 Android 测试过程中最热门的话题，那就是在开发主机的 JVM 上进行测试，提高了效率，压缩了测试执行的事件。在测试驱动开发的研发流程中，效率非常重要。在这个范围内，我们还分析了 JUnit 4 和 Robolectric，新建了测试用例来给大家演示，方便大家了解这些技术。

对 Android 测试的常用方法和工具的了解已经接近尾声。现在你可以更好地将这些方法和技术应用到实际项目当中。只要开始用，就能够看见效果。

最后，我希望你能喜欢这本书，就像我喜欢写这本书一样。

祝大家测试愉快！